职业教育岗位技能培训"双证书"课程系列教材

工业和信息化部 IT 职业技术培训教材

Office 商务办公实用教程

（Office 2010）

（第 2 版）

李 娟 金旭东 闫 霞 主 编

李洪艳 肖 卓 王大印 副主编

U0216508

Publishing House of Electronics Industry

北京·BEIJING

内 容 简 介

本书采用任务和案例相结合的编写方式，以简明通俗的语言和生动真实的案例详细介绍了 Office 2010 系列软件在现代商务办公中的应用。

全书分为三部分。第一部分是第 1～8 章，这部分从 Word 2010 的基础操作开始，由浅入深、循序渐进地介绍了 Word 2010 在商务办公中的应用。这部分所列举的案例有：会议迎宾水牌、信息告知水牌、商务传真、名片、购销合同、人事通告、产品说明书、商务回复函、个人简历、列车时刻表、会议邀请函、授权委托书、项目评估报告、可行性研究报告、应聘人员面试通知单、商务邀请函。第二部分是第 9～13 章，这部分主要介绍 Excel 2010 在商务办公中的应用。这部分所列举的案例有员工工资管理表、公司生产成本核算表、产品目录及价格表、考勤表、活动节目单、公司日常费用表、现金流量表、销售分析统计表、损益分析表。第三部分是第 14～16 章，这部分主要介绍 PowerPoint 2010 在商务办公中的应用。这部分所列举的案例有市场推广计划、公司年终总结、公司简介、职位竞聘演示报告、产品行业推广方案、营销案例分析。

本书适合作为商务办公人员的自学教程，也可以作为各类计算机培训班的培训教程和大中专院校非计算机专业学生的实用参考资料。

本书配有电子教学参考资料包，详见课程体系介绍。

图书在版编目（CIP）数据

Office 商务办公实用教程：Office 2010 / 李娟，金旭东，闫霞主编. —2 版. —北京：电子工业出版社，2016.7

ISBN 978-7-121-29103-6

Ⅰ. ①O… Ⅱ. ①李… ②金… ③闫… Ⅲ. ①办公自动化—应用软件—中等专业学校—教材 Ⅳ. ①TP317.1

中国版本图书馆 CIP 数据核字（2016）第 136451 号

策划编辑：杨　波
责任编辑：郝黎明
印　　刷：北京虎彩文化传播有限公司
装　　订：北京虎彩文化传播有限公司
出版发行：电子工业出版社
　　　　　北京市海淀区万寿路 173 信箱　邮编　100036
开　　本：787×1 092　1/16　印张：17.25　字数：441.6 千字
版　　次：2016 年 7 月第 1 版
印　　次：2024 年 8 月第 12 次印刷
定　　价：36.00 元

凡所购买电子工业出版社图书有缺损问题，请向购买书店调换。若书店售缺，请与本社发行部联系，联系及邮购电话：（010）88254888，88258888。

质量投诉请发邮件至 zlts@phei.com.cn，盗版侵权举报请发邮件至 dbqq@phei.com.cn。

本书咨询联系方式：（010）88254617，luomn@phei.com.cn。

前　言

工业和信息产业职业教育教学指导委员会（http://hzw.phei.com.cn）由教育部职业教育与成人教育司、工业和信息化部人事司批准成立，由全国工业和信息产业行业企业及职业教育工作者、专家等组成，负责开展工业和信息产业职业教育的理论与实践研究、指导、交流、协作等工作，接受中华人民共和国教育部职业教育与成人教育司、工业和信息化部人事司的业务指导和监督管理。

针对当前职业学校的相关 IT 专业课程设置与社会需求之间存在差距的问题，用人岗位职业技能教育的适用性不强这一难题，工业和信息化部电子行业职业技能鉴定指导中心，致力于培养中国 IT 技能紧缺型实用人才，通过建立面向岗位技能的课程体系，以弥补在现有学校专业课程设置与社会岗位需求之间存在的空缺和差距，并开创了工业和信息化系统专业技能培训项目。通过课程置换、院校合作的教学模式，与全国的职业院校展开广泛合作。工业和信息化系统专业技能培训课程体系与工业和信息产业职业教育教学指导委员会的教研优势相结合，以企业人才需求为中心，学员择业为核心，课程设计研发为重心，共同设计并开发出"职业教育岗位技能培训"双证书"课程体系，包括：办公自动化（OA）、Office 商务办公（B-OA）、网络应用（NA）；平面设计（PD）、网页设计（WD）、三维动画设计（3D）；网络安全（NS）、计算机系统维护（CM）、企业网络管理（NE）；政务管理与电子应用（EA）、电子商务管理与应用（EB）等企业高需求人才的专业技能培训课程，为广大职业学校的学生提供了一条结合企业岗位需求的职业教育和培训途径。

职业教育岗位技能培训"双证书"课程体系除了提供课程设计及配套教材，师资培训之外，还依托 MyDEC 专业教育机构先进的 MTS4.0 智能化考试系统，为广大职业学校提供专业课程的期末考试、学生专业能力测评及分析、就业推荐等实用的技术支持服务；学生还可以根据就业的需求在获取毕业证书的同时也获取工业和信息化部"工业和信息化系统专业技能培训项目"的"工业和信息化系统专业技能证书"。

Office 商务办公实用教程（Office 2010）（第 2 版）一书是"职业教育岗位技能培训'双证书'课程体系"中 Office 商务办公（B-OA）课程的指定教材。该书以实用为主导，采用任务和案例相结合的编写方式，以简明通俗的语言和生动真实的案例详细介绍了 Office 2010 系列软件在现代商务办公中的应用。该书精选现代商业活动中白领人员日常办公常见的问题作为案例，通过本书的学习，读者能快速地应用 Office 软件做好自己的工作，而不是花费大量的时间去孤立地学习菜单和命令，从而提高工作效率，提高其现代商务办公技能。

本书由李娟、金旭东、闫霞担任主编，李洪艳、肖卓、王大印担任副主编，马平、李云、褚圆华、吴鸿飞、兰翔、黄丹丹、唐磊、肖小刚、何焱、黄托斯、王国仁、李德清、闭东东、董星华、黎枫、李想、林翠云、张建德、蒙守霞、韦佳翰、叶嘉成、罗益才、邓国俊、甘棉、王少炳等参加了本书的编写。

由于时间仓促，加之水平有限，书中如有疏漏及不足之处，敬请广大专家和读者给予批评指正。

编　者

职业教育岗位技能培训"双证书"课程体系介绍

1. 符合岗位用人标准的课程体系

工业和信息产业职业教育教学指导委员会和 MyDEC 专业教育机构的专家团队通过剖析企业岗位的用人标准，致力于培养中国 IT 技能紧缺型实用人才，通过研发面向岗位技能需求的课程体系，弥补现有学校专业课程设置与社会岗位需求之间存在的空缺和差距，并向广大职业学校输出先进的教学理念。

编者在秉承传统教学管理理念的同时，增加了"意识教学"内容。所谓"意识教学"就是要在学生学习专业知识的过程中，培养学生的"职业意识"，了解所学的职业技能在企业中的实际应用形态、企业的适用类型、择业方向、择业技巧等，教学方式采用"企业模拟场景实训课"的形式。通过"职业意识"的培养，使学生更加清晰所学技能的实践用途，结合自身实际情况所应选择的企业类型与职位，使择业更具针对性；同时也有效地解决了学生择业恐惧感、排斥择业及择业盲目的问题，帮助学生建立择业自信心，提高择业成功率。

2. MTS4.0 智能化考试系统

由 MyDEC 专业教育机构自主开发的 MTS4.0 智能化考试系统，采用理论与实践操作相结合的考试形式，通过实践考试平台的职业技能实际操作考核，重点评测应试人员的职业技能动手能力，进而更加准确地进行人才评价。

3. HR 人力资源服务

MyDEC 人力资源专员是学生身边的职业顾问专家，根据学生的个人情况进行就业指导，协助学生从容地面对职场。MyDEC 人才网拥有丰富的就业信息，为学生美好的职业前途铺路，帮助学生筛选合适的工作机会，减少学生盲目投递简历所浪费的时间。对求职过程中失败的学生，将收集企业反馈信息，对学生进行再就业指导，使其改进自身不足或提醒学生再求职应该注意的事项，帮助学生进行合理的职业生涯规划。

4. 职业技能评测报告

根据学生在 MTS4.0 智能化考试系统下的各项评测数据，进行科学的统计与分析，通过与企业用人标准进行量化衡量，从而出具《职业技能评测报告》，以详细数据形式诠释学员所掌握职业技能中的优势与不足，帮助学员在面试过程中充分展示个人职业能力特点，帮助企业快速直观地了解拥有《职业技能评测报告》的人才职业技能水准。

5．权威证书的认可

学生可以在获取毕业证书的同时获取工业和信息化部"工业和信息化系统专业技能培训项目"的"工业和信息化系统专业技能证书"，有此需求的学校请直接与 MyDEC 专业教育机构联系。

MyDEC 专业教育机构 http://www.mydec.net　　证书查询：http://www.ceosta.org
全国咨询电话：010-87730660　　　　　　　　E-mail: cs@mydec.net
地址：北京市朝阳区大郊亭中街 2 号华腾国际 5 号楼 3B

6．丰富的教学资源

为了方便教学，本书还配有教学指南和习题答案、电子教案及案例素材（电子版），请有此需要的教师登录华信教育资源网（http://www.hxedu.com.cn）下载，或与电子工业出版社（E-mail:hxedu@phei.com.cn）联系，将为您免费提供。

目 录

第 1 章　Word 2010 基本操作
——制作会议迎宾和信息告知水牌

Office Word 2010 集一组全面的书写工具和易用界面于一身，可以帮助用户创建和共享美观的文档。Office Word 2010 全新的面向结果的界面可在用户需要时提供相应的工具，从而便于用户快速设置文档的格式。

 知识要点

- 启动 Word 2010
- 打开文档
- 保存文档
- 文档的视图方式

 任务描述

水牌就是信息告知牌，会议迎宾水牌一般摆放在会议召开地点的门口，上面写有欢迎词及会议相关信息。利用 Word 2010 制作一个"全国造纸行业产销形势报告会"的会议迎宾水牌，要求明确告知参会人员该会议的会议日期、会议具体时间安排、会议地点这 3 项信息，如图 1-1 所示。

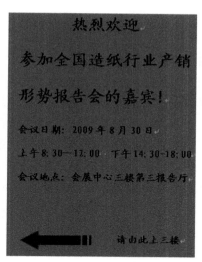

图 1-1　会议迎宾水牌

 案例分析

完成会议水牌的制作，首先要打开会议水牌的初始文档，由于在操作时处于 Word 的环境下，因此可以直接利用"打开"对话框，打开会议水牌的初始文档。对初始文档进行编辑后，可以执行"另存为"操作，将初始文档重新命名并保存在与会议相关的文件夹中。

本章所涉及案例的素材和最终效果文件请登录华信教育资源网（www.hxedu.com.cn）下载，它们在下载后的"案例与素材\第 1 章素材"和"案例与素材\第 1 章案例效果"文件夹中。

1.1　启动Word 2010

启动 Word 2010 最常用的方法就是在开始菜单中启动，执行"开始"→"所有程序"→"Microsoft Office"→"Microsoft Word 2010"命令，即可启动 Word 2010。

启动 Word 2010 程序后，就可以打开如图 1-2 所示的窗口。窗口由快速访问工具栏、标题栏、动态命令选项卡、功能区、工作区和状态栏等部分组成。

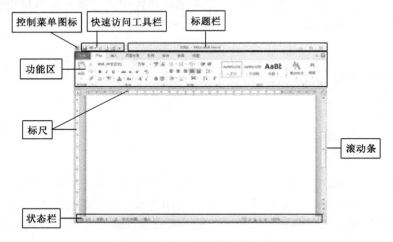

图 1-2　Word 2010 的工作环境

1.1.1　标题栏

标题栏位于窗口的最顶端，它显示当前编辑的文档名称、文件格式兼容模式和 Microsoft Word 字样。其右侧的"最小化"按钮、"还原"按钮和"关闭"按钮，则用于窗口的最小化、还原和关闭操作。单击标题栏右端的"最大化"按钮 ▣，可以将窗口最大化显示，双击标题栏也可最大化窗口。当窗口处于最大化状态时，"最大化"按钮变为"还原"按钮 ⬚，单击"还原"按钮，窗口被还原为原来的大小。单击标题栏中的"最小化"按钮 ▭，窗口则缩小为一个任务图标显示在任务栏中，单击该任务图标，又可以恢复为原窗口的大小。单击标题栏中的"关闭"按钮 ⊠，可以退出 Word 2010。在标题栏最左侧是控制菜单图标，单击该图标，出现一个命令菜单，在这个菜单中用户可以执行"最大化"、"最小化"、"还原"、"移动"、"关闭"等命令。

1.1.2　功能区

微软公司对 Word 2010 用户界面所做的最大创新就是改变了下拉式菜单命令，取而代之的是全新的功能区按钮工具栏。在功能区中，将 Word 2010 的下拉菜单中的命令，重新组织在"文件"、"开始"、"插入"、"页面布局"、"引用"、"邮件"、"审阅"、"视图"选项卡中。而且在每一个选项卡中，所有的按钮都是以面向操作对象的思想进行设计的，并把按钮分组进行组织。例如，在"页面布局"选项卡中，包括了与整个文档页面相关的命令，分为"主题选项组"、"页面设置"选项组、"页面背景"选项组、"段落"选项组、"排列"选项组等。这样非常符合用户的操作习惯，便于记忆，从而提高操作效率。

Word 2010 的功能区默认是全部打开的，使用起来比较方便，但是编辑区就会小一些，用户可以将功能区最小化，以增大文档编辑区的显示比例。单击功能区右上角的"功能区最小化"按钮 ⌃ ，则功能区最小化，如图 1-3 所示。功能区最小化后，如果用户要使用功能区中的按钮或选项，可以单击相应的选项卡，打开该选项下的按钮或选项，不影响用户的使用。

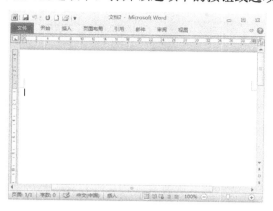

图 1-3　功能区最小化

1.1.3　快速访问工具栏

用户可以在快速访问工具栏上放置一些最常用的按钮，如新建文件、保存、撤销、打印等。快速访问工具栏非常类似 Word 之前版本中的工具栏，该工具栏中的按钮不会动态变换。用户可以非常灵活地增加、删除快速访问工具栏中的按钮。要向快速访问工具栏中增加或者删除按钮，仅需要单击快速访问工具栏右侧的下拉按钮，然后在弹出的下拉列表框中选中选项，或者取消选中的选项。

在下拉列表框中选择"在功能区下方显示"选项，这时快速访问工具栏就会出现在功能区的下方。在下拉列表框中选择"其他命令"选项，打开"Word 选项"对话框，在"快速访问工具栏"选项设置界面中，选择相应的选项，单击"添加"按钮则可向快速访问工具栏中添加按钮，如图 1-4 所示。

图 1-4　"Word 选项"对话框

1.1.4　动态命令选项卡

在 Word 2010 中，会根据用户当前操作的对象自动地显示一个动态命令选项卡，该选项卡中的所有按钮和选项都和当前用户操作的对象相关。例如，若用户当前选择了文中的一张图片时，在功能区中，Word 会自动产生一个粉色高亮显示的"图片工具"动态命令选项卡，从图片参数的调整到图片效果样式的设置都可以在此动态命令选项卡中完成。用户可以在数秒钟内实现图片处理，如图 1-5 所示。

图 1-5　动态功能选项卡

1.1.5　标尺

标尺分为水平标尺和垂直标尺，用来度量页面的尺寸。在"视图"选项卡中的"显示"组中选中"标尺"复选框可以显示标尺，如果取消复选框的选中状态则隐藏标尺。

1.1.6　状态栏

状态栏位于屏幕的最底部，可以在其中找到关于当前文档的一些信息：页码、当前光标在本页中的位置、字数、语言、缩放级别、编辑模式等信息，某些功能是处于禁止还是处于允许状态等。

1.1.7　滚动条

滚动条分为垂直滚动条和水平滚动条，由滚动框、浏览滑块和几个滚动按钮组成。用户用鼠标指针拖拉滚动条的滚动块或者单击滚动箭头，可以将文档上、下或左、右滚动，浏览工作区以外的内容。

1.1.8　对话框

当用户在选项卡中单击某些组右下角的对话框启动器按钮 时，会打开一个对话框，提供更多的设置选项和提示信息，用户可以在对话框中进行更详细的设置。

对话框通常包含标题栏、选项卡、复选框、单选按钮、文本框、列表框等。对话框中的标题栏与窗口中的标题栏相似，给出了对话框的名字和"关闭"按钮。用鼠标拖动标题栏可以在屏幕上移动对话框的位置。对话框中的选项呈黑色表示该选项为可用选项，呈灰色表示该选项为不可用选项。下面以如图 1-6 所示的"字体"对话框为例来介绍对话框的组成。

1．选项卡

当对话框中包含多种类型的选项时，系统将会把这些内容分类放在不同的选项卡中。单击任意一个选项卡即可显示出该选项卡中包含的选项。

2．文本框

文本框可以接受输入的信息。有的文本框的右侧有下拉按钮 ▼，单击下拉按钮在弹出的下拉列表框中选择可用的文本信息，也可以在文本框中直接输入文本信息。有的文本框含有微调按钮 ⬍，可以单击微调按钮改变文本框中的数值，也可以在文本框中直接输入数值。有的文本框是一个空白的方框，直接在框中输入文本信息即可。

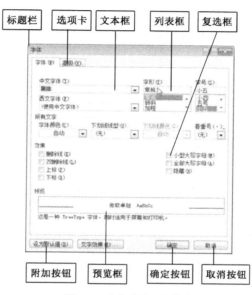

图1-6　"字体"对话框

3．列表框

列表框和文本框的作用类似，但是不能在列表框中输入信息。所有的选项都显示在列表框中，用户只能在列表框中选择自己所需的选项。

4．选项按钮

对话框中的选项按钮分为单选按钮和复选框两种类型。

（1）复选框：复选框一般成组出现，在选取时用户可以一次选中多个复选框，被选中的复选框中将出现"√"，再单击一次可取消选择。

（2）单选按钮：单选按钮一般情况下也成组出现，在选取时用户一次只能选中一个单选按钮，当一个单选按钮被选中后，同组的其他单选按钮将自动被取消选择，被选中的单选按钮中出现一个"◉"，再单击一次可取消选择。

5．一般按钮和附加按钮

一般按钮是指立即执行的命令按钮，最常用的有以下两种。

（1）确定按钮：在对话框中对各种选项设定完毕后，单击"确定"按钮可关闭对话框，并执行在对话框中的设定。

（2）取消/关闭按钮：单击"取消"按钮可关闭对话框，并取消在该对话框中的设定。在有些情况下当执行了某些不能取消的操作后，"取消"按钮变为"关闭"按钮。单击"关闭"按钮可关闭对话框，但设定被执行。

单击附加按钮将打开另外一个对话框，用户可以对该命令进行进一步设置。

1.2　打开文档

最常规的打开文档的方法是在资源管理器或"我的电脑"中找到要打开的文档所在的位置，双击该文档即可打开。不过这对于正在对文档进行编辑的用户来说比较麻烦，用户可以直接在 Word 2010 中打开已有的文档。

1.2.1　利用"打开"对话框打开文档

在 Word 2010 中如果要打开一个已经存在的文档，可以利用"打开"对话框将其打开。Word 2010 可以打开不同位置的文档，如本地硬盘、移动硬盘或与本机相连的网络驱动器上的文档。

例如，在 C 盘的"案例与素材\第 1 章素材"文件夹中有一个"会议水牌（初始）"文件，打开该文档的具体操作步骤如下。

（1）在"文件"选项卡中单击"打开"按钮，或者单击快速访问工具栏中的"打开"按钮 ，都可以打开"打开"对话框。

（2）在文件列表框中选择文件所在的文件夹"案例与素材\第 1 章素材"，在文件名称列表框中选择所需的文件，如图 1-7 所示。

图 1-7　"打开"对话框

（3）单击"打开"按钮，或者在文件列表框中双击要打开的文件名，将"会议水牌（初始）"文档打开，如图 1-8 所示。

（4）根据会议的内容及时间安排，在文档中添加适当内容，最终效果如图 1-9 所示。

提示： 打开文档时，需要在驱动器和文件夹中查找文档，并弄清文件类型。默认情况下，在"打开"对话框中只列出所有 Word 文档。如果要打开的不是 Word 文档，必须在"文件类型"下拉列表框中选择需要列出文件的文件类型。

图1-8　会议水牌的初始文件　　　　　　图1-9　会议水牌的最终效果

1.2.2　以只读或副本方式打开文档

默认情况下文档都是以读写方式打开的。如果用户为了保护文档内容不被错误操作而更改，可以自己定义文档的打开方式，以只读或副本方式打开文档。

以只读方式打开文档时，可以保护原文档不被修改，即使对原文档进行了修改，Word 也不允许以原来的文件名保存在原先的位置。

以副本方式打开文档时，系统默认是在原文档所在的文件夹中创建并打开原文档的一个副本，因此用户必须对该文档所在的文件夹具有读写权限。对副本的任何修改都不会影响原文档，同样可以起到保护原文档的作用。以副本方式打开时，程序会自动在文档原名称后加上序号。例如，以副本方式打开名为"会议水牌"的文档，Word 2010 会以"会议水牌（2）"的名称标识此文档的第一个副本。若再次以副本的方式打开此文档，第二个副本的名称就是"会议水牌（3）"，依次类推。

以只读或副本方式打开文档的具体步骤如下。

（1）在"文件"选项卡中单击"打开"按钮，或者单击快速访问工具栏中的"打开"按钮，打开"打开"对话框。

（2）在文件列表框中找到要打开的文档所在位置，在文件名称列表框中选中要打开的文档。

（3）单击"打开"下拉按钮，弹出下拉列表框，如图 1-10 所示，选择"以只读方式打开"或"以副本方式打开"选项即可。

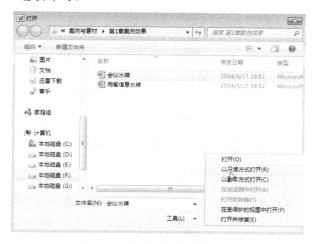

图 1-10　选择打开文档的方式

1.3 保存文档

在保存文件之前，用户对文件所做的操作结果仅保留在屏幕显示和计算机内存中。如果用户关闭计算机，或遇突然断电等意外情况，用户所做的工作就会丢失。因此用户应及时对文件进行保存。

1.3.1 保存新建文档

虽然 Word 2010 在建立新文档时系统默认了文档的名称，但是它并没有分配在磁盘上的文档名，因此在保存新文档时，需要给新文档指定一个文件名。保存新建文档的具体步骤如下。

（1）在"文件"选项卡中单击"保存"按钮，或者单击快速访问工具栏中的"保存"按钮 🖫 ，打开"另存为"对话框，如图 1-11 所示。

（2）在文件列表框中选择文档的保存位置。

图 1-11 "另存为"对话框

（3）在"文件名"文本框中输入新的文档名，默认情况下 Word 2010 会自动赋予相应的扩展名"Word 文档"。

（4）单击"保存"按钮。

> **提示**：如果要以其他的文件格式保存新建的文件，在"保存类型"下拉列表框中选择要保存的文档格式即可。为了避免 2010 版本创建的文档用 97-2003 版本打不开，用户可以在"保存类型"下拉列表框中选择"Word 97-2003 文档"选项。

1.3.2 打开保存并修改的文档

对于再打开保存过的文档，用户进行编辑修改后，若要保存可直接在"文件"选项卡中单击"保存"按钮，或单击快速访问工具栏中的"保存"按钮进行保存，此时不会打开"另存为"对话框，Word 2010 会以原文件名在原来保存的位置进行保存，并且覆盖原来文档的内容。

如果用户需要保存现有文件的备份，即对现有文件进行了修改，但是还需要保留原始文件，或在不同的目录下保存文件的备份，用户可以在"文件"选项卡中单击"另存为"按钮，在"另存为"对话框中指定不同的文件名或文件夹保存文件，这样原始文件保持不变。此外，如果要以其他的格式保存文件，也可单击"另存为"按钮，在"另存为"对话框的"保存类型"下拉列表框中列出了可以选择的文件类型，用户可根据需要选取。

1.4　文档的视图方式

Word 2010 提供了页面视图、Web 版式视图、大纲视图、阅读版式视图、普通视图 5 种视图方式，用户可以选择最适合自己的工作方式来显示文档。例如，可以使用普通视图来输入、编辑文本；使用大纲视图来查看文档的组织结构；使用页面视图来查看打印效果等。

1.4.1　页面视图

页面视图是 Word 最常用的视图，也是启动 Word 后的默认视图。在页面视图中，所显示的文档与打印出来的效果几乎是完全一样的，是一种所见即所得的方式。页面视图可以更好地显示排版的格式，因此常被用来对文本、格式、版面或者文档的外观进行修改等操作。

在页面视图方式下，还可以直接看到文档的外观，以及页眉和页脚、脚注、尾注、图形、文字在页面上的精确位置及多栏的排列，用户在屏幕上就可以直观地看到文档在打印纸上的效果。页面视图能够显示出水平标尺和垂直标尺，并直接显示页边距，如图 1-12 所示。

图 1-12　页面视图

1.4.2　Web 版式视图

Web 版式视图以网页的形式显示 Word 2010 文档。Web 版式视图适用于发送电子邮件和创建网页，如图 1-13 所示。用户可以在"视图"选项卡中单击"文档视图"组中的"Web 版式视图"按钮，或者单击状态栏右侧的"Web 版式视图"按钮 ，切换到 Web 版式视图。

1.4.3　大纲视图

在大纲视图中，能查看文档的组织结构，可以通过拖动文档的标题来移动、复制、重新组织文本，还可以通过折叠文档来查看文档的主要标题，或者展开文档以查看标题下的正文。

大纲视图广泛用于 Word 2010 长文档的快速浏览和设置中。在大纲视图中不显示页边距、页眉和页脚和背景，如图 1-14 所示。用户可以在"视图"选项卡中单击"文档视图"组中的"大纲视图"命令按钮，或者单击状态栏右侧的"大纲视图"按钮 ，切换到大纲视图。

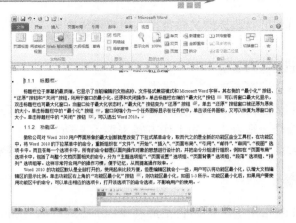

图 1-13　Web 版式视图

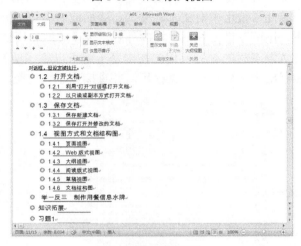

图 1-14　大纲视图

1.4.4　阅读版式视图

如果打开文档是为了进行阅读，阅读版式视图将优化阅读体验，增加文档的可读性，可以方便地增大或减小文本显示区域的尺寸，而不会影响文档中的字体大小。用户可以在"视图"选项卡中单击"文档视图"组中的"阅读版式视图"按钮，或者单击状态栏右侧的"阅读版式视图"按钮 　，切换到阅读版式视图，如图 1-15 所示。

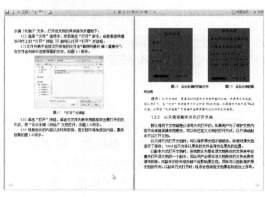

图 1-15　阅读版式视图

1.4.5　普通视图

普通视图取消了页面边距、分栏、页眉页脚和图片等元素，仅显示标题和正文，是最节省计算机系统硬件资源的视图方式。用户可以在"视图"选项卡中单击"文档视图"组中的"普通视图"按钮，或者单击状态栏右侧的"普通视图"按钮 ▤ ，切换到普通视图，如图 1-16 所示。

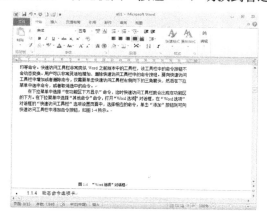

图 1-16　普通视图

1.4.6　"导航"任务窗格

在"视图"选项卡中选中"显示"组中的"导航窗格"复选框，就可以将 Word 文档窗口分为两部分，左边的"导航"任务窗格中显示文档标题结构，右边显示文档的内容，如图 1-17 所示。

在"导航"任务窗格中以树状结构列出了文档的所有标题，并清晰显示了文档结构及各层标题之间的关系。它的用法类似于 Windows 的资源管理器，在文档"导航"任务窗格中单击某个标题，Word 会在右侧的编辑窗口中显示该标题下的内容。"导航"任务窗格常被用来查看文档的结构，或查找某个特定的标题。使用"导航"任务窗格给编辑多层标题结构的文档提供了极大的便利。

"导航"任务窗格和文档内容编辑区还可以调整大小，将鼠标指针指向任务窗格之间的分割条，当鼠标指针变为双向箭头时，按住鼠标左键向左或向右拖动。如果某个标题太长，超出文档结构图窗格的宽度时，不必调整窗格大小，只要把鼠标指针在标题上稍微停留一下，就可以看到这个标题的内容。

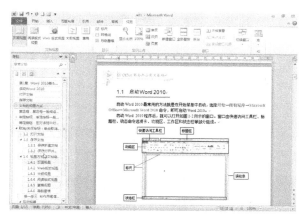

图 1-17　"导航"任务窗格

在"导航"任务窗格中，可以显示文档的多级标题。标题左侧有"▷"按钮时，表示该标题下还隐藏着下一级标题，单击"▷"按钮可以展开标题的下一级子标题。标题左侧有"◢"按钮时，表示该标题下的子标题已经全部显示。单击"◢"按钮可以将该标题的下级标题折叠起来。在"导航"任务窗格中，还可以控制显示标题的级别。在"导航"任务窗格中右击，在弹出的快捷菜单中的"显示标题级别"子菜单中用户可以选择要显示的级别，如图 1-18 所示。

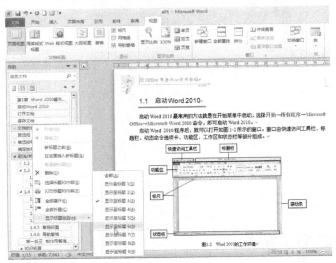

图 1-18　在"导航"任务窗格中设置显示标题的级别

在"导航"任务窗格中，如果单击"浏览您的文档中的页面"按钮 <!-- -->，则在"导航"任务窗格中显示出文档的页面。单击相应的页面，在右侧编辑窗口中则显示出该页面的内容，如图 1-19 所示。

图 1-19　浏览文档中的页面

> **提示**：①只有使用了标题级别样式的标题才能够显示在文档标题结构窗格中。
> ②水牌轻巧便携，画面安装、更换简单，即装即用，是商务活动中最实用的导航指示牌。水牌一般应用在酒店大堂、商务写字楼、商场、公寓、娱乐会所、超市、机场车站、各种会议活动现场等。

举一反三　制作用餐信息水牌

在召开会议时如果安排了会议用餐，就应该告知参会人员，这里利用 Word 2010 制作一个会议用餐地址信息告知水牌，完成后的效果如图 1-20 所示。

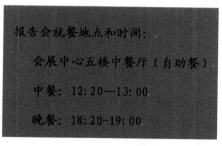

图 1-20　会议用餐信息水牌最终效果

首先打开"案例与素材\第 1 章素材"文件夹中的"用餐信息水牌（初始）"文档。

Word 2010 具有自动记忆功能，可以记忆最近几次打开的文件。由于在上一次打开并编辑过"用餐信息水牌（初始）"文档，现在可以利用 Word 2010 的记忆功能将该文档打开，具体步骤如下。

（1）在"文件"选项卡中单击"最近所用文件"按钮，则在"最近使用的文档"列表框中列出了最近打开的文件，如图 1-21 所示。

图 1-21　最近打开的文件

（2）找到用餐信息水牌（初始）文档，单击该文档将其打开，如图 1-22 所示。

（3）对文档进行编辑，最终效果如图 1-20 所示。

（4）在"文件"选项卡中单击"另存为"按钮，打开"另存为"对话框。将文档命名为"用餐信息水牌"，单击"保存"按钮。

（5）单击标题栏右侧的"关闭"按钮关闭文档。

提示：用户也可以使用【Alt+F4】或【Ctrl+W】组合键关闭文档。

图1-22　用餐信息水牌（初始）文档

回头看

通过案例"会议迎宾水牌"及举一反三"用餐信息水牌"的制作过程，主要学习了 Word 2010 的一些基本操作，这些基本操作是全面学习 Word 2010 的基础，掌握了这些基本操作，才能更容易地学习和接受后面介绍的知识。

知识拓展

1. 设置自动保存功能

Word 2010 还提供了自动保存功能，可以指定时间间隔自动保存文件，防止因意外事件（如停电、死机等）而丢失未保存的工作成果。默认情况下，自动保存功能是打开的。如果该功能没有打开，将其打开的具体操作步骤如下。

（1）在"文件"选项卡中单击"选项"按钮，打开"Word 选项"对话框，在对话框中选择"保存"选项，如图 1-23 所示。

图 1-23　设置自动保存

（2）选中"保存自动恢复信息时间间隔"复选项，在"分钟"文本框中选择或输入自动保存的时间间隔（以分钟计算）。时间间隔的范围是 1～120 分钟。

（3）单击"确定"按钮。

启用了自动保存功能后，就可以让 Word 2010 周期性地自动保存文件，自动保存的文件以特殊的格式保存在指定的目录下面，关闭文件之前仍需用"保存"或"另存为"命令来保存被修改的文件。

2. 控制文档的显示比例

在 Word 2010 窗口中查看文档时，可以按照某种比例来放大或缩小显示的比例。放大显示时，可以看到比较清楚的文档内容，但是相对看到的内容就少了，通常用于修改细节数据或编辑较小的字体。相反，如果缩小显示比例，可以观察到的内容数量很多，但是文档的具体内容就显示不清晰了，通常用于整页快速浏览或排版时观察整个页面的布局。

在"视图"选项卡的"显示比例"组中，用户可以单击"单页"、"双页"、"页宽"等按钮，设置显示比例。用户也可以在"显示比例"组中单击"显示比例"按钮，打开"显示比例"对话框，在对话框中用户可以选择自己需要的文档显示比例，如图 1-24 所示。

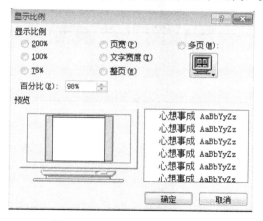

图 1-24　"显示比例"对话框

习题1

填空题

1．Word 2010 的标题栏位于_____，一般包含_____、正在编辑的文档名称、Microsoft Word、_____、_____和"关闭"按钮。

2．Word 2010 的功能区中主要有_____、_____、_____、_____、_____、_____、_____、_____等选项卡。

3．在_____上放置了一些最常用的按钮，如新建文件、保存、撤销、打印等。

4．对话框中的选项按钮分为_____和_____两种类型，最常用的按钮则包括_____、_____和_____3 种。

5．Word 2010 主要有_____、_____、_____、_____、_____等视图方式，其中默认的视图方式是_____。

6．打开文档的方式有_____、_____、_____3 种，默认情况下文档都是以_____方式打开的。

7．文件的"保存"命令在_____选项卡中。

8．退出 Word 2010 的快捷键有_____和_____2 种。

简答题

1．对话框中的文本框和列表框的最大区别是什么？

2．打开一篇文档后如果用户既需要对现有文件进行修改，又需要保留原始文件，此时用户应如何操作？

3．页面视图有哪些特点？草稿视图有哪些特点？

4．在什么情况下会出现动态命令选项卡？

第 2 章　文档的基本编辑方法
——制作商务传真和名片

就像读者在学习之前要打开一本书一样，使用 Word 2010 之前也要首先创建一个文档，只有创建了文档后，用户才可以在其中进行文本的输入、编辑等操作。

知识要点

● 创建文档
● 输入文本
● 移动与复制文本
● 拼写与语法检查

任务描述

在商务交往中，经常需要将某些重要的文件、资料即刻送达身在异地的合作伙伴手中。这时就可以利用 Word 2010 提供的模板，制作一个如图 2-1 所示的商务传真，用传真机直接发给对方，这比采用传统的邮寄书信的方式要快捷得多。

图 2-1　商务传真

案例分析

完成商务传真的制作，首先需要创建一个新文档，在创建的文档中输入文本内容，输入特殊的字符，插入时间与日期，然后使用文本的选择、移动、复制和拼写检查功能对文本进行编辑加工和处理。在创建新文档时由于我们创建的文档比较专业，因此可以利用模板进行创建。

本章所涉及案例的素材和最终效果文件请登录华信教育资源网下载，相关文件在下载后的"案例与素材\第 2 章素材"和"案例与素材\第 2 章案例效果"文件夹中。

2.1　创建文档

Word 2010 中有两种基本文件类型，即文档和模板，任何一个文档都必须基于某个模板。创建新文档时 Word 2010 的默认设置是使用 Normal 模板创建文档，用户可以根据需要选择其他适当的模板来创建各种用途的文档。

在 Word 2010 中用户可以利用以下几种方法创建新文档。

（1）创建新的空白文档。

（2）利用模板创建。

（3）创建博客文章。

（4）创建书法字帖。

在启动 Word 2010 时，如果没有指定要打开的文件，Word 2010 将自动使用 Normal 模板创建一个名为"文档 1"的新文档，表示这是启动 Word 2010 之后建立的第一个文档，如果继续创建其他的空文档，Word 2010 会自动将其取名为"文档 2"、"文档 3"……用户可以在空白文档的编辑区输入文字，然后对其进行格式的编排。

> **提示：** 如果在 Word 2010 工作界面中，单击快速访问工具栏中的"新建"按钮 ▢ ，系统也会基于 Normal 模板创建一个新的空白文档。

如果需要创建一个专业型的文档，如报告、备忘录、出版物等，而对这些专业文档的格式并不熟悉，用户可以利用 Word 2010 提供的模板功能来建立一个比较专业的文档。

我们对要创建的商务传真文档的格式不熟悉，此时可以利用模板来创建，具体步骤如下。

（1）在"文件"选项卡中单击"新建"按钮，如图 2-2 所示。

图 2-2　新建文件

（2）在"Office.com 模板"中选择所需模板类别，然后在类别列表框中选择模板。用户还可以在"Office.com 模板"右侧的搜索框中输入模板名称进行搜索，如这里输入"传真"，然后单击"开始搜索"按钮，得到搜索结果，如图 2-3 所示。

（3）在搜索结果列表框中选择"传真表头 5"模板，在右侧会显示出该模板的缩略图，单击"下载"按钮，开始下载模板，模板下载完毕后，自动打开一个文档，如图 2-4 所示。

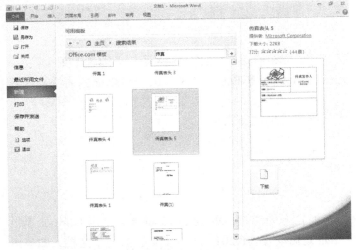

图 2-3   搜索到的模板   图 2-4   从网上下载的传真模板

提示：要想从 Microsoft Office Online 上下载模版，要确保计算机与互联网相连接。

2.2   输入文本

输入文本是 Word 2010 最基本的操作，文本是文字、符号、图形等内容的总称。在创建文档后，如果想进行文本的输入，应首先选择一种熟悉的输入法，然后进行文本的输入操作。为了方便文本的输入，Word 2010 还提供了一些辅助功能，如插入特殊符号、插入日期和时间等。

2.2.1   定位插入点

在新建的空白文档的起始处有一个不断闪烁的竖线，这就是插入点，它表示输入文本时的起始位置。

鼠标指针在文档中自由移动时呈现为 I 形状，这和插入点处呈现的 I 形状光标是不同的。在文档中定位光标，只要将鼠标指针移动至要定位插入点的位置处，当鼠标指针变为 I 形状时单击，即可在当前位置定位插入点。

例如，将鼠标指针移到新建传真文档"备注"文本下面的第二行，此时鼠标指针呈现为 I 形状，单击，则将插入点定位在"备注"文本下面的第二行，此时插入点处呈现 I 形状光标，如图 2-5 所示。

图 2-5   定位插入点

2.2.2　选择输入法

Word 2010 提供了多种输入法，用户可以根据自己的输入习惯选择不同的输入法进行文字的输入。在任务栏右端的语言栏上单击语言图标 ，打开输入法列表框，如图 2-6 所示。在输入法列表框中选择一种中文输入法，此时任务栏右端语言栏上的图标将会变为相应的输入法图标。

图2-6　输入法列表框

2.2.3　输入文本

在文档中输入文本时，插入点自动从左向右移动，用户可以连续不断地输入字符。当到一行的最右端时系统将向下自动换行，也就是当插入点移到页面右边界时，再输入字符，插入点会自动移动到下一行的行首位置。如果在一行没有输完时想换一个段落继续输入，可以按回车键，这时不管是否到达页面边界，新输入的文本都会从新的段落开始，并且在上一行的末尾产生一个段落符号↵，如图 2-7 所示。

在输入文本过程中，难免会出现输入错误，可以通过如下操作来删除错误的输入字符。

（1）按【Backspace】键可以删除插入点之前的字符。

（2）按【Delete】键可以删除插入点之后的字符。

（3）按【Ctrl+Backspace】组合键可以删除插入点之前的字（词）。

（4）按【Ctrl+Delete】组合键可以删除插入点之后的字（词）。

在输入完"备注"下面的文本后，发现"备注"这两个字是多余的，可以将鼠标指针定位在"备注"的后面，然后按【Backspace】键将其删除；也可以将鼠标指针定位在"备注"的前面，然后按【Delete】键将其删除。当然也可以直接选中"备注"这两个字，然后按【Delete】键将其删除。

在"收件人"文本后面的"单击此处输入姓名"处单击，输入收件人的名称"河南龙源纸业有限公司"。按照相同的方法输入"传真发件人"信息及"主题"等基本内容，如图 2-8 所示。

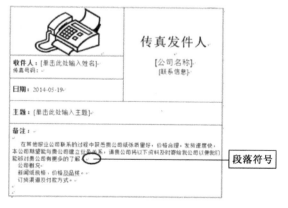

图2-7　输入文本

图2-8　输入传真的基本内容

提示： 在某些情况下，如输入地址时，为了保持地址的完整性而在到达页边距之前开始一个新的空行。如果按回车键可以开始一个新行但同时也开始了一个新的段落，为了使新行仍保留在同一个段落里面而不是开始一个新的段落，可以按【Shift+回车】组合键，系统就会插入一个换行符并把插入点自动移到下一行的开始处。

2.2.4 输入特殊文本

在文档中输入文本时有些符号是不能从键盘上直接输入的，可以使用"符号"对话框插入这些符号。

为传真正文文本的最后 3 段插入表示顺序的符号❶❷❸，具体操作步骤如下。

（1）将鼠标指针定位在要插入特殊字符的位置，这里首先定位在"公司概况"的前面。

（2）单击"插入"选项卡，然后在"符号"组中单击"符号"下拉按钮，在弹出的下拉列表框中选择"其他符号"选项，打开"符号"对话框，如图 2-9 所示。

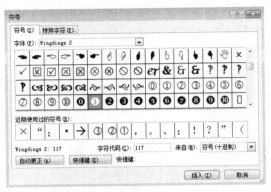

图 2-9 "符号"对话框

（3）在"字体"下拉列表框中选择一种字体，如果该字体有子集，在"子集"下拉列表框中还可以选择符号子集，这里选择"Wingdings 2"字体。

（4）在符号列表框中选择要插入的符号"❶"，单击"插入"按钮，便在文档中插入所选的符号；也可在符号列表框中直接双击要插入的符号将它插入到文档中。

（5）不用关闭"符号"对话框，将鼠标指针定位在"新闻纸规格、价格及样品"的前面，在符号列表框中选择要插入的符号"❷"，单击"插入"按钮。继续将鼠标指针定位在"货渠道及付款方式"的前面，在符号列表框中选择要插入的符号"❸"，单击"插入"按钮。

（6）插入符号完毕后单击"关闭"按钮，关闭"符号"对话框，在文档中插入符号后的效果如图 2-10 所示。

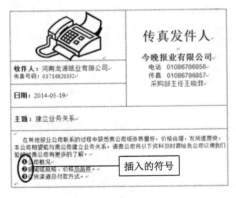

图 2-10 插入符号后的效果

> **提示：**在"符号"对话框中，如果连续两次单击"插入"按钮，可在插入点处插入两个相同的符号，多次单击"插入"按钮即可插入多个相同的符号。

2.2.5 插入日期和时间

Word 2010 提供了多种中英文的日期和时间格式,用户可以根据需要在文档中插入合适格式的日期和时间。

例如,传真中默认的日期格式不符合要求,可以重新插入新的日期,具体操作步骤如下。

(1)选中原来的日期,然后按【Delete】键将其删除。

(2)单击"插入"选项卡,然后在"文本"组中单击"日期和时间"按钮,打开"日期和时间"对话框,如图 2-11 所示。

(3)在"语言(国家/地区)"下拉列表框中选择一种语言,如"中文(中国)",在"可用格式"列表框中选择一种日期和时间格式。

(4)单击"确定"按钮,插入日期的效果如图 2-12 所示。使用这种方法插入的是当前系统的时间,如果用户需要的不是当前时间,可以在该时间格式的基础上进行修改。

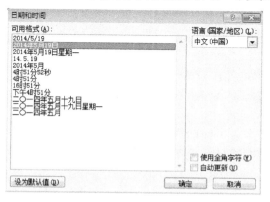

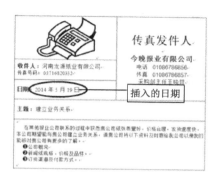

图2-11 "日期和时间"对话框　　　　　图2-12 插入日期后的效果

提示: 在"日期和时间"对话框中选中"自动更新"复选框,则插入的时间在每次打开文档时都可以自动更新。

2.3 移动或复制文本

移动和复制是在编辑文档中最常用的编辑操作,对于重复出现的文本不必一次次地重复输入,可以采用复制的方法快速输入;对于字符位置放置不当的文本,可以快速移动到满意的位置。

2.3.1 利用鼠标移动或复制文本

如果要在当前文档中短距离地移动文本,可以利用鼠标指针拖动的方法快速移动。

在"传真发件人"的信息中,文本"采购部主任"的字符位置放置不当,可以采用鼠标指针拖动的方法将该文本移动到合适的位置。具体操作步骤如下。

(1)把 I 形状的鼠标指针指向"采购部主任王晓菲"的开始处,按住鼠标左键并拖过要选中的文本,当拖动到文本的末尾时,松开鼠标左键,此时文本反白显示在屏幕上,表示这段文本被选中。

(2)将鼠标指针指向选中的文本,当鼠标指针呈现箭头状时按住鼠标左键,拖动时鼠标指针将变成 形状,同时还会出现一个虚线插入点。

（3）移动虚线插入点到要移到的目标位置文本"电话"的前面，松开鼠标左键，选中的文本就从原来的位置被移动到了新的位置，如图 2-13 所示。

（4）将插入点定位在"电话"的前面，按回车键让"电话"这一行文本进入下一个段落。如果在拖动的同时按住【Ctrl】键，则将执行复制文本的操作。

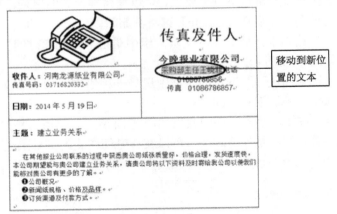

图2-13　移动文本的效果

2.3.2　利用剪贴板移动或复制文本

如果要长距离地移动文本，如将文本从当前页移动到另一页，或将当前文档中的部分内容移动到另一篇文档中，此时用鼠标拖放的办法显然很不方便，在这种情况下可以利用剪贴板来移动文本，具体操作步骤如下。

（1）选中要移动的文本。

（2）在"开始"选项卡中，单击"剪贴板"组中的"剪切"按钮 ✂ ，或按【Ctrl+X】组合键，此时剪切的内容被暂时放在剪贴板上。

（3）将插入点定位在新的位置，在"开始"选项卡中，单击"剪贴板"组中的"粘贴"按钮，或按【Ctrl+V】组合键，选中的文本被移到了新的位置。

如果要进行复制操作，在第（2）步中单击"剪贴板"组中的"复制"按钮或按【Ctrl+C】组合键。

2.4　拼写和语法检查

文本输入结束后，在某些词语或句子的下面会出现红色或蓝色的波浪线，蓝色波浪线表示语法错误，红色波浪线表示拼写错误。

仔细观察系统的提示，如果确实有误，直接将其更正，也可以把鼠标指针定位在带有红色波浪线或蓝色波浪线的词语中右击，在弹出的快捷菜单中执行相应的命令进行更正。

例如，用户在传真文档中发现文本"及品样"处标有蓝色波浪线，将鼠标指针移到蓝色波浪线处右击，会弹出如图 2-14 所示的快捷菜单。

执行"语法"命令，打开"语法"对话框，如图 2-15 所示。对话框中提示了出错信息，并提供建议及修改方案，用户可根据实际情况选择修改，或者忽略。这里显然是输入错误，将"品样"修改为"样品"即可。

Word 2010 的拼写和检查功能非常有利于用户发现在输入和编辑过程中出现的错误，虽然这些都是系统自认为的错误，并不一定是真正的错误。

图2-14　查看出错语法　　　　　　　图2-15　"语法"对话框

至此一个商务传真就制作完成了，如果单位有传真机，用户就可以直接将其发送给商业伙伴了。

举一反三　制作名片

利用 Word 2010 提供的名片模版可以制作专业的名片，如果再有彩色打印机和一定硬度的专用纸，自己的名片就可以轻松搞定。利用模板创建名片的具体操作步骤如下。

（1）在"文件"选项卡中单击"新建"按钮。

（2）在"Office.com 模板"下选择所需模板类别，这里选择"卡片"类别，则出现卡的类别列表框，如图 2-16 所示。

（3）选择"用于打印"类别，则显示出该类别下的所有模板，如图 2-17 所示。

图2-16　卡模版下的类别

（4）在名片模板列表框中选择"名片（横排）"模板，在右侧会显示出该模板的缩略图，单击"下载"按钮，开始下载模板，模板下载完毕后，自动打开一个文档，如图 2-18 所示。

（5）单击名片文档中的"YOUR LOGO HERE"图片将其选中，在"插入"选项卡中单击"插图"组中的"图片"按钮，打开"插入图片"对话框，如图 2-19 所示。

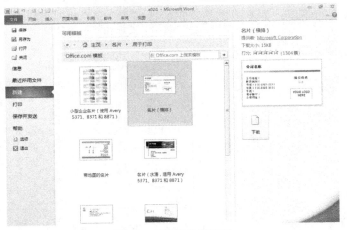

图2-17 选择名片模板

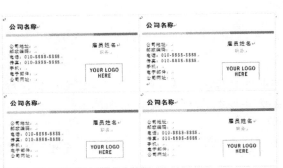

图2-18 下载的名片文档

图2-19 "插入图片"对话框

（6）在文件列表框中找到要插入公司 LOGO 图片的文件夹，选中要插入的图片，单击"插入"按钮，将图片插入到名片中，如图 2-20 所示。

（7）在"文件"选项卡中单击"另存为"按钮，打开"另存为"对话框，如图 2-21 所示。在"保存类型"下拉列表框中选择"Word 模板"选项，在"文件名"文本框中输入"名片"，在对话框中选择文档的保存位置文件夹，单击"保存"按钮，将名片文档保存为模板。

图2-20 将图片插入到名片中

图2-21 将名片保存为模板文件

（8）进入保存模板文件中的文件夹中，用户会发现模板文件的图标和其他的 Word 文档图标有所不同，如图 2-22 所示。

图2-22　模板文件的图标

（9）双击该模板文件，则打开一个新的文档，该文档与刚才保存的模板文件内容一样，但是文档的名称不同。在新文档中对名片进行编辑，效果如图 2-23 所示。

图2-23　名牌的最终效果

（10）在"文件"选项卡中单击"保存"按钮，或者在快速访问工具栏中单击"保存"按钮，打开"另存为"对话框。在对话框中选择文档的保存位置，在"文件名"文本框中输入文档名"名片"，单击"保存"按钮。

技巧：名片作为个人职业的媒体，在设计上要讲究其艺术性。同艺术作品有明显的区别，不必像其他艺术作品那样具有很高的审美价值，便于记忆，具有较强的识别性，让人在最短的时间内获得所需要的情报即可。因此，名片设计必须做到文字简明扼要，字体层次分明，强调设计意识，艺术风格要新颖。

回头看

通过案例"商务传真"及举一反三"名片"的制作过程，主要学习利用 Word 2010 提供的模板创建文档、输入文本、输入特殊符号、输入日期和时间、移动或复制文本、拼写和语法检查等操作技巧。关键之处在于利用 Word 2010 的模板功能创建专业格式的文档，然后输入需要的文本，使得文档符合用户的使用要求。

知识拓展

1．选择文本

用鼠标选中文本的常用方法是把 I 形的鼠标指针指向要选中的文本开始处，按住鼠标左键并拖过要选中的文本，当拖动到要选中文本的末尾时，松开鼠标左键，选中的文本呈反白显示。

如果要选中多个文本块，可以首先选中一个文本块，在按住【Ctrl】键的同时拖动选择其他的文本，这样就可以选中不连续的多块文本。如果要选中连续的较大的文本范围，可以首先在开始选取的位置处单击，接着按住【Shift】键，然后在要结束选取的位置处单击即可选中所需的大文本块。

还可以将鼠标指针定位在文档选择条中进行整行文本的选择，文本选择条位于文档的左端紧靠着垂直标尺的空白区域，当鼠标指针移入此区域后，鼠标指针将变为向右箭头状，如图 2-24 所示。在要选中的行上单击即可将该行选中，通过鼠标指针在文档选择条上向上或向下拖动则可以选中多行。

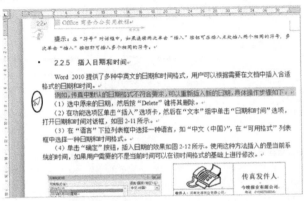

图2-24　位于选择条处的鼠标指针形状

使用鼠标选中文本有下面一些常用的操作技巧。

（1）选中一个单词：双击该单词。

（2）选中一句：按住【Ctrl】键单击句中任意位置，可选中两个句号中间的一个完整句子。

（3）选中一行文本：在选择条上单击，箭头所指的行被选中。

（4）选中连续多行文本：在选择条上按住鼠标左键然后向上或向下拖动。

（5）选中一段：在选择条上双击，箭头所指的段落被选中，也可在段落中的任意位置连续 3 次单击。

（6）选中多段：将鼠标指针移到选择条中，双击，并在选择条中向上或向下拖动。

（7）选中整篇文档：按住 Ctrl 键并单击文档中任意位置的选择条，或者使用【Ctrl+A】组合键。

（8）选中矩形文本区域：按住【Alt】键的同时，在要选择的文本上拖动，可以选中一个矩形区域文本块。

2．利用键盘定位插入点

用户也可以利用键盘上的按键在非空白文档中移动插入点的位置。利用键盘按键移动插入点主要有下面一些技巧。

（1）按方向键【↑】，插入点从当前位置向上移动一行。

（2）按方向键【↓】，插入点从当前位置向下移动一行。

（3）按方向键【←】，插入点从当前位置向左移动一个字符。

（4）按方向键【→】，插入点从当前位置向右移动一个字符。

（5）按【Page Up】键，插入点从当前位置向上翻一页。

（6）按【Page Down】键，插入点从当前位置向下翻一页。

（7）按【Home】键，插入点从当前位置移动到行首。

（8）按【End】键，插入点从当前位置移动到行末。

（9）按【Ctrl+Home】组合键，插入点从当前位置移动到文档首。

（10）按【Ctrl+End】组合键，插入点从当前位置移动到文档末。

（11）按【Shift+F5】组合键，插入点从当前位置返回至文档的上次编辑点。

3．Office 剪贴板

前面介绍的使用剪贴板复制和移动文本的操作使用的是系统剪贴板，使用系统剪贴板一次只能移动或复制一个项目，当再次执行移动或复制操作时，新的项目将会覆盖剪贴板中原有的项目。Office 剪贴板独立于系统剪贴板，它由 Office 创建，使用户可以在 Office 的应用程序如 Word、Excel 中共享一个剪贴板。Office 的剪贴板的最大优点是一次可以复制多个项目，并且用户可以将剪贴板中的项目进行多次粘贴。在"开始"选项卡中单击"剪贴板"组右下角的对话框启动器按钮，在界面的左侧打开"剪贴板"任务窗格，如图 2-25 所示。

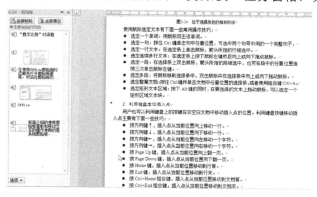

图2-25　"剪贴板"任务窗格

在使用 Office 剪贴板时应首先打开"剪贴板"任务窗格，然后单击"剪贴板"组中的"剪切"或"复制"按钮就可以向 Office 剪贴板中复制项目，剪贴板中可存放包括文本、表格、图形等 24 个项目对象，如果超出了这个数目最先放入的对象将自动从剪贴板上删除。

将鼠标指针定位在需要粘贴项目的位置，然后在 Office 剪贴板中单击一个项目，即可将该项目粘贴到当前鼠标指针所在的位置。单击 Office 剪贴板中各项目后的下拉按钮，在弹出的下拉列表框中选择"粘贴"选项，也可以将所选项目粘贴到文档中的当前鼠标指针所在位置。如果在"剪贴板"任务窗格中单击"全部粘贴"按钮，可将存储在 Office 剪贴板中的所有项目全部粘贴到文档中去。

如果要删除剪贴板中的一个项目，可以单击要删除项目后的下拉按钮，在弹出的下拉列表框中选择"删除"选项，如图 2-26 所示。如果要删除 Office 剪贴板中的所有项目，在"剪贴板"任务窗格中单击"全部清空"按钮。

图2-26　删除剪贴板中的项目

有了 Office 剪贴板，用户可以在编辑具有多种内容对象的文档时获得更多的方便。例如，用户可以事先将所需要的各种对象，如文本、表格和图形等预先制作好，并将它们都复制到 Office 剪贴板中。然后在 Word 2010 中再根据编制内容的需要，随时随地将它们一一复制到文档的相应位置，从而避免了反复调用各种工具软件所带来的烦琐操作。

习题2

填空题

1. 在用鼠标选中文本时如果在按住【＿＿＿＿】键的同时，在要选择的文本上拖动，可以选中一个矩形区域文本块。

2. 在输入文本的过程中，按【＿＿＿＿】键删除插入点之前的字符，按【＿＿＿＿】键删除插入点之后的字符。

3. 在输入文本时当到达页边距之前要结束一个段落时用户可以按【＿＿＿＿】键，如果用户不想另起一个段落而是想切换到下一行可以按【＿＿＿＿】键。

4. Office 剪贴板中可存放包括文本、表格、图形等【＿＿＿＿】个项目，如果超出了这个数目【＿＿＿＿】将自动被从剪贴板上删除。

选择题

1. 将插入点定位在任意文档中的任意文本处，按下组合键【＿＿＿＿】可快速返回至文档的上次编辑点。

　　（A）Ctrl+F5　　　　　　（B）Shift+F5　　　　　　（C）Alt+F5　　　　　　（D）Tab+F5

2. 按【＿＿＿＿】组合键可以选中整个文档。

　　（A）Ctrl+A　　　　　　（B）Ctrl+V　　　　　　（C）Ctrl+B　　　　　　（D）Ctrl+N

3. 在"开始"选项卡中单击"＿＿＿＿"组右下角的对话框启动器按钮，则可打开"剪贴板"任务窗格。

　　（A）剪切　　　　　　（B）复制　　　　　　（C）剪切板　　　　　　（D）粘贴

4. 按【＿＿＿＿】键可以删除插入点之后的字（词）。

　　（A）Ctrl+Backspace　　（B）Backspace　　　　（C）Ctrl+Delete　　　　（D）Delete

5. 按【＿＿＿＿】组合键可以将所选内容暂存到剪贴板上。

　　（A）Ctrl+ Shift　　　　（B）Ctrl+S　　　　　　（C）Ctrl+X　　　　　　（D）Ctrl+C

6. 下面方法可以将剪贴板上的内容粘贴到插入点的位置的是＿＿＿＿。

　　（A）按【Ctrl+S】组合键　　　　　　　　　　（B）单击"剪切板"组中的"粘贴"按钮

　　（C）按【Ctrl+V】组合键　　　　　　　　　　（D）按【Ctrl+C】组合键

第 3 章　文档基本格式的编排
——制作购销合同和人事通告

给文档设置必要的格式，可以使文档具有更加美观的版式效果，方便阅读和理解文档的内容。文本与段落是构成文档的基本框架，对文本和段落的格式进行适当的设置可以编排出段落层次清晰、可读性强的文档。

 知识要点

- 设置字符格式
- 设置段落格式
- 应用编号
- 设置制表位
- 应用格式刷

 任务描述

在商务交往中，经常要签订一些类似的合同，利用 Word 2010 输入合同的要点和固定内容，并对格式进行必要的设置，使合同的段落层次清晰，方便双方阅读和理解，形成购销合同，如图 3-1 所示。

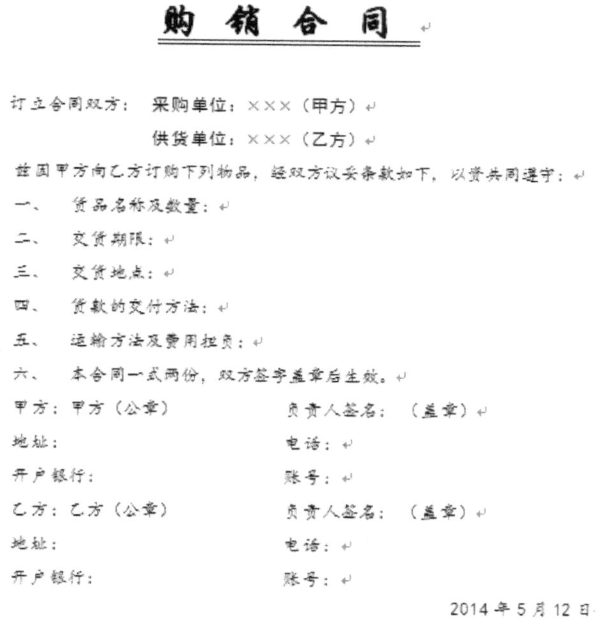

购 销 合 同

订立合同双方：采购单位：×××（甲方）
供货单位：×××（乙方）

兹因甲方向乙方订购下列物品，经双方议妥条款如下，以资共同遵守：

一、 货品名称及数量：
二、 交货期限：
三、 交货地点：
四、 货款的交付方法：
五、 运输方法及费用担负：
六、 本合同一式两份，双方签字盖章后生效。

甲方：甲方（公章）　　　　负责人签名：（盖章）
地址：　　　　　　　　　　电话：
开户银行：　　　　　　　　账号：
乙方：乙方（公章）　　　　负责人签名：（盖章）
地址：　　　　　　　　　　电话：
开户银行：　　　　　　　　账号：

2014 年 5 月 12 日

图3-1　购销合同

 案例分析

完成购销合同模板的制作要用到字符格式的设置、段落对齐格式的设置、段落缩进的设置、行间距和段间距的设置、编号设置、制表位设置，还要用到格式刷、操作的撤销与恢复等功能。如果要设置的字符格式和段落格式相对简单，可以在功能区直接设置；如果要设置的字符格式和段落格式相对复杂、精确，则应利用对话框来完成。

本章所涉及案例的素材和最终效果文件请登录华信教育资源网下载，相关内容在下载后的"案例与素材\第 3 章素材"和"案例与素材\第 3 章案例效果"文件夹中。

3.1 设置字符格式

在 Word 2010 中，字符是指作为文本输入的汉字、字母、数字、标点符号及特殊符号等。字符是文档格式设置的最小单位，对字符格式的设置决定了字符在屏幕上显示或打印时的形态。字符格式包括字体、字号、字形、颜色及特殊的阴影、阴文、阳文、动态等修饰效果。

默认情况下，在新建的文档中输入文本时，文字以正文文本的格式输入，即宋体五号字。通过设置字体格式可以使文字的效果更加突出，在如图 3-2 所示的合同文档中，字体格式过于单一，为了使读者能够更加方便地阅读它，可以为合同文档的标题和文字内容设置字体格式，使其更加醒目。

```
购销合同
订立合同双方：采购单位：×××（甲方）
供货单位：×××（乙方）
兹因甲方向乙方订购下列物品，经双方议妥条款如下，以资共同遵守：
货品名称及数量：
交货期限：
交货地点：
货款的交付方法：
运输方法及费用担负：
本合同一式两份，双方签字盖章后生效。
甲方：甲方（公章）负责人签名：（盖章）
地址：电话：
开户银行：账号：
乙方：乙方（公章）负责人签名：（盖章）
地址：电话：
开户银行：账号：
2014 年 5 月 12 日
```
图3-2　原始的合同文档

3.1.1 利用功能区设置字符格式

如果要设置的字符格式比较简单，可以在功能区的"开始"选项卡中的"字体"组中进行快速设置。

1. 设置字体

在功能区设置合同文档中的文本的字体，具体操作步骤如下。

（1）在合同文档中选中要设置字体的文本"采购单位：×××（甲方）"和"供货单位：×××（乙方）"。

（2）在"开始"选项卡中单击"字体"组中的"字体"下拉按钮，弹出"字体"下拉列表框，如图 3-3 所示。

（3）在"字体"下拉列表框中选择"黑体"选项，选中的文本便被设置为黑体，如图 3-4 所示。如果要选择的字体没有显示出来，可以拖动下拉列表框右侧的滚动条来选择字体。

2. 设置字号

字号即字符的大小，"号"和"磅"是度量字体大小的基本单位，以"号"为单位时，数值越小，字体越大，以"磅"为单位时，数值越小，字体越小。

把合同文档的文本"采购单位：×××（甲方）"和"供货单位：×××（乙方）"的字号利用功能区设置为小四号，具体操作步骤如下。

图3-3　"字体"下拉列表框

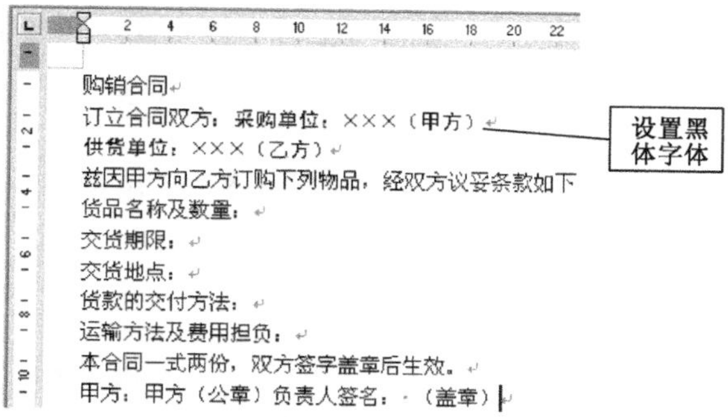

图3-4　设置黑体字体的效果

（1）在合同文档中选中文本"采购单位：×××（甲方）"和"供货单位：×××（乙方）"。

（2）在"开始"选项卡中单击"字体"组中的"字号"下拉按钮，弹出"字号"下拉列表框，如图 3-5 所示。

（3）选择"小四"选项，设置后的效果如图 3-6 所示。

图3-5　"字号"下拉列表框

图3-6　设置小四号字的效果

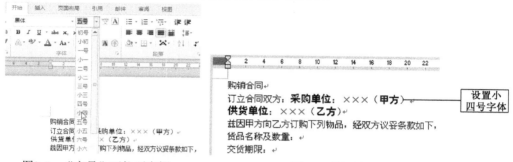

提示： 如果用户单纯设置字体大小可以利用组合键进行设置，选中文本按【Ctrl+]】组合键是增大文本字号，按【Ctrl+[】组合键是缩小文本字号，用户也可以利用【Ctrl+Shift+>】或【Ctrl+Shift+<】组合键来增大或缩小文本字号。

3．设置字形和效果

在字体组中还提供了一些常用的设置字形和效果的按钮，利用这些按钮可以对文本的部分字形和效果进行设置。

（1）加粗 **B**：单击"加粗"按钮，使它显示被标记状态，可以使选中文本出现加粗效果，再次单击"加粗"按钮可取消加粗效果。

（2）倾斜 *I*：单击"倾斜"按钮，使它显示被标记状态，可以使选中文本出现倾斜效果，再次单击倾斜按钮可取消倾斜效果。

（3）下画线 U ▾：单击"下画线"按钮，使它显示被标记状态，可以为选中文本自动添加下画线，单击按钮右侧的下拉按钮，可以选择下画线的线型和颜色，再次单击"下画线"按钮取消下画线效果。

（4）字体颜色 A ▾：单击"字体颜色"按钮，可以改变选中文本字体颜色，单击按钮右侧的下拉按钮，选择不同的颜色，选择的颜色显示在该符号下面的粗线上，再单击凹入状的"字体颜色"按钮取消字体颜色。

（5）删除线 abe：单击"删除线"按钮，可以为选中文本的中间画一条线。

（6）下标 X₂：单击"下标"按钮，可在文字基线下方创建小字符。

（7）上标 $\mathbf{x}^2$ ：单击"上标"按钮，可在文字基线上方创建小字符。

3.1.2　利用对话框设置字符格式

利用功能区可以快速设置字体的常用格式，但如果要设置的字体格式比较复杂，可以在"字体"对话框中进行设置。

1．设置字体格式

要将合同文档的标题"购销合同"设置为：华文行楷字体、加粗字形、一号字号、双下画线，利用"字体"对话框进行设置的具体操作步骤如下。

（1）选中合同文档的标题"购销合同"。

（2）在"开始"选项卡中单击"字体"组右下角的对话框启动器按钮，打开"字体"对话框。

（3）在"中文字体"下拉列表框中选择"华文行楷"选项，在"字形"下拉列表框中选择"加粗"选项，在"字号"下拉列表框中选择"一号"选项，在"下画线线型"下拉列表框中选择"双下画线"选项，如图3-7所示。

（4）单击"确定"按钮，设置标题字体格式后的效果如图3-8所示。

图3-7　"字体"对话框

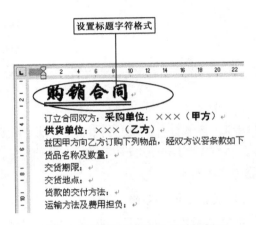

图3-8　设置标题字体格式后的效果

2．设置字符间距

在如图 3-9 所示的"字体"对话框的"高级"选项卡中，可以对字符间距、字符缩放比例和字符位置进行调整。

字符间距指的是文档中两个相邻字符之间的距离。通常情况下，采用单位"磅"来度量字符间距。在特定情况下可以根据需要来调整字符间距。例如，当排版标题时，如果这个标题只有两三个字符，为了使标题美观，可以增加字符间距。用户可以在"间距"下拉列表框中选择字符间距的类型：标准、加宽或紧缩，如果为字符间距设置了加宽或紧缩效果，还可以在右侧的"磅值"文本框中设置加宽或紧缩的数值。

用户还可以根据需要在"位置"下拉列表框中选择字符位置的类型：标准、提升或降低，如果为字符间距设置了提升或降低效果，可以在右侧的"磅值"文本框中设置提升或降低的数值。

图 3-10 展示设置字符间距、缩放和位置的文本效果。

图3-9 "高级"选项卡

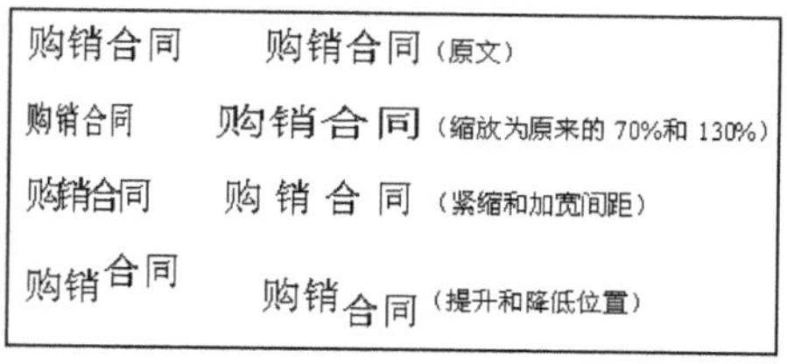

图3-10 字符缩放、间距和位置设置效果

例如，合同文档的标题"购销合同"只有 4 个字符，为了使标题美观，可以增加标题的字符间距，具体操作步骤如下。

（1）选中标题文本"购销合同"。

（2）在"开始"选项卡中单击"字体"组右下角的对话框启动器按钮，打开"字体"对话框，单击"高级"选项卡。

（3）在"间距"下拉列表框中选择"加宽"选项，并在"磅值"文本框中选择或输入"8 磅"。

（4）单击"确定"按钮，设置字符间距后的效果如图 3-11 所示。

利用功能区设置合同文档除"购销合同"、"采购单位：×××（甲方）"和"供货单位：×××（乙方）"之外的其他文本的字体为楷体，字号为小四号，设置后的效果如图 3-12 所示。

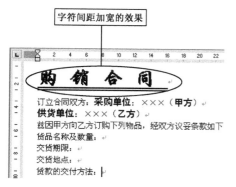

图3-11 设置字符间距后的效果

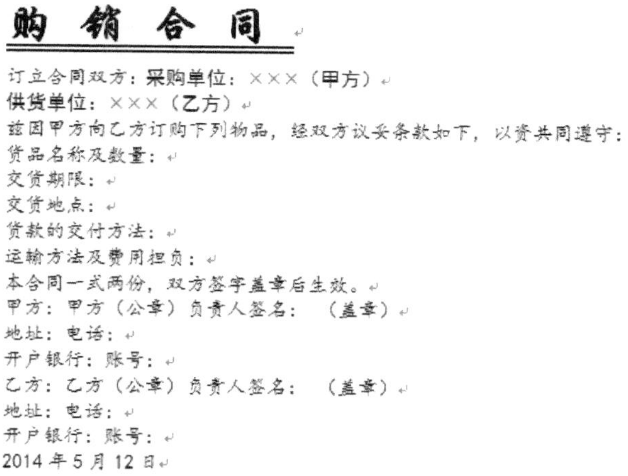

图3-12 其他文本设置字符格式的效果

3.2 设置段落格式

段落是以回车键结束的一段文本。在设置段落格式时，用户可以将鼠标指针定位在要设置格式的段落中，然后进行设置。如果要同时对多个段落进行设置，则应先选中这些段落。

3.2.1　设置段落对齐方式

段落的对齐方式直接影响文档的版面效果，控制段落中文本行的排列方式，段落的对齐方式有两端对齐、左对齐、右对齐、居中和分散对齐 5 种。

（1）两端对齐：段落中除最后一行文本外，其余行文本的左、右两端分别以文档的左、右边界为基准向两端对齐。这种对齐方式是文档中最常用的，也是系统默认的对齐方式，平时用户看到的书籍正文都采用该对齐方式。

（2）左对齐：段落中每行文本一律以文档的左边界为基准向左对齐。对于中文文本来说，左对齐方式和两端对齐方式没有什么区别。如果文档中有英文单词，左对齐将会使文档右边的边缘参差不齐，此时使用"两端对齐"的方式，右边缘就可以对齐了。

（3）右对齐：文本以文档的右边界为基准向右对齐，而左边界是不规则的，一般文章的落款多采用该对齐方式。

（4）居中对齐：文本位于文档的左、右边界的中间，一般文章的标题都采用该对齐方式。

（5）分散对齐：段落所有行的文本的左、右两端分别沿文档的左、右边界对齐。

在 Word 2010 中用户可以利用"开始"选项卡"段落"组中的对齐按钮快速设置段落的对齐方式，如要设置合同文档中标题段落的格式为居中对齐，日期段落的格式为右对齐，具体操作步骤如下。

（1）选中合同文档的标题"购销合同"。

（2）在"开始"选项卡中单击"段落"组中的"居中"按钮　，则标题的段落即可居中显示，如图 3-13 所示。

（3）将鼠标指针定位在时间段落中的任意位置。

（4）在"开始"选项卡中单击"段落"组中的"右对齐"按钮　，日期段落即可右对齐显示了，如图 3-13 所示。

购 销 合 同

订立合同双方：采购单位：×××（甲方）
供货单位：×××（乙方）
兹因甲方向乙方订购下列物品，经双方议妥条款如下，以资共同遵守：
货品名称及数量：
交货期限：
交货地点：
货款的支付方法：
运输方法及费用担负：
本合同一式两份，双方签字盖章后生效。
甲方：甲方（公章）负责人签名：　（盖章）
地址：电话号：
开户银行：账号：
乙方：乙方（公章）负责人签名：　（盖章）
地址：电话号：
开户银行：账号：

2014 年 5 月 12 日

图3-13　设置段落对齐的效果

3.2.2　设置段落缩进

段落缩进可以调整段落与边距之间的距离。设置段落缩进可以将一个段落与其他段落分开，或显示出条理更加清晰的段落层次，方便阅读。缩进分为首行缩进、左缩进、右缩进和悬挂缩进 4 种方式。

（1）左（右）缩进：整个段落中的所有行的左（右）边界向右（左）缩进，左缩进和右缩进通常用于嵌套段落。

（2）首行缩进：段落的首行向右缩进，使之与其他的段落之间区分开。

（3）悬挂缩进：段落中除首行以外所有行的左边界向右缩进。

使用标尺或"段落"对话框都可以设置段落缩进。

1．利用标尺设置段落缩进

在标尺上拖动缩进滑块可以快速灵活地设置段落的缩进，水平标尺上有 4 个缩进滑块，如图 3-14 所示。将鼠标指针放在缩进滑块上，鼠标指针变成箭头状时稍作停留将会显示该滑块的名称。在使用鼠标指针拖动滑块时可以根据标尺上的尺寸确定缩进的位置。

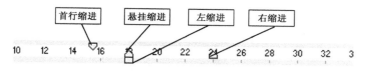

图3-14　标尺上的缩进滑块

例如，设置合同文档中"供货单位"与"采购单位"对齐显示，利用标尺进行设置的具体操作步骤如下。

（1）将鼠标指针定位在"供货单位"所在的段落中。

（2）拖动标尺上的首行缩进滑块，拖动时，文档中显示一条虚线，虚线所在位置即是段落的缩进位置。

（3）当虚线与"采购单位"对齐时松开鼠标，则"供货单位"与"采购单位"将并齐显示，如图 3-15 所示。

图 3-15　利用标尺设置缩进的效果

2．利用"段落"对话框设置段落缩进

如果要精确地设置段落的缩进量，可以在"段落"对话框中的"缩进与间距"选项卡中设置。例如，将合同文档正文中"供货单位"下方除日期之外的段落设置为首行缩进 2 个字符，具体操作步骤如下。

（1）选中"供货单位"下方除日期之外的所有段落。

（2）在"开始"选项卡中单击"段落"组右下角的对话框启动器按钮，打开"段落"对话框如图 3-16 所示。

（3）在"缩进"选项区域的"特殊格式"下拉列表框中选择"首行缩进"选项，然后在"度量值"文本框中选择或输入"2 个字符"。

（4）单击"确定"按钮，设置首行缩进 2 个字符后的效果如图 3-17 所示。

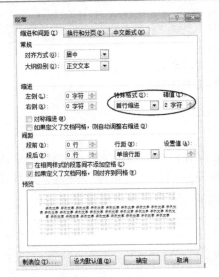

图3-16　设置段落缩进　　　　　　图3-17　设置首行缩进2个字符后的效果

在"段落"对话框的"缩进"选项区域，用户可以进行以下段落缩进的设置。

① 在"左侧"文本框中设置段落从文档左边界缩进的距离，正值代表向右缩进，负值代表向左缩进。

② 在"右侧"文本框中设置段落从文档右边界缩进的距离，正值代表向左缩进，负值代表向右缩进。

③ 在"特殊格式"下拉列表框中可以选择"首行缩进"或"悬挂缩进"选项，选好后在度量值中输入缩进量即可。

> **提示：** 用户也可以在功能区快速设置段落缩进，将鼠标指针定位在要设置段落缩进的段落中或者选中段落的所有文本，在"开始"选项卡中单击"段落"组中的"减少缩进量"按钮 或"增加缩进量"按钮 一次，选中段落的所有行将减少或增加一个汉字的缩进量。

3.2.3　设置段落间距和行间距

段落间距是指两个段落之间的间隔，行间距是一个段落中行与行之间的距离，行间距和段间距的大小影响整个版面的排版效果。

1．设置段落间距

文档标题与后面文本之间的距离常常要大于正文的段落间距。设置段落间距最简单的方法是在一段的末尾按回车键来增加空行，但是这种方法的缺点是不够准确。为了精确设置段落间距并将它作为一种段落格式保存起来，可以在"段落"对话框中进行设置。

例如，设置合同文档标题的段落间距为段前 1 行，段后 1.5 行，具体操作步骤如下。

（1）将鼠标指针定位在标题段落中，或选中该段落。

（2）在"开始"选项卡中单击"段落"组右下角的对话框启动器按钮，打开"段落"对话框。

（3）在"间距"选项区域的"段前"文本框中选择或输入段前的距离"1 行"；在"段后"文本框中选择或输入段后的距离"1.5 行"，如图 3-18 所示。

（4）单击"确定"按钮，设置标题段落间距后的效果如图 3-19 所示。

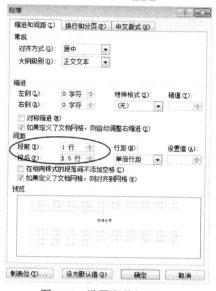

图3-18　设置段落间距　　　　　　图3-19　设置标题段落间距后的效果

2．设置行间距

行距是指段落内部行与行之间的距离。如果想在较小的页面上打印文档，使用单倍行距会使正文行与行之间很紧凑。如果要打印出来让别人校对文档，应该用较宽的行距，以便给修改者提供书写批注的空间。

例如，将合同文档中正文的行距设置为 1.5 倍行距，具体操作步骤如下。

（1）选中合同文档的所有正文段落（除标题和日期所在段落的其他段落）。

（2）在"开始"选项卡中单击"段落"组右下角的对话框启动器按钮，打开"段落"对话框。

（3）在"间距"选项区域的"行距"下拉列表框中选择"1.5 倍行距"选项，如图 3-20 所示。

（4）单击"确定"按钮，设置 1.5 倍行距后的效果如图 3-21 所示。

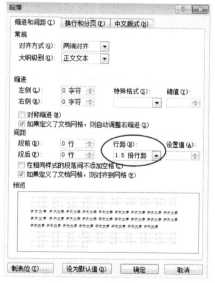

图3-20　设置行距　　　　　　图3-21　设置行距的效果

提示： 可以利用功能区中的按钮快速设置行距和段落间距，将鼠标指针定位在要设置行距的段落中或选中段落，单击“段落”组中的“行距和段落间距”下拉按钮，然后在弹出的下拉列表框中选择需要的行距和段落间距。另外，用户也可以按【Ctrl+5】组合键，则调整为 1.5 倍行距，按【Ctrl+2】组合键，则调整为 2 倍行距，按【Ctrl+1】组合键，则调整为 1 倍行距。

3.3 应用编号

在制作文档的过程中，为了增强文档的可读性，使段落条理更加清楚，可在文档各段落前添加一些有序的编号或项目符号。Word 2010 提供了添加段落编号、项目符号和多级编号的功能。

例如，为合同文档中的合同内容创建编号，具体操作步骤如下。

（1）选中合同条款的 5 个段落。

（2）在“开始”选项卡中单击“段落”组中的“编号”下拉按钮，弹出编号下拉列表框，如图 3-22 所示。

（3）在“编号”下拉列表框中选择如图 3-23 所示的编号样式，选中文本应用编号的效果如图 3-23 所示。

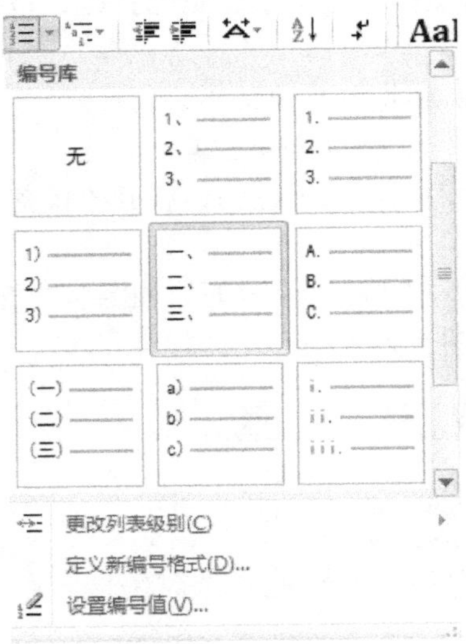

图3-22　编号下拉列表框

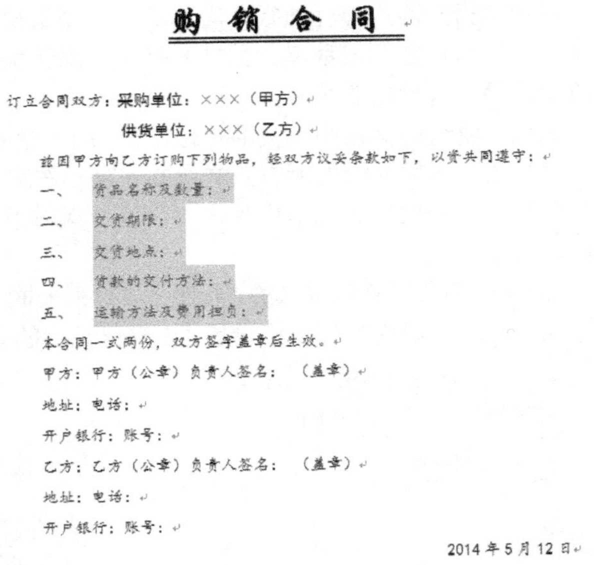

购 销 合 同

订立合同双方：采购单位：×××（甲方）

供货单位：×××（乙方）

兹因甲方向乙方订购下列物品，经双方议妥条款如下，以资共同遵守：

一、　货品名称及数量：

二、　交货期限：

三、　交货地点：

四、　货款的交付方法：

五、　运输方法及费用担负：

本合同一式两份，双方签字盖章后生效。

甲方：甲方（公章）负责人签名：　（盖章）

地址：电话：

开户银行：账号：

乙方：乙方（公章）负责人签名：　（盖章）

地址：电话：

开户银行：账号：

2014 年 5 月 12 日

图3-23　设置段落编号后的效果

提示： 在编号下拉列表框中如果选择“无”选项，则取消设置的编号。

3.4 设置制表位

制表位属于段落的属性之一，每个段落都可以设置自己的制表位，按回车键开始新段落时，制表位的设置将自动转入下一个段落中。在 Word 2010 中可以利用水平标尺或在对话框中设置制表位，将选中文本的起始位置固定在某一位置。

3.4.1　制表位的类型

制表位根据对齐方式的不同分为居中式制表符、左对齐式制表符、右对齐式制表符、小数点对齐式制表符和竖线对齐式制表符 5 种，不同对齐方式的制表位在标尺上的显示标记是不同的。表 3-1 展示了不同对齐方式制表位在标尺上的显示标记和功能。

表 3-1　制表位示例

制表位名称	显示标记	功能
居中对齐式制表符	⊥	字符以该位置为中线向左右两边排列
左对齐式制表符	∟	字符从该位置向右排列
右对齐式制表符	⌐	字符从该位置向左排列
小数点对齐式制表符	⊥	十进制小数的小数点与该位置对齐
竖线对齐式制表符	I	在该位置插入一条竖线

3.4.2　利用标尺设置制表位

如果对制表位位置要求的精确度不是很高，可以使用标尺快速设置制表位。

例如，用户可以利用制表位对齐合同文档中的段落，具体操作步骤如下。

（1）选中如图 3-24 所示的几个段落。

（2）在水平标尺最左端和垂直标尺的交界处单击，直至出现左对齐式制表符为止。

（3）在水平标尺上标有"20"的刻度处单击，在该处设置左对齐式制表符的标记。

（4）将鼠标指针定位在"负责人"的前面按【Tab】键，按照相同的方法设置制表位对齐选中段落中的文本，如图 3-25 所示。

> **提示**：如果要删除制表位，在制表符上按住鼠标左键将它拖出标尺即可。

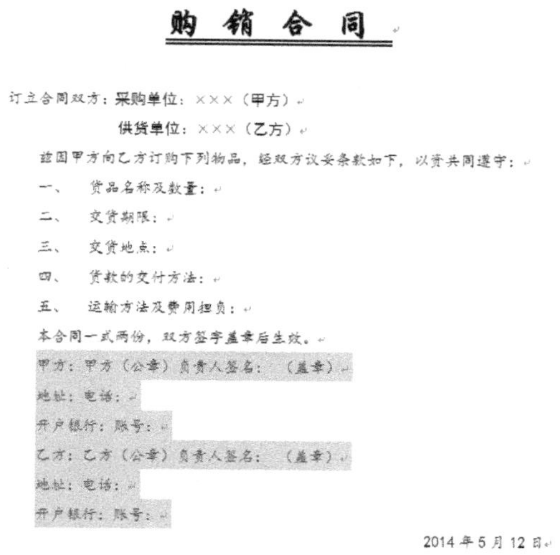

图3-24　选中要设置制表位的段落

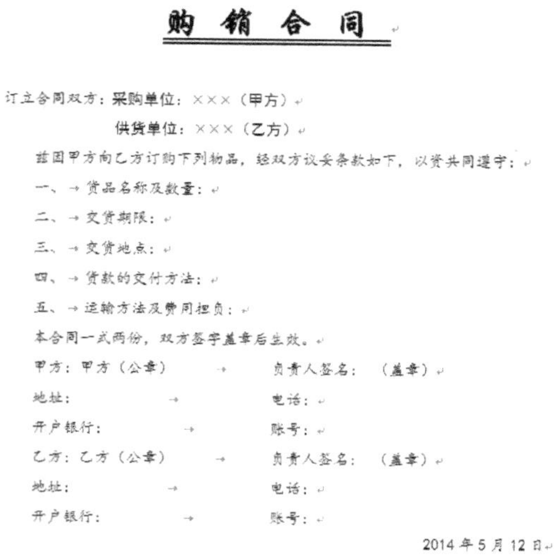

图3-25　设置制表位后的效果

3.4.3　利用对话框设置制表位

如果要精确设置制表位，就要使用"制表位"对话框来设置制表位。具体操作步骤如下。

（1）选中要设置制表位的段落，这里选中合同的前两个段落。

（2）在"开始"选项卡中单击"段落"组右下角的对话框启动器按钮，打开"段落"对话框，单击"制表位"按钮，打开"制表位"对话框，如图 3-26 所示。

（3）在对话框中的默认制表位文本框中显示了系统默认的制表位，这是在不设置具体制表位时按【Tab】键一次移动的距离。

（4）在"制表位位置"文本框中输入数值"2 字符"，在"对齐方式"选项区域选择制表位的对齐方式为"左对齐"，在"前导符"选项区域选择制表位的前导符为"无"。

（5）单击"设置"按钮，则可得到第一个制表位。

（6）继续在"制表位位置"文本框中输入数值"11 字符"，在"对齐方式"选项区域选择制表位的对齐方式为"左对齐"，在"前导符"选项区域选择制表位的前导符"无"。

（7）单击"设置"按钮，得到第二个制表位。

（8）设置完毕后单击"确定"按钮。

将鼠标指针定位在"订立合同双方"前面，按【Tab】键则"订立合同双方"移到第 2 个字符的位置；将鼠标指针定位在"采购单位"前面，按【Tab】键则"采购单位"移到第 11 个字符的位置；将鼠标指针定位在"供货单位"前面，按两次【Tab】键则"供货单位"移到第 11 个字符的位置，效果如图 3-27 所示。

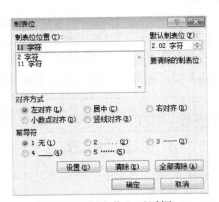

图3-26　"制表位"对话框　　　　　图3-27　设置多个制表位的效果

3.5　应用格式刷

Word 2010 提供的格式刷功能是复制文本或段落的格式，可以快速地设置文本或段落的格式。

利用格式刷快速复制段落格式的具体操作步骤如下。

（1）将鼠标指针定位在样本段落或选中样本段落，这里定位在应用编号的段落中。

（2）在"开始"选项卡中单击"剪贴板"组中的"格式刷"按钮 ，此时鼠标指针变成刷子状 。

（3）移动鼠标指针到需要复制格式的目标段落，单击，这里在"本合同一式两份"段落上单击，则项目编号被应用到"本合同一式两份"段落中，如图 3-28 所示。

> **提示：** 在使用格式刷时双击"格式刷"按钮，则格式刷可以多次应用，如果要结束格式刷的使用，可再次单击"格式刷"按钮。

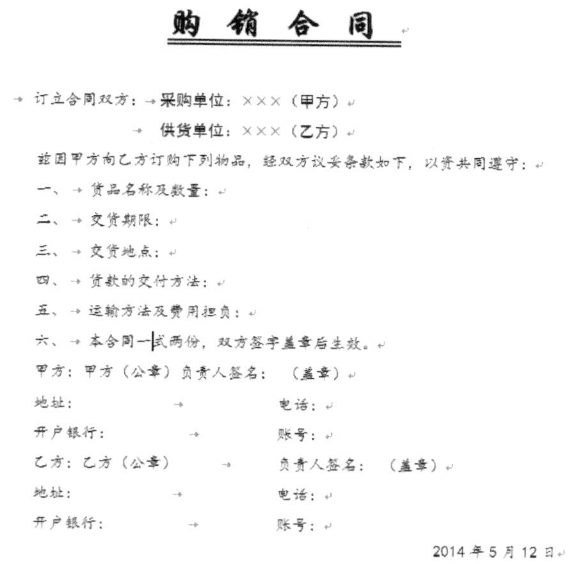

购　销　合　同

订立合同双方：采购单位：×××（甲方）
供货单位：×××（乙方）

兹因甲方向乙方订购下列物品，经双方议妥各款如下，以资共同遵守：

一、　货品名称及数量：

二、　交货期限：

三、　交货地点：

四、　货款的交付方法：

五、　运输方法及费用担负：

六、　本合同一式两份，双方签字盖章后生效。

甲方：甲方（公章）负责人签名：（盖章）

地址：　　　　　　　　　　电话：

开户银行：　　　　　　　　账号：

乙方：乙方（公章）　　　　负责人签名：（盖章）

地址：　　　　　　　　　　电话：

开户银行：　　　　　　　　账号：

2014 年 5 月 12 日

图 3-28　应用格式刷的效果

3.6　操作的撤销与恢复

当用户对文档进行编辑操作时，Word 2010 都把每一步操作和内容的变化记录下来，这种暂时存储的功能使撤销与恢复和重复变得十分方便。合理地利用撤销、恢复和重复操作可以提高工作的效率。

3.6.1　撤销操作

Word 2010 在执行撤销操作时，它的名称会随着用户的具体工作内容而变化。

如果只撤销最后一步操作，可单击快速访问工具栏中的"撤销"按钮 　或按【Ctrl+Z】组合键。例如，用户在前面利用格式刷将编号应用到"本合同一式两份"段落中后发现操作错误，此时用户可以直接单击"撤销"按钮撤销刚才应用格式刷的操作。

图3-29　"撤销"下拉列表框

如果想一次撤销多步操作，可连续单击"撤销"按钮多次，或者单击"撤销"下拉按钮，在弹出的下拉列表框中选择要撤销的步骤即可，如图 3-29 所示。

某些操作无法撤销，如在"文件"选项卡中单击按钮或保存文件。如果用户无法撤销某操作，"撤销"按钮将更改为"无法撤销"。

3.6.2　恢复和重复操作

执行完一次撤销操作后，如果用户又想恢复撤销操作之前的内容，可单击"恢复"按钮 　，或按【Ctrl+Y】组合键。

默认情况下，当用户在 Word 中执行某些操作后，"重复"按钮 　将在快速访问工具栏中可用。如果不能重复上一个操作，"重复"按钮将更改为"无法重复"。要重复上一个操作，可以单击快速访问工具栏中的"重复"按钮，或按【Ctrl+Y】组合键。

技巧： 合同差别是很大的，不过有几个必要条件是每个合同都应具有的。①供销双方详细名称、地址和电话。②货物名称、数量、单价、总额。货物名称要正确填写，凡使用品牌、商标的产品，应特别注明品牌、商标和生产厂家。③交货地点、方式、交货期限。④付款方式：部分预付、一次结清，还是全额预付。⑤赔偿约定。包括供货方没按时完成交付，质量有问题或购买方没有按时结清货款等。

举一反三　制作人事通告

企业中人事部门遇到人事变动（如招聘、派遣、调动及任命就职等）时都需要发出正式的人事通告，使用 Word 2010 来进行编辑就可以轻松实现。人事通告的页面效果如图 3-30 所示。

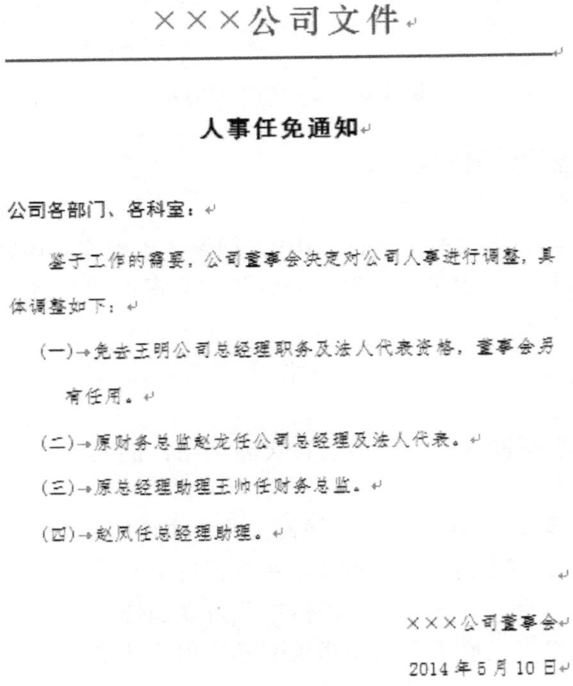

×××公司文件

人事任免通知

公司各部门、各科室：

鉴于工作的需要，公司董事会决定对公司人事进行调整，具体调整如下：

（一）→免去王明公司总经理职务及法人代表资格，董事会另有任用。

（二）→原财务总监赵龙任公司总经理及法人代表。

（三）→原总经理助理王帅任财务总监。

（四）→赵凤任总经理助理。

×××公司董事会

2014 年 5 月 10 日

图 3-30　人事通告的最终效果

在制作人事通告之前首先打开"案例与素材\第 3 章素材"文件夹中的"人事通告（初始）"文档，如图 3-31 所示。

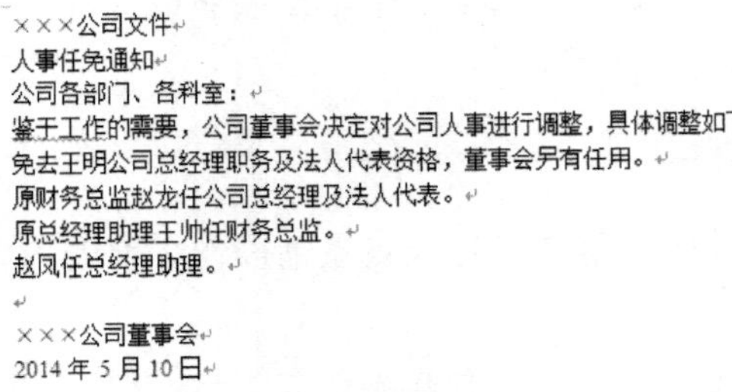

×××公司文件
人事任免通知
公司各部门、各科室：
鉴于工作的需要，公司董事会决定对公司人事进行调整，具体调整如下：
免去王明公司总经理职务及法人代表资格，董事会另有任用。
原财务总监赵龙任公司总经理及法人代表。
原总经理助理王帅任财务总监。
赵凤任总经理助理。

×××公司董事会
2014 年 5 月 10 日

图 3-31　人事通告初始效果

制作人事通告的具体操作步骤如下。

（1）选中通告文件头文本"×××公司文件"，其中"×××"是西文字符，"公司文件"则是中文字符。

（2）在"开始"选项卡中单击"字体"组右下角的对话框启动器按钮，打开"字体"对话框。

（3）在"中文字体"下拉列表框中选择"华文中宋"选项，该格式只对中文有效；在"西文字体"下拉列表框中选择"Times New Roman"选项，该格式只对西文有效；在"字号"列表框中选择"一号"选项；在"字体颜色"下拉列表框中选择"红色"选项，如图 3-32 所示。

（4）在对话框中单击"高级"选项卡，在"间距"下拉列表框中选择字符间距的类型为"加宽"，在右侧的"磅值"文本框中设置选择或输入间距的值"2 磅"，如图 3-33 所示。单击"确定"按钮。

图3-32　设置文件头字符格式

图3-33　设置文件头字符间距

（5）选中"人事任免通知"文本，将鼠标指针移到被选中文字的右侧位置，出现一个半透明状态的浮动工具栏，在工具栏的"字体"下拉列表框中选择"黑体"选项，在"字号"下拉列表框中选择"小二"选项，单击"加粗"按钮，如图 3-34 所示。

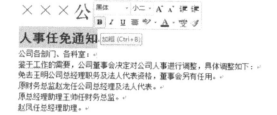
图 3-34　利用浮动工具栏设置字体格式

（6）选中"公司各部门、各科室："文本，在浮动工具栏中的"字体"下拉列表框中选择"黑体"选项，在"字号"下拉列表框中选择"小三"选项。选中通知中的其余文本，在浮动工具栏中的"字体"下拉列表框中选择"仿宋"选项，在"字号"下拉列表框中选择"小三"选项，设置字体格式后的效果如图 3-35 所示。

（7）选中文件的前两个段落，在"开始"选项卡中单击"段落"组中的"居中"按钮，选中文件的最后两个段落，单击"右对齐"按钮，设置段落对齐的效果如图 3-36 所示。

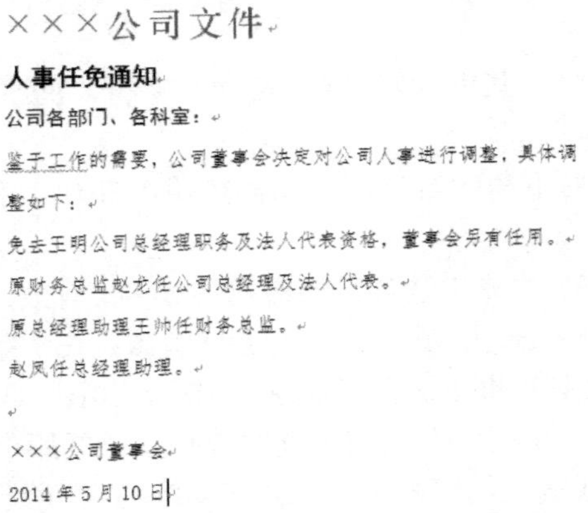

图3-35　设置字体格式后的效果

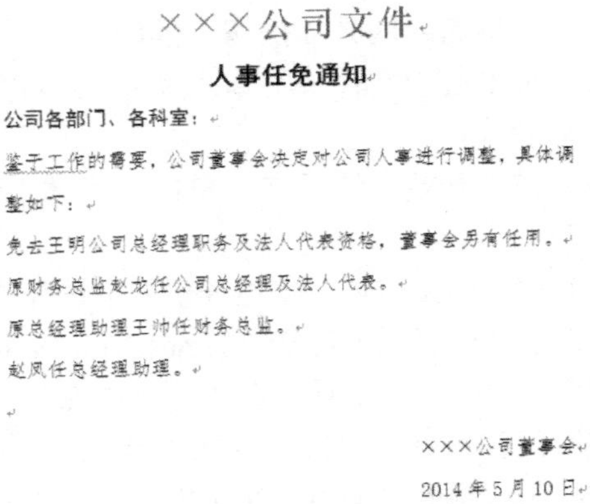

图3-36　设置段落对齐的效果

（8）选中"公司各部门"下面的 5 个段落，在"开始"选项卡中单击"段落"组右下角的对话框启动器按钮，打开"段落"对话框。在"特殊格式"下拉列表框中选择"首行缩进"选项，在"度量值"文本框中单击微调按钮选择"2 个字符"。

（9）单击"确定"按钮，设置段落缩进的效果如图 3-37 所示。

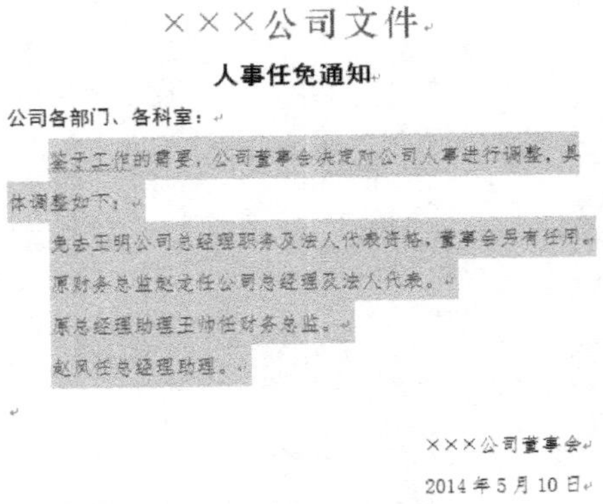

（10）选中"人事任免通知"段落，在"开始"选项卡中单击"段落"组右下角的对话框启动器按钮，打开"段落"对话框。在"间距"选项区域的"段前"和"段后"文本框中单击微调按钮选择"2 行"，单击"确定"按钮。

图3-37　设置段落缩进的效果

（11）选中"公司各部门"下面的所有段落，在"开始"选项卡中单击"段落"组右下角的对话框启动器按钮，打开"段落"对话框。在"间距"选项区域的"行距"文本框的下拉列表框中选择"固定值"选项，在"设置值"文本框中选择或输入"36 磅"，如图 3-38 所示。单击"确定"按钮，设置段落间距和行距的效果如图 3-39 所示。

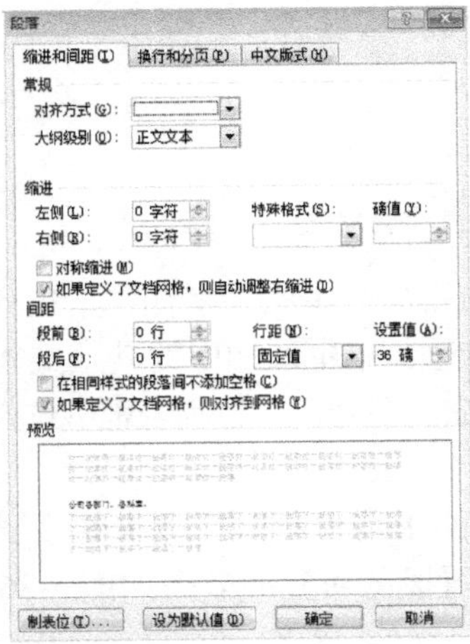

图3-38　设置行距为固定值

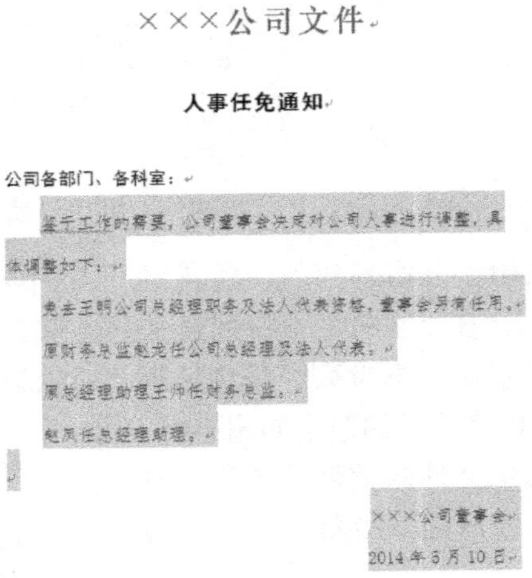

图3-39　设置段落间距和行距的效果

（12）选中人事调整内容的 4 个段落，在"开始"选项卡中单击"段落"组中的"编号"下拉按钮，在弹出的下拉列表框中选择"定义新编号格式"选项，打开"定义新编号格式"对话框，如图 3-40 所示。

（13）在"编号样式"下拉列表框中选择"一，二，三（简）···"选项，在"编号格式"文本框中设置编号被括号括住，如图 3-40 所示。

（14）单击"确定"按钮，选中文本应用编号的效果如图 3-41 所示。

图3-40　"定义新编号格式"对话框

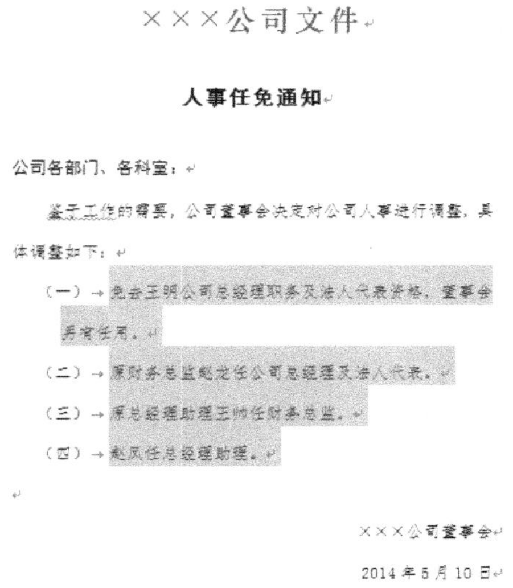

图3-41　设置编号的效果

（15）将鼠标指针定位在 "×××公司文件"文本的后面。

（16）在"开始"选项卡中，单击"段落"组中的"下画线"下拉按钮，然后在弹出的下拉列表框中选择"横线"选项，则在"×××公司文件"文本的下面添加了一个横线，如图 3-42 所示。

图 3-42　添加横线效果

（17）在横线上右击，在弹出的快捷菜单中执行"设置横线格式"命令，或双击横线，打开"设置横线格式"对话框，如图 3-43 所示。

（18）在"高度"文本框中选择或输入"2 磅"，在"颜色"选项区域选中"使用纯色（无底纹）"复选框，然后在"颜色"下拉列表框中选择"红色"选项。单击"确定"按钮，则设置横线的效果如图 3-44 所示。

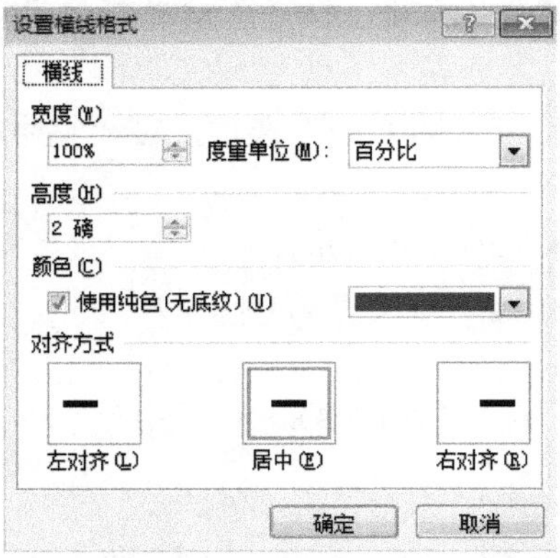

图3-43 “设置横线格式”对话框

×××公司文件

人事任免通知

公司各部门、各科室：

鉴于工作的需要，公司董事会决定对公司人事进行调整，具体调整如下：

（一）→免去王明公司总经理职务及法人代表资格，董事会另有任用。

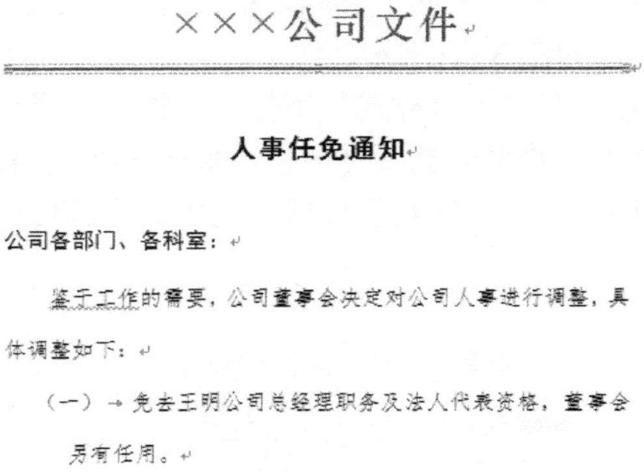

图3-44 设置横线的效果

回头看

通过案例“购销合同”及举一反三“人事通告”的制作过程，主要学习编排文档格式的基本操作，在文档中设置字符格式使文字突出显示，设置段落格式使文档层次分明，利用边框可以重点突出一些比较特殊的文本，学习这些内容之后就可以编排出层次分明、结构清晰的文档，使自己的编辑水平有进一步的提高。

知识拓展

1. 设置项目符号

为了增强文档的可读性，使段落条理更加清楚，用户可以为文档中的段落设置项目符号，设置项目符号的具体操作步骤如下。

（1）选中要设置项目符号的段落，在“开始”选项卡中，单击“段落”组中的“项目符号”下拉按钮，弹出下拉列表框，如图 3-45 所示。

（2）选择“项目符号库”中的某一个项目符号，则选中的段落被应用了项目符号。

如果对系统提供的项目符号或编号不满意，可选择“项目符号”下拉列表框中的“定义新项目符号”选项，打开“定义新项目符号”对话框，如图 3-46 所示。在对话框中用户可以单击“符号”、“图片”按钮选择图片或符号作为项目符号。

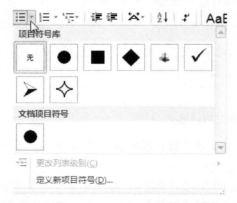

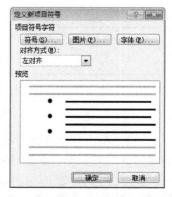

图3-45 “项目符号”下拉列表框

图3-46 “定义新项目符号”对话框

2．设置换行与分页

默认情况下，Word 2010 按照页面设置自动分页，但自动分页有时会使一个段落的第一行排在页面的最下面或是一个段落的最后一行出现在下一页的顶部。为了保证段落的完整性及更好的外观效果，可以通过"换行和分页"的设置条件来控制段落的分页。

将鼠标指针定位在要设置换行与分页的段落中，打开"段落"对话框，单击"换行与分页"选项卡，如图 3-47 所示。

在"分页"选项区域可以对段落的分页与换行进行设置。

（1）孤行控制：选中该复选框，如果段落的第一行出现在页面的最后一行，Word 2010 将自动调整将该行推至下一页；如果段落的最后一行出现在下一页的顶部，Word 2010 自动将孤行前面的一行也推至下页，使段落的最后一行不再是孤行。

图 3-47　设置换行和分页

（2）与下段同页：选中该复选框，可以使当前段落与下一段落同处于一页中。

（3）段中不分页：选中该复选框，段落中的所有行将同处于一页中，中间不分页。

（4）段前分页：选中该复选框，可以使当前段落排在新的一页的开始。

习题3

填空题

1．默认情况下，在新建的文档中输入文本时文字以＿＿＿＿＿的格式输入，即＿＿＿＿＿字。

2．字符间距指的是文档中＿＿＿之间的距离，通常情况下，采用单位＿＿来度量字符间距。

3．制表位有＿＿＿＿、＿＿＿＿、＿＿＿＿、＿＿＿＿、＿＿＿5 种方式。

4．段落的缩进可分为＿＿＿＿、＿＿＿＿、＿＿＿＿和＿＿＿＿4 种方式。

选择题

1．在 Word 2010 中【＿＿＿＿】组合键是撤销功能，【＿＿＿＿】组合键是恢复（重复）功能。

　　（A）Ctrl+R，Ctrl+A　　（B）Ctrl+Z，Ctrl+Y　　（C）Ctrl+R，Ctrl+Y　　（D）Ctrl+Z，Ctrl+A

2．在"字体"对话框中不包含下面的＿＿＿＿功能。

　　（A）文字间距　　　　（B）字号　　　　　（C）文字效果　　　　（D）对齐方式

3．＿＿＿＿不属于对齐方式格式。

　　（A）左对齐　　　　（B）两端对齐　　　　（C）分散对齐　　　　（D）左右对齐

4．使用"开始"选项卡"剪切板"组中的"＿＿＿＿"按钮，可以快速复制文字和段落的格式。

　　（A）粘贴　　　　（B）格式刷　　　　（C）剪切　　　　（D）复制

5．在 Word 2010 中【＿＿＿＿】组合键可放大选中的文本，【＿＿＿＿】组合键可以缩小选中的文本。

　　（A）Ctrl+Alt+>，Ctrl+Alt+<　　　　　　　（B）Shift+ Alt+>，Shift+ Alt+<

　　（C）Ctrl+Shift+>，Ctrl+Shift+<　　　　　（D）Shift+Tab+>，Shift+Tab+<

6．快速调整行距的组合键分别是：【Ctrl+5】是＿＿＿＿，【Ctrl+2】是＿＿＿＿，【Ctrl+1】是＿＿＿＿。

　　（A）1.5 倍行距，单倍行距，2 倍行距　　　（B）单倍行距，2 倍行距，1.5 倍行距

（C）2 倍行距，1.5 倍行距，单倍行距　　　　（D）1.5 倍行距，2 倍行距，单倍行距

操作题

打开"案例与素材\第 3 章素材"文件夹中的"手机与辐射（初始）"文档，按下述要求完成全部操作，结果如图 3-48 所示。

1. 设置文本格式
- 字体：第一行标题设置为华文新魏；正文设置为楷体。
- 字号：第一行标题设置为三号字；正文设置为小四号字。

2. 设置段落格式
- 段落对齐：第一行标题设置为居中对齐方式。
- 段落缩进：正文各段首行缩进设置为 2 字符；左、右各缩进 1 字符。
- 段落间距：正文各段段前、段后各设置为 0.5 倍行距；行间距设置为 1.5 倍行距。

3. 保存文件

将操作后的结果以"手机与辐射"为文件名保存。

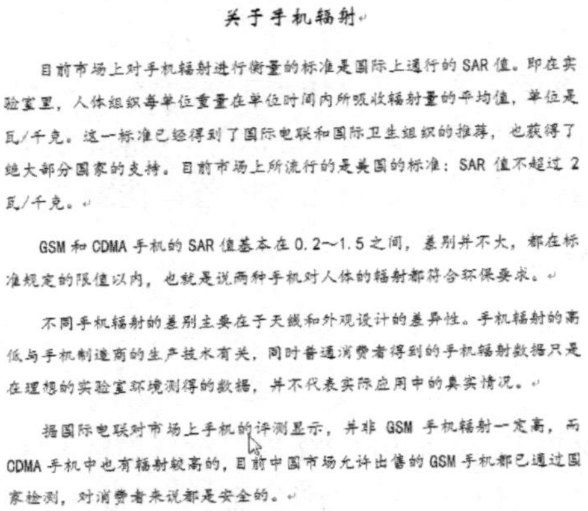

关于手机辐射

目前市场上对手机辐射进行衡量的标准是国际上通行的 SAR 值。即在实验室里，人体组织每单位重量在单位时间内所吸收辐射量的平均值，单位是瓦/千克。这一标准已经得到了国际电联和国际卫生组织的推荐，也获得了绝大部分国家的支持。目前市场上所流行的是美国的标准：SAR 值不超过 2 瓦/千克。

GSM 和 CDMA 手机的 SAR 值基本在 0.2～1.5 之间，差别并不大，都在标准规定的限值以内，也就是说两种手机对人体的辐射都符合环保要求。

不同手机辐射的差别主要在于天线和外观设计的差异性。手机辐射的高低与手机制造商的生产技术有关，同时普通消费者得到的手机辐射数据只是在理想的实验室环境测得的数据，并不代表实际应用中的真实情况。

据国际电联对市场上手机的评测显示，并非 GSM 手机辐射一定高，而 CDMA 手机中也有辐射较高的，目前中国市场允许出售的 GSM 手机都已通过国家检测，对消费者来说都是安全的。

图 3-48　操作题设置效果

第 4 章　文档版面的编排
——制作产品说明书和商务回复函

在编辑文档时可以利用分页与分节来调整文档的页面，可以利用分栏排版为文档设置多种不同的版式。还可以通过给文档添加页眉和页脚，使文档获得更具吸引力的外观效果。

知识要点

- 分页与分节
- 设置分栏
- 设置首字下沉
- 添加页眉和页脚
- 打印文档

任务描述

产品说明书是介绍产品的性质、性能、构造、用途、规格、使用方法、保管方法、注意事项等的说明文字。这些说明文字的版面必须整洁，否则用户不但不能掌握产品的使用方法，反而会被说明书搞得头昏脑涨。本章利用 Word 2010 提供的版面编排功能，对一个产品说明书的版面进行设置，最终效果如图 4-1 所示。

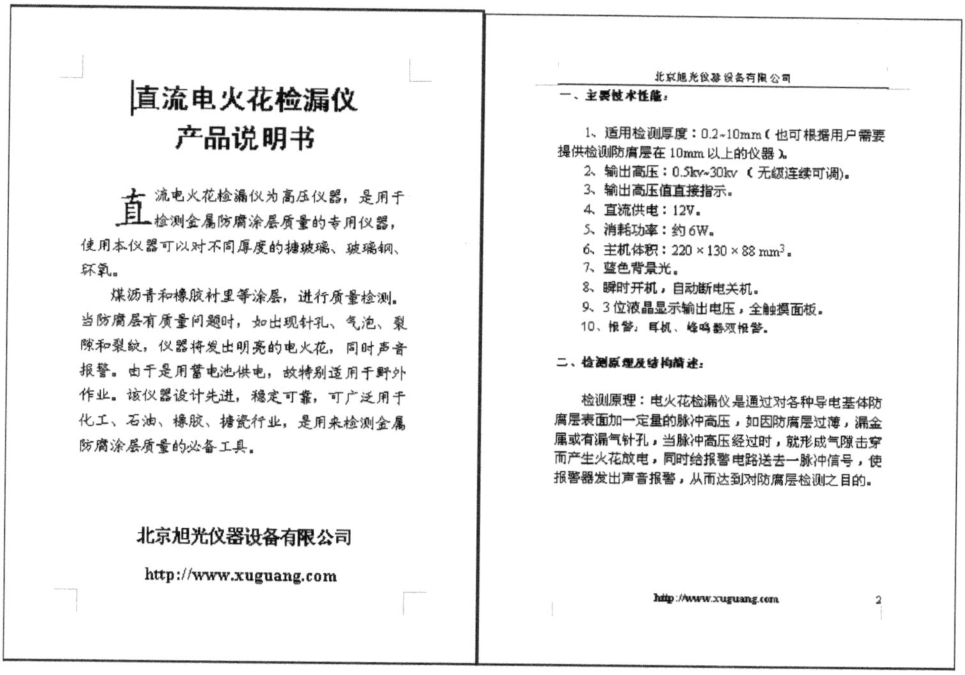
直流电火花检漏仪
产品说明书

直流电火花检漏仪为高压仪器，是用于检测金属防腐涂层质量的专用仪器，使用本仪器可以对不同厚度的搪玻璃、玻璃钢、环氧。

煤沥青和橡胶衬里等涂层，进行质量检测。当防腐层有质量问题时，如出现针孔、气泡、裂隙和裂纹，仪器将发出明亮的电火花，同时声音报警。由于是用蓄电池供电，故特别适用于野外作业。该仪器设计先进，稳定可靠，可广泛用于化工、石油、橡胶、搪瓷行业，是用来检测金属防腐涂层质量的必备工具。

北京旭光仪器设备有限公司

http://www.xuguang.com

北京旭光仪器设备有限公司

一、主要技术性能：

1、适用检测厚度：0.2~10mm（也可根据用户需要提供检测防腐层在 10mm 以上的仪器）。
2、输出高压：0.5kv~30kv （无级连续可调）。
3、输出高压值直接指示。
4、直流供电：12V。
5、消耗功率：约 6W。
6、主机体积：220 × 130 × 88 mm^3。
7、蓝色背景光。
8、瞬时开机，自动断电关机。
9、3 位液晶显示输出电压，全触摸面板。
10、报警：耳机、蜂鸣器双报警。

二、检测原理及结构简述：

检测原理：电火花检漏仪是通过对各种导电基体防腐层表面加一定量的脉冲高压，如因防腐层过薄，漏金属或有漏气针孔，当脉冲高压经过时，就形成气隙击穿而产生火花放电，同时给报警电路送去一脉冲信号，使报警器发出声音报警，从而达到对防腐层检测之目的。

http://www.xuguang.com　　2

图 4-1　产品说明书版面设置

案例分析

完成产品说明书的制作要用到文档的分页、分节、设置分栏、调整分栏版式、首字下沉、为文档添加页眉和页脚，以及打印文档等功能。在为文档添加页眉和页脚时可以根据实际需要为首页、偶数页和奇数页创建不同的页眉和页脚，在打印文档时，还可以根据实际需要设置打印的范围及份数。

本章所涉及案例的素材和最终效果文件请登录华信教育资源网下载，相关内容在下载后的"案例与素材\第 4 章素材"和"案例与素材\第 4 章案例效果"文件夹中。

4.1　分页与分节

通常情况下，用户在编辑文档时，系统会自动分页。但是系统的自动分页不一定符合实际工作任务中的版面要求，这时便可以通过插入分页符在指定位置进行强制分页。

为了方便对同一个文档中不同部分进行不同的版面设计，用户将文档分割成多个节。在不同的节中，可以设置与前面文本不同的页眉和页脚、页边距、页面方向、文字方向或分栏版式等格式。分节使文档的编辑排版更灵活，版面更美观。

4.1.1　分页

在文档输入文本或其他内容写满一页时，Word 2010 会自动进行换页。但在有些情况下需要对文档进行强行分页，如在如图 4-2 所示的产品说明书中，文字"三、设备结构图"在上一页，而图和图的说明文字却在下一页，为了使说明书的页面更加整洁，方便用户阅读，可以在文档中插入一个分页符将文字"三、设备结构图"移至下一页中。

在文档中插入分页符的具体操作步骤如下。

（1）将鼠标指针定位在要插入分页符的位置处，这里定位在文字"三、设备结构图"的前面，如图 4-2 所示。

（2）单击"页面布局"选项卡，在"页面设置"组中单击"分隔符"下拉按钮，弹出"分隔符"下拉列表框，如图 4-2 所示。

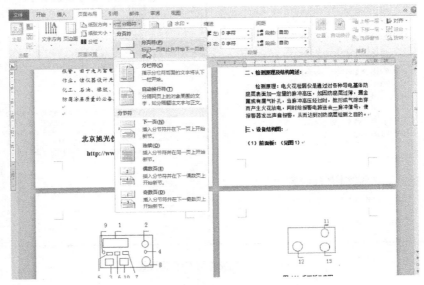

图 4-2　"分隔符"下拉列表框

（3）在"分页符"选项区域选择"分页符"选项。在文档中插入分页符后"三、设备结构图"进入下一页，并在插入分页符的地方显示一条虚线标识分页符，效果如图 4-3 所示。

图4-3 插入分页符后的效果

4.1.2 分节

可以把一篇长文档分成任意多个节，每节都按照不同的需要设置为不同的页面版式。在不同的节中，都可以对页边距、纸张的方向、页眉和页脚的位置、页眉和页脚的内容等进行设置。

节通常用"分节符"来标识，页面视图和草稿视图方式下，分节符是两条水平平行的虚线。Word 2010 会自动把当前节的页边距、页眉和页脚等设置信息保存在分节符中。

在"分隔符"下拉列表框中的"分节符"选项区域中提供了 4 种分节符类型。

下一页：表示在当前插入点插入一个分节符，新的一节从下一页开始。

连续：表示在当前插入点插入一个分节符，新的一节从下一行开始。

偶数页：表示在当前插入点插入一个分节符，新的一节从偶数页开始，如果这个分节符已经在偶数页上，那么下面的奇数页是一个空白页。

奇数页：表示在当前插入点插入一个分节符，新的一节从奇数页开始，如果这个分节符已经在奇数页上，那么下面的偶数页是一个空白页。

例如，在说明书中的文字"（2）后面板：（见图 2）"前面插入一个下一页的分节符，将这个图及说明放入下一页，具体操作步骤如下。

（1）将鼠标指针定位在要创建新节的开始处，这里定位在文字"（2）后面板：（见图 2）"的前面。

（2）单击"页面布局"选项卡，在"页面设置"组中单击"分隔符"下拉按钮，弹出"分隔符"下拉列表框，在"分节符"选项区域，选择"下一页"选项。在说明书中插入分节符后的效果如图 4-4 所示。

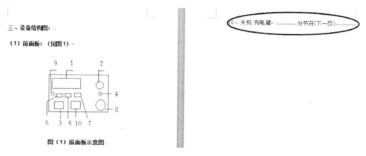

图4-4 在文档中插入分节符后的效果

提示： 在页面视图中将鼠标指针定位在分页符或分节符的前面，按【Delete】键，分页符或分节符将被删除。删除分节符时，这个分节符中的文本所应用的格式也将同时被删除。文本成为下面的节的一部分，并采用该节的格式设置。

　　注意： 在页面视图中如果不显示分页符和分节符，用户可以在"文件"选项卡中单击"选项"按钮，打开"Word 选项"对话框。在对话框中选择"显示"选项，然后选中"显示所有段落标记"复选框即可。

4.2　分栏排版

　　分栏是经常使用的一种版面设置方式，在报刊、杂志中被广泛使用。分栏排版使文本从一栏的底端连续接到下一栏的顶端。只有在页面视图方式和打印预览视图方式下才能看到分栏的效果，在普通视图方式下，只能看到按一栏宽度显示的文本。

4.2.1　设置分栏

　　设置分栏，就是将某一页、整篇文档或文档的某一部分设置成具有相同栏宽或不同栏宽的多个栏。Word 2010 为用户提供了控制栏数、栏宽和栏间距的多种分栏方式。

　　如果要对文档中的某一部分文本进行分栏，在进行分栏时应首先选中要设置分栏的文本，这样在进行分栏时系统将自动为选中的文本添加分节符。如果要对文档中的某一节进行分栏，则在进行分栏时应将插入点定位在文档的当前节中，如果要对没有分节的整篇文档进行分栏，则可以将鼠标指针定位在文档的任意位置。

　　例如，在产品说明书中"图 1"的下面有 10 段对图中标号进行说明的文本，这些文本每段只有几个字，如图 4-5 所示，它们影响了整个文档的版面美观，可以对它们进行分栏，具体操作步骤如下。

　　（1）选中"图 1"下面的 10 段文本。

　　（2）在"页面布局"选项卡中单击"页面设置"组中的"分栏"下拉按钮，弹出下拉列表框，如图 4-5 所示。

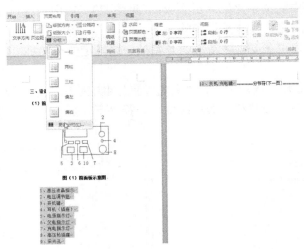

图4-5　"分栏"下拉列表框

　　（3）在下拉列表框中用户可以选择一种分栏方式，这里选择"更多分栏"选项，打开"分栏"对话框，如图 4-6 所示。

（4）在“预设”选项区域选择“两栏”选项。

（5）选中“栏宽相等”和“分隔线”复选框。

（6）在“应用于”下拉列表框中选择“所选文字”选项。

（7）单击“确定”按钮，选中的文本进行分栏排版，如图 4-7 所示。

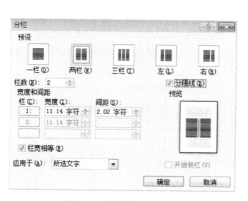

分栏
预设
一栏(O)
两栏(W)
三栏(T)
左(L)
右(R)
栏数(N): 2
分隔线(B)
宽度和间距
预览
栏(C): 宽度(I): 间距(S):
1: 11.14 字符 2.02 字符
2: 11.14 字符
栏宽相等(E)
应用于(A): 所选文字
开始新栏(U)
确定
取消

图4-6 “分栏”对话框

9 1 2
4
8
5 3 6 10 7
图（1）前面板示意图…分节符（连续）
1、高压液晶指示
2、电压调节钮
3、开机键
4、耳机（插座）
5、电源指示灯
6、欠电指示灯
7、充电指示灯
8、高压枪插座
9、采光孔
10、关机/充电键
分节符(下一页)

图4-7 文本分栏的效果

> **提示：** 在“分栏”对话框中用户可以在“预设”选项区域选择 Word 2010 给出的 5 种分栏方式中的一种，如果选中了一种方式则在下面的“栏数”文本框、“宽度和间距”选项区域会自动给出预设的值。也可以在“栏数”文本框中自定义要分的栏数，在“宽度和间距”选项区域对各栏的栏宽和栏间距进行调整。

4.2.2 控制栏中断

如果希望某段文字处于下一栏的开始处，可以采用在文档中插入分栏符的方法，使当前插入点以后的文字移至下一栏。

控制栏中断的具体操作步骤如下。

（1）选中“后面板：（见图 2）”下面的图及 3 段说明文字。

（2）在“页面布局”选项卡中单击“页面设置”组中的“分栏”下拉按钮，在弹出的下拉列表框中选择“两栏”选项，则选中的文本被分为两栏，如图 4-8 所示。

（3）将鼠标指针定位在“图（2）后面板示意图”文本的后面。

（4）在“页面布局”选项卡中单击“页面设置”组中的“分隔符”下拉按钮，在弹出的下拉列表框的“分页符”选项区域选择“分栏符”选项，插入分栏符后的效果如图 4-9 所示。

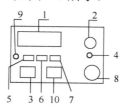

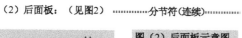

（2）后面板：（见图2）
分节符(连续)
11
12
13
图（2）后面板示意图
11、保险座
12、接地座
13、充电座

图4-8 分栏效果

（2）后面板：（见图2）
分节符(连续)
11
12
13
11、保险座
12、接地座
13、充电座
图（2）后面板示意图…

图4-9 插入分栏符后的效果

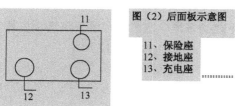

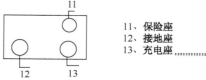

4.2.3 平均每栏中的内容

在对整篇文档或某一节文档进行分栏时，往往会出现文档的最后一栏的正文是空白或不能排满的情况。图 4-10 所示的产品说明书的最后一部分分栏后的文档就是这种情况，这样没有达到分栏的目的，会影响文档的整体美观。此时用户可以建立长度相等的栏，具体操作步骤如下。

（1）将鼠标指针定位在分栏文档最后一段的结尾处。

（2）在"页面布局"选项卡中单击"页面设置"组中的"分隔符"下拉按钮，在弹出的下拉列表框的"分节符"选项区域选择"连续"选项，平均每栏内容后的效果如图 4-11 所示。

图4-10　平均每栏内容前的效果　　　　图4-11　平均每栏内容后的效果

4.2.4 取消分栏

如果要取消文档的分栏可以在"分栏"对话框的"预设"选项区域选择"一栏"选项即可。在取消分栏时还可以选择取消分栏文档中的部分文档的分栏。在分栏文档中选中要取消分栏的部分文本，然后在"分栏"对话框的"预设"选项区域中选择"一栏"选项，单击"确定"按钮后，系统将自动为文档分节，选中的文本被分在一节中，该节的分栏版式被取消。

4.3 首字下沉

首字下沉是文档中常用到的一种排版方式，就是将段落开头的第一个或若干个字母、文字变为大号字，从而使文档的版面出现跌宕起伏的变化使文档更美观。

例如，在产品说明书中将文档第一段的第一个字设置首字下沉效果，具体操作步骤如下：

（1）将鼠标指针定位在文档第一段中。

（2）在"插入"选项卡中单击"文本"组中的"首字下沉"下拉按钮，弹出下拉列表框，如图 4-12 所示。

（3）在下拉列表框中选择"首字下沉选项"按钮，打开"首字下沉"对话框，如图 4-13 所示。

（4）在"位置"选项区域选择"下沉"选项，在"字体"下拉列表框中选择"楷体"选项，在"下沉行数"文本框中选择或输入数值"2"。

（5）单击"确定"按钮，设置首字下沉后的效果如图 4-14 所示。

图4-12　"首字下沉"下拉列表框

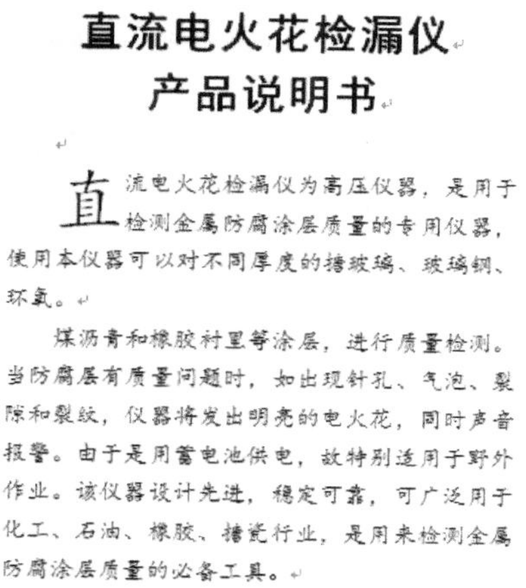

直流电火花检漏仪
产品说明书

图4-13　"首字下沉"对话框

直流电火花检漏仪为高压仪器，是用于检测金属防腐涂层质量的专用仪器，使用本仪器可以对不同厚度的搪玻璃、玻璃钢、环氧。

煤沥青和橡胶衬里等涂层，进行质量检测。当防腐层有质量问题时，如出现针孔、气泡、裂隙和裂纹，仪器将发出明亮的电火花，同时声音报警。由于是用蓄电池供电，故特别适用于野外作业。该仪器设计先进，稳定可靠，可广泛用于化工、石油、橡胶、搪瓷行业，是用来检测金属防腐涂层质量的必备工具。

图4-14　设置首字下沉后的效果

> **提示：** 如果要设置段落开头的多个文字下沉效果，则应首先选中要设置下沉的文本。如果要取消首字下沉效果，则首先选中要取消首字下沉效果的文本，然后在"首字下沉"下拉列表框中选择"无"选项即可。

4.4　添加页眉和页脚

页眉和页脚是指在文档页面的顶端和底端重复出现的文字或图片等信息。在普通视图方式下用户无法看到页眉和页脚，在页面视图中看到的页眉和页脚会变淡。还可以将首页的页眉和页脚设置成与其他页不同的形式，也可以对奇数页和偶数页设置不同的页眉和页脚。

4.4.1　创建页脚

页眉和页脚与文档的正文处于不同的层次上，因此在编辑页眉和页脚时不能编辑文档的正文，同样在编辑文档正文时也不能编辑页眉和页脚。

在文档中添加页脚的具体操作步骤如下。

（1）将鼠标指针定位在文档中的任意位置。

（2）在"插入"选项卡中单击"页眉和页脚"组中的"页脚"下拉按钮，弹出下拉列表框，如图4-15所示。

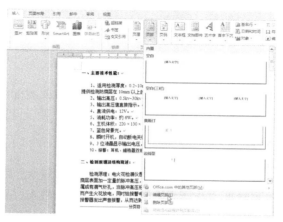

图4-15　"页脚"下拉列表框

（3）在下拉列表框中选择"编辑页脚"选项，进入页脚编辑模式，如图 4-16 所示。同时自动切换到"页眉和页脚工具设计"选项卡。

（4）将鼠标指针定位在页脚区域，然后输入公司的网址"http://www.xuguang.com"。将鼠标指针定位在输入的文本段落中，切换到"开始"选项卡，然后单击"段落"组中的"居中"按钮，则输入的公司网址居中显示。

图4-16　进入页脚编辑模式

（5）编辑完毕后，切换到"页眉和页脚工具设计"选项卡，单击"关闭页眉和页脚"按钮返回文档，为文档添加页脚的效果如图 4-17 所示。

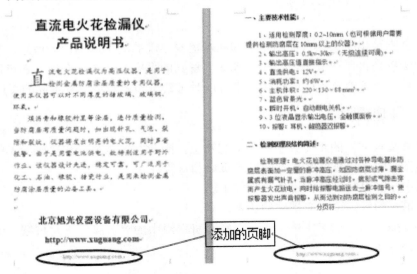

图4-17　添加页脚的效果

4.4.2　创建首页不同的页眉和页脚

在一篇文档中，首页常常是比较特殊的，它往往是文章的封面或图片简介等。在这种情况下，如果出现页眉或页脚可能会影响到版面的美观，此时可以设置在首页不显示页眉或页脚内容。

创建首页不同的页眉和页脚的具体操作步骤如下。

（1）将鼠标指针定位在文档中，在"插入"选项卡中单击"页眉和页脚"组中的"页眉"下拉按钮，在弹出的下拉列表框中选择"编辑页眉"选项，进入页眉编辑模式。

（2）在"页眉和页脚工具设计"选项卡的"选项"组中，选中"首页不同"复选框。这时在首页页眉区顶部显示"首页页眉"字样，在页脚区显示"首页页脚"字样，在其他页眉区顶部显示"页眉"字样，在页脚区显示"页脚"字样，如图 4-18 所示。

（3）在首页页眉和页脚中可以输入与其他页不同的页眉和页脚的内容，若不想在首页出现页眉或页脚的内容，不输入任何内容即可。

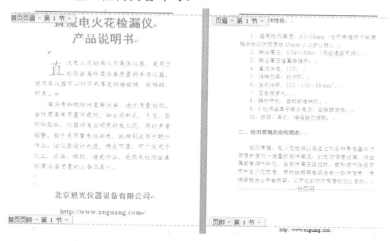

图4-18　创建首页不同的页眉和页脚

（4）编辑完毕，单击"页眉和页脚工具设计"选项卡中的"关闭页眉和页脚"按钮返回文档，这样就创建了与首页风格不同的页眉和页脚，如图 4-19 所示。

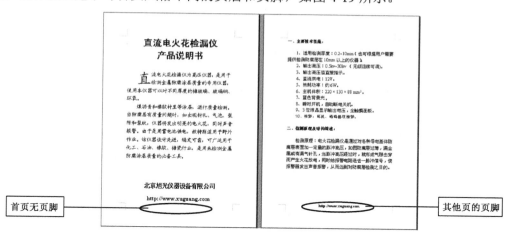

图4-19　创建首页不同的页眉和页脚效果

4.4.3　创建奇偶页不同的页眉和页脚

有时用户希望在文档的奇数页和偶数页显示不同的页眉或页脚。例如，在奇数页页眉显示产品的名称，在偶数页页眉显示公司的名称。在双面文档中，这种页眉和页脚最为常见。

为产品说明书文档创建奇偶页不同的页眉和页脚，具体操作步骤如下。

（1）将鼠标指针定位在文档中的任意位置，在"插入"选项卡中单击"页眉和页脚"组中的"页眉"下拉按钮，在弹出的下拉列表框中选择"编辑页眉"选项，进入页眉编辑模式。

（2）在"页眉和页脚工具设计"选项卡的"选项"组中，选中"奇偶页不同"复选框。这时在奇数页页眉区顶部显示"奇数页页眉"字样，在页脚区显示"奇数页页脚"字样，在偶数页页眉区顶部显示"偶数页页眉"字样，在页脚区显示"偶数页页脚"字样，如图 4-20 所示。

（3）将鼠标指针定位在"偶数页页眉"区域，在页眉区输入"北京旭光仪器设备有限公司"，并将文本居中显示。单击"导航"组中的"切换到页脚"按钮，切换到偶数页的页脚。

（4）在偶数页的页脚的左端双击，将鼠标指针定位在偶数页的页脚的左端，单击"页眉和页脚"组中的"页码"下拉按钮，在弹出的下拉列表框中选择"当前位置"→"普通数字"选项，则在偶数页页脚的左端插入了一个页码，如图 4-21 所示。

图 4-20　创建奇偶页不同的页眉和页脚　　　　图 4-21　插入页码

（5）将鼠标指针定位在"奇数页页眉"区域，在页眉区输入"直流电火花检漏仪产品说明书"，并将文本居中显示。单击"导航"组中的"切换到页脚"按钮，切换到奇数页的页脚。

（6）在奇数页的页脚的右端双击，将鼠标指针定位在奇数页的页脚的右端，单击"页眉和页脚"组中的"页码"下拉按钮，在弹出的下拉列表框中选择"当前位置"→"普通数字"选项，则在奇数页页脚的右端插入了一个页码。

（7）因在前面小节的讲解中对文档进行了分栏和插入分节符的设置，第 4 页被系统默认为新小节的页首。将鼠标指针定位在第 4 页页眉区域，单击"导航"组中的"链接到前一条页眉"按钮，取消第 4 页页眉与上一节页眉的链接状态，在页眉中输入"北京旭光仪器设备有限公司"，并将文本居中显示。

（8）切换到第 4 页页脚中，单击"导航"组中的"链接到前一条页脚"按钮，取消第 4 页页脚与上一节页脚的链接状态，在页脚中输入公司的网址，并在页脚左端插入页码。

（9）编辑完毕，单击"页眉和页脚工具设计"选项卡中的"关闭页眉和页脚"按钮返回文档，这样就创建了奇偶页不同的页眉和页脚，如图 4-22 所示。

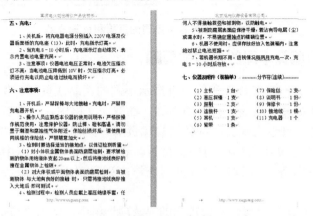

图 4-22　创建奇偶页不同页眉页脚的效果

4.5　打印文档

对产品说明书的版面设置完毕后，就可以将说明书打印出来了，Word 2010 提供了多种打印方式，包括打印多份文档、手动双面打印等。

4.5.1　一般打印

一般情况下，默认的打印设置不一定能够满足用户的要求，此时可以对打印的具体方式进行设置。

例如，要将制作的产品说明书打印 100 份，具体操作步骤如下。

（1）在文档中单击"文件"选项卡，单击"打印"按钮，显示打印窗口。在该窗口的左侧是打印设置选项，在右侧则是打印预览效果，如图 4-23 所示。

（2）单击"打印机"下拉按钮，选择要使用的打印机。

（3）在"份数"文本框中选择或者输入"100"。

（4）单击"调整"下拉按钮，选中"调整"选项将完整打印第 1 份后再打印后续几份；选中"取消排序"选项则完成第一页打印后再打印后续页码。

（5）在预览区域预览打印效果，确定无误后单击"打印"按钮正式打印。

图 4-23　打印文档

4.5.2　选择打印的范围

Word 2010 打印文档时，既可以打印全部的文档，也可以打印文档的一部分。用户可以在打印窗口中的"打印自定义范围"选项区域设置打印的范围。

在打印窗口中单击"打印自定义范围"下拉按钮，弹出下拉列表框，如图 4-24 所示，在下拉列表中选择下面几种打印范围。

（1）选择"打印所有页"选项，就是打印当前文档的全部页面。

（2）选择"打印当前页面"选项，就是打印光标所在的页面。

（3）选择"打印所选内容"选项，则只打印选中的文档内容，但事先必须选中了一部分内容才能使用该选项。

（4）选择"打印自定义范围"选项，则打印我们指定的页码。在"页数"文本框中，用户可以指定要打印的页码，如图 4-25 所示。

（5）选择"仅打印奇数页"选项，则打印奇数页页面。

（6）选择"仅打印偶数页"选项，则打印偶数页页面。

图4-24　选择打印的范围　　　　图4-25　输入要打印的页码

4.5.3　手动双面打印文档

在使用送纸盒或手动进纸的打印机进行双面打印时，利用"手动双面打印"功能可大大提高打印速度，避免打印过程中的手工翻页操作，如先打印 1、3、5……页，然后把打印了单面的纸放回纸盒再打印 2、4、6……页。

要利用"手动双面打印"功能在打印窗口中单击"单面打印"下拉按钮，弹出下拉列表框，如图 4-26 所示，在下拉列表框中选择"手动双面打印"选项。

4.5.4　快速打印

在打印文档时如果想进行快速打印，直接单击快速访问工具栏上的"快速打印"按钮　，这样就可以按 Word 2010 默认的设置进行打印文档。

技巧：产品说明书是对产品的介绍和说明，包括产品的外观、性能、参数、使用方法、操作指南、注意事项等。产品说明书应具备以下几个特点：①说明性，说明、介绍产品，是产品说明书的主要功能和目的；②真实性，必须客观、准确反映产品；③指导性，包含指导消费者使用和维修产品的知识；④形式多样性，表达形式可以是文字式，也可以图文兼备。

图 4-26　手动双面打印

举一反三　制作商务回复函

通常企业在收到对方的商务信函后会进行回复，这里介绍龙源纸业有限公司接到今晚报业有限公司的传真后的回复函。制作完成后的效果如图 4-27 所示。

在制作商务回复函之前首先打开"案例与素材\第 4 章素材"文件夹中的"商务回复函（初始）"文档。

在制商务回复函时我们可以把公司的名称和徽标放在信函的页眉中，制作商务回复函的具体操作步骤如下。

（1）将鼠标指针定位在商务回复函中的任意位置。在"插入"选项卡中单击"页眉和页脚"组中的"页眉"下拉按钮，在弹出的下拉列表框中选择"编辑页眉"选项，进入页眉编辑模式。

（2）在页眉左端输入文字"河南龙源纸业有限公司"。

（3）选中输入的文字，切换到"开始"选项卡，在"字体"下拉列表框中选择"华文行楷"选项，在"字号"下拉列表框中选择"小四"选项。

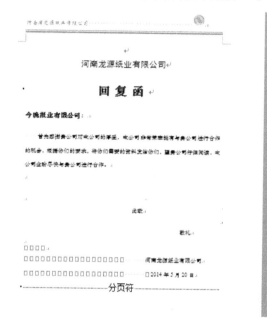

图 4-27　商务回复函

（4）将鼠标指针定位在页眉的"河南龙源纸业有限公司"段落中，在"开始"选项卡中单击"段落"组中的"行距"下拉按钮，在弹出的下拉列表框中选择"1.5"选项。

（5）将鼠标指针定位在页眉中的右端，切换到"插入"选项卡，在"插图"组中单击"图片"按钮，打开"插入图片"对话框。在对话框中找到要插入的公司徽标图片所在的位置"案例与素材\第 4 章素材"文件夹，在文件列表框中选择需要插入的公司徽标图片，单击"插入"按钮，在页眉中插入公司徽标图片，如图 4-28 所示。

图4-28　在页眉中插入公司徽标图片

（6）选中插入的图片，将鼠标指针指向图片右下角的控制点，然后按住鼠标左键向内拖动，把图片缩小，如图 4-29 所示。

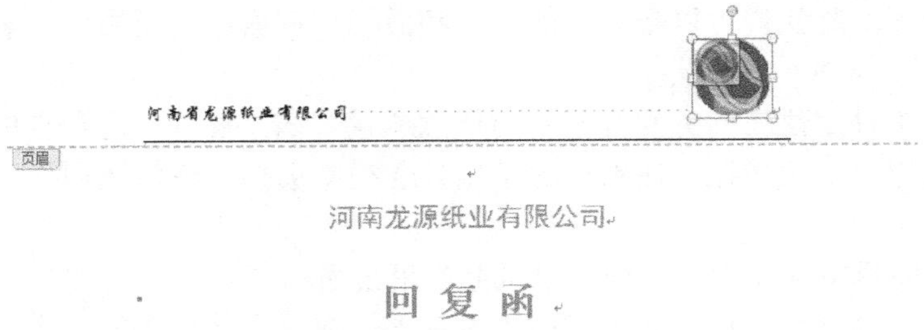

河南省龙源纸业有限公司

河南龙源纸业有限公司

回复函

图4-29　缩小页眉中的图片

（7）将鼠标指针定位在页眉段落中，在"开始"选项卡中单击"段落"组中的"下框线"下拉按钮，在弹出的下拉列表框中选择"边框和底纹"选项，打开"边框和底纹"对话框，如图4-30所示。

（8）在"边框"选项卡中，在"应用于"下拉列表框中选择"段落"选项，在"设置"选项区域选择"自定义"选项，在"样式"列表框中选择需要的线型，在"预览"选项区域选择"下边线"选项，单击"确定"按钮。

图4-30　"边框和底纹"对话框

（9）切换到"页眉和页脚工具设计"选项卡，在"位置"组中的"页眉距顶端距离"文本框中选择或输入"1.75 厘米"。

（10）在"页眉和页脚工具设计"选项卡中单击"关闭"组中的"关闭页眉和页脚"按钮，得到的页眉效果如图 4-31 所示。

河南龙源纸业有限公司

回复函

图4-31　设置的页眉效果

回头看

　　通过案例"产品说明书"及举一反三"商务回复函"的操作练习，主要学习了 Word 2010 提供的分页、分节、分栏、首字下沉、添加页眉和页脚等版面设置操作的方法和技巧。这其中的关键之处在于，对版面进行编排时要根据版面的内容需要及版面的整体要求来采用不同的方法和技术，否则会起到适得其反的效果。

知识拓展

1. 插入页码

　　为了方便文档的管理，可以给文档的各页加上页码，在编辑页眉和页脚时可以在页眉和页脚区插入页码。另外也可以直接在文档中插入页码，在插入页码时还可以对页码的数字格式及起始编号进行设置。

　　在文档中直接添加页码的具体操作步骤如下。

　　（1）将鼠标指针定位到要添加页码的节中。

　　（2）在"插入"选项卡中单击"页眉和页脚"组中的"页码"下拉按钮，弹出下拉列表框，如图 4-32 所示。

　　（3）在"页码"下拉列表框中选择所需的页码位置，再选择所需的页码格式。

　　（4）在"页码"下拉列表框中如果选择"设置页码格式"选项，则打开"页码格式"对话框，如图 4-33 所示。

图 4-32　插入页码　　　　　　　　图 4-33　"页码格式"对话框

　　（5）在"编号格式"下拉列表框中选择一种数字格式。

　　（6）在"页码编号"选项区域可以选择"续前节"或"起始页码"，如果选中"起始页码"单选按钮，则需在文本框中输入第一页设置的起始页码数。

　　（7）单击"确定"按钮，在文档中插入页码。

　　（8）切换到"页眉和页脚工具设计"选项卡，单击"关闭页眉和页脚"按钮返回文档。

　　如果要删除页码则必须进入页眉和页脚区，在页脚编辑区中选中设置的页码，然后进行删除。

2. 在文档中插入内置的页眉（页脚）

Word 2010 提供了一些内置的页眉（页脚）样式，在文档中插入内置页眉（页脚）的具体操作步骤如下。

（1）鼠标指针点定位在文档中。

（2）在“插入”选项卡中单击“页眉和页脚组”中的“页眉”下拉按钮，弹出下拉列表框。

（3）在下拉列表框的“内置”选项区域选择一种页眉，进入页眉编辑状态。

（4）在页眉区对页眉进行编辑，编辑完毕返回文档。

习题4

填空题

1．文档中的分节符包括________、________、________和________4 种。

2．首字下沉包括________和________两种效果。

3．页眉和页脚是指在文档页面的顶端和底端重复出现的________或________等信息。

4．在“______”选项卡的“______”组中单击“______”按钮，打开“分隔符”下拉列表框。

5．在“______”选项卡的“______”组中单击“______”按钮，打开“分栏”下拉列表框。

6．在“______”选项卡的“______”组中单击“______”按钮，打开“首字下沉”下拉列表框。

操作题

打开“案例与素材\第 4 章素材”文件夹中的“科普常识（初始）”文档，按下述要求完成全部操作，结果如图 4-34 所示。

1．分栏设置

- 将正文第一段分为“栏宽相等”的两栏。
- 将正文最后两段分为“栏宽相等”的三栏，并添加分隔线。

2．页眉和页脚设置

- 在页眉的左端插入页眉“科普常识”。
- 在页眉的右端插入页码。

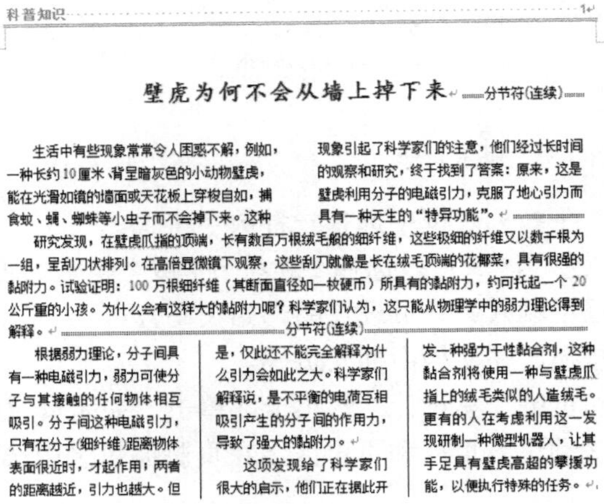

科普知识 1

壁虎为何不会从墙上掉下来 分节符(连续)

生活中有些现象常常令人困惑不解，例如，一种长约 10 厘米、背呈暗灰色的小动物壁虎，能在光滑如镜的墙面或天花板上穿梭自如，捕食蚊、蝇、蜘蛛等小虫子而不会掉下来。这种现象引起了科学家们的注意，他们经过长时间的观察和研究，终于找到了答案：原来，这是壁虎利用分子的电磁引力，克服了地心引力而具有一种天生的“特异功能”。

研究发现，在壁虎爪指的顶端，长有数百万根绒毛般的细纤维，这些极细的纤维又以数千根为一组，呈刮刀状排列。在高倍显微镜下观察，这些刮刀就像是长在绒毛顶端的花椰菜，具有很强的黏附力。试验证明：100 万根细纤维（其断面直径如一枚硬币）所具有的黏附力，约可托起一个 20 公斤重的小孩。为什么会有这样大的黏附力呢？科学家们认为，这只能从物理学中的弱力理论得到解释。分节符(连续)

根据弱力理论，分子间具有一种电磁引力，弱力可使分子与其接触的任何物体相互吸引。分子间这种电磁引力，只有在分子(细纤维)距离物体表面很近时，才起作用；两者的距离越近，引力也越大。但是，仅此还不能完全解释为什么引力会如此之大。科学家们解释说，是不平衡的电荷互相吸引产生的分子间的作用力，导致了强大的黏附力。

这项发现给了科学家们很大的启示，他们正在据此开发一种强力干性黏合剂，这种黏合剂将使用一种与壁虎爪指上的绒毛类似的人造绒毛。更有的人在考虑利用这一发现研制一种微型机器人，让其手足具有壁虎高超的攀援功能，以便执行特殊的任务。

图 4-34 “科普常识”版面编排效果

第 5 章 在 Word 2010 中应用表格
——制作个人简历和列车时刻表

表格是编辑文档时常见的文字信息组织形式，它的优点就是结构严谨、效果直观。以表格的方式组织和显示信息，可以给人一种清晰、简洁、明了的感觉。

 知识要点

- 创建表格
- 在表格中输入数据
- 调整表格结构
- 修饰表格

 任务描述

在就业形势严峻的今天，找到一份满意的工作不是一件容易的事，在应聘时如果拿着一份吸引人的简历可能会对应聘起到意想不到的效果。利用 Word 2010 提供的强大、便捷的表格制作和编辑功能，可以方便快捷地完成一个如图 5-1 所示的简历。

个 人 简 历

个人基本信息				
姓　　名	——	性　　别	男	
年　　龄	24	婚姻状况	否	
家庭住址	北京市海淀区幸福小区	籍　　贯	河南郑州	照　片
联系电话		电子邮件	——	
求职意向及工作经历				
应聘职位	机械设计/制图/制造	职位类型	全职	
待遇要求	月薪 3000—4000 元	工作地区	不限	
工作经历	2007 年 8 月至 2008 年 2 月在北京亚力机械有限公司担任技术员 2008 年 2 月至今在北京亚力机械有限公司担任工程师			
教育背景				
毕业院校	蓝天职业技术学院	最高学历	本科	
所学专业	机电一体化	毕业年份	2007 年	
教育培训经历	2003 年 9 月至 2007 年 7 月……蓝天职业技术学院……机电一体化 2007 年 10 至 12 月……在北京市劳动职业技能中心培训，并通过北京市劳动厅的考试，考取了加工中心高级证。 2008 年 1 月……ISO 内审员培训……内审员资格证书			
特　　长				
语　　言	英语水平六级			
技能专长	本人专业基础扎实，学习能力、动手能力强，熟悉掌握各类机床（车、刨、磨、铣、钻）、钳工和各类焊接（电弧焊、氧焊、氩弧焊）的操作。能操作平面设计软件，AUTOCAD，PROE，OFFICE 等软件，已取得机械设计工程工程师，加工中心操作中级证和高级证。			
其他信息				
自我评价	本人工作认真细致，勤奋好学，适应能力强，能出色完成本职工作，特别有团队合作精神。个人兴趣广泛，业余喜欢阅读、音乐及运动。希望能在未来的职业生涯中学到更多的知识，提升个人的整体素质。			
发展方向				
其他要求				

图 5-1　个人简历表格

 案例分析

完成个人简历的制作首先要创建一个表格并在表格中输入文本和信息，然后通过插入行（列）、删除行（列）、合并单元格、拆分单元格、调整行高和列宽、设置表格中文本的格式，以及设置表格的边框和底纹等操作对个人简历表格进行设置。

本章所涉及案例的素材和最终效果文件请登录华信教育资源网下载，相关内容在下载后的"案例与素材\第 5 章素材"和"案例与素材\第 5 章案例效果"文件夹中。

5.1　创建表格

表格是由水平的行和垂直的列组成的，行与列交叉形成的方框称为单元格。在 Word 2010 中提供了多种创建表格的方法，可以使用"插入表格"对话框或"表格"按钮等方法来创建表格。

5.1.1　利用"插入表格"对话框创建表格

利用"插入表格"对话框创建的表格，可以在其中输入表格的行数和列数，系统自动在文档中插入表格，这种方法不受表格行、列数的限制，并且还可以同时设置表格的列宽。

利用"插入表格"对话框创建简历表格的具体操作步骤如下。

（1）将鼠标指针定位在要插入表格的位置。

（2）在"插入"选项卡中单击"表格"组中的"表格"下拉按钮，在弹出的下拉列表框中选择"插入表格"选项，打开"插入表格"对话框，如图 5-2 所示。

（3）在"列数"文本框中选择或输入表格的列数值，这里输入"5"；在"行数"文本框中选择或输入表格的行数值，这里输入"20"；在"自动调整"操作选项区域中还可以选择以下操作内容。

图5-2　"插入表格"对话框

① 选中"固定列宽"单选按钮，可以在数值框中输入或选择列的宽度，也可以使用默认的"自动"选项把页面的宽度在指定的列之间平均分布。

② 选中"根据窗口调整表格"单选按钮，可以使表格的宽度与窗口的宽度相适应，当窗口的宽度改变时，表格的宽度也跟随变化。

③ 选中"根据内容调整表格"单选按钮，可以使列宽自动适应内容的宽度。单击"自动套用格式"按钮，可以按预定义的格式创建表格。

（4）选中"为新表格记忆此尺寸"复选框，此时对话框中的设置将成为以后新建表格的默认值。

（5）单击"确定"按钮完成插入表格的操作，如图 5-3 所示。

> **提示：** 如果在插入表格之前没有输入表格标题，想要在表格上方插入一个空行用于输入表格标题，则将鼠标指针放在表格的第一个单元格中，按回车键，就可以在表格上方插入一个空行了。

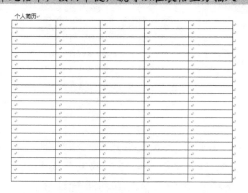

图5-3　插入的表格

5.1.2　利用"表格"按钮创建表格

如果创建的表格行列数比较少，用户可以利用"表格"按钮创建表格，但是创建的表格不能设置自动套用格式和列宽，而是需要在创建表格后做进一步的调整。

利用"表格"按钮创建表格的具体操作步骤如下。

（1）将插入点定位在文档中要插入表格的位置。

（2）在"插入"选项卡中单击"表格"组中的"表格"下拉按钮，在弹出的下拉列表框中的"插入表格"网格区域按住鼠标左键沿网格左上角向右拖动指定表格的列数，向下拖动指定表格的行数，如图 5-4 所示即为准备绘制一个 6 行 7 列的表格。

图5-4　利用"表格"按钮创建表格

（3）当拖动到需要的行列时松开鼠标左键，即可在插入点处绘制一个平均分布各行、平均分布各列的规则的表格。

5.2　编辑表格

编辑表格主要包括在表格中移动插入点并在相应的单元格中输入文本和信息，合并，拆分单元格中，以及插入、删除行（列）等一些基本的编辑操作。

5.2.1　在表格中输入文本和信息

在表格中输入文本和信息与在文档中输入文本的方法一样，都是先定位插入点，创建好表格后插入点默认地定位在第一个单元格中。如果需要在其他单元格中输入内容，只要单击该单元格即可定位插入点，再向表格中输入文本和信息就可以了。

如果在单元格中输入文本时出现错误，按【Backspace】键删除插入点左边的字符，按【Delete】键删除插入点右边的字符。在创建的个人简历表格中输入基本内容后的效果如图 5-5 所示。

个人简历

个人基本信息			
姓名		性别	照片
家庭住址		籍贯	
联系电话		电子邮件	
求职意向及工作经历			
应聘职位		职位类型	
待遇要求		工作地区	
工作经历			
教育背景			
毕业院校		最高学历	
所学专业		毕业年份	
教育培训经历			
特长			
语言			
技能专长			
其他信息			
自我评价			
发展方向			
其他要求			

图5-5　在创建的表格中输入基本内容

5.2.2 插入、删除行（列）

在创建表格时可能有的行（列）不能满足要求，此时可以在表格中插入行（列）或者删除多余的行（列），使表格的行（列）能够满足需要。

1. 插入行（列）及单元格

如果用户希望在表格的某一位置插入行（列），首先将鼠标指针定位在对应位置，右击，在弹出的快捷菜单中执行"插入"中的相应命令即可。

例如，在简历表格中输入文字后发现没有"年龄"一项，因此需要在简历表格"家庭住址"所在行的上方插入一个新行，具体操作步骤如下。

（1）将鼠标指针定位在"家庭住址"单元格中。

（2）切换到"布局"选项卡，在"行和列"组中单击"在上方插入行"按钮。

（3）在插入的行中输入"年龄"、"婚姻状况"等相应文本，效果如图 5-6 所示。

> **提示：** 如果单击"行和列"组右下角的对话框启动器按钮，打开"插入单元格"对话框，如图 5-7 所示，用户根据需要选中相应的单选按钮后就会出现不同的结果。

图5-6　插入一行效果　　　　图5-7　"插入单元格"对话框

2. 删除行（列）及单元格

在插入表格时，对表格的行或列控制得不好将会出现多余的行或列，可以根据需要将多余的行或列删除。在删除单元格、行或列时，单元格、行或列中的内容也同时被删除。

例如，简历表格的最后一行是多余的，用户可以将它删除，具体操作步骤如下。

（1）将鼠标指针定位在最后一行中的任意单元格中。

（2）在"布局"选项卡中单击"行和列"组中的"删除"下拉按钮，弹出下拉列表框，如图 5-8 所示。

（3）选择"删除行"选项，则所选的行被删除。

图5-8　删除行

5.2.3　合并、拆分单元格

Word 2010 允许将多个单元格合并成一个单元格，或者将一个单元格拆分为多个单元格，这为制作复杂的表格提供了极大的便利。

1．合并单元格

在调整表格结构时，如果需要让几个单元格变成一个单元格，可以利用 Word 2010 提供的合并单元格功能。例如，对简历表格的单元格进行合并，具体操作步骤如下。

（1）选中"个人基本信息"及右侧的 4 个单元格。

（2）在"布局"选项卡中单击"合并"组中的"合并单元格"按钮，选中的单元格被合并为一个单元格。

（3）重复操作，将表格中需要合并的单元格区域依次合并，效果如图 5-9 所示。

个人简历				
个人基本信息				
姓名		性别		照片
年龄		婚姻状况		
家庭住址		籍贯		
联系电话		电子邮件		
求职意向及工作经历				
应聘职位		职位类型		
待遇要求		工作地区		
工作经历				
教育背景				
毕业院校		最高学历		
所学专业		毕业年份		
教育培训经历				
特长				
语言				
技能专长				
其他信息				
自我评价				
发展方向				
其他要求				

图 5-9　合并单元格的效果

2．拆分单元格

拆分单元格最简单的方法是使用"表格工具"的"设计"选项卡中的"绘制表格"按钮在单元格中画出边线，鼠标指针将变成铅笔状，在单元格中拖动铅笔状的鼠标指针时，被鼠标指针拖过的地方将出现边线。在拆分单元格时如果情况比较复杂可以单击"拆分单元格"按钮对要拆分的单元格进行设置。

在上面合并单元格的过程中不小心将最后几个单元格合并错了，这里可以将其拆分，具体操作步骤如下。

（1）将鼠标指针定位在要拆分的单元格中，这里定位在最后一个单元格中。

（2）在"布局"选项卡中单击"合并"组中的"拆分单元格"按钮，打开"拆分单元格"对话框，如图 5-10 所示。

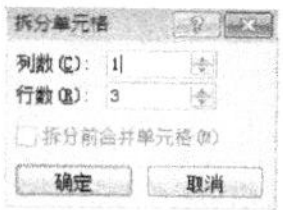

（3）在"列数"文本框中选择或输入要拆分的列数，这里选择"1"；在"行数"文本框中选择或输入要拆分的行数，这里选择"3"。

图5-10　"拆分单元格"对话框

（4）单击"确定"按钮，拆分后的效果如图 5-11 所示。

提示： 在拆分单元格时如果用户选中的是多个单元格，则在"拆分单元格"对话框中用户还可以选中"拆分前合并单元格"复选框，这样在拆分时首先将选中的多个单元格进行合并，再拆分。

个人简历				
个人基本信息				
姓名		性别		照片
年龄		婚姻状况		
家庭住址		籍贯		
联系电话		电子邮件		
求职意向及工作经历				
应聘职位		职位类型		
待遇要求		工作地区		
工作经历				
教育背景				
毕业院校		最高学历		
所学专业		毕业年份		
教育培训经历				
特长				
语言				
技能专长				
其他信息				
自我评价				
发展方向				
其他要求				

图5-11　拆分单元格的效果

5.3　修饰表格

表格创建编辑完成后，为了使其更加美观大方，还可以进行如添加边框和底纹、设置表格中文本的对齐方式等修饰。

5.3.1　调整行高、列宽及单元格的宽度

对于已有的表格，为了突出显示标题行的内容，或者让各列的宽度与内容相符，用户可以调整行高与列宽。在 Word 2010 中不同的行可以有不同的高度，但同一行中的所有单元格必须具备相同的高度；列则有点特殊，同一列中各单元格的宽度可以不同。

1．调整行高

调整简历表格行高的具体操作步骤如下。

（1）单击表格左上角的，点选中整个表格。

（2）在"布局"选项卡中"单元格大小"组中的"表格行高度"文本框中输入"0.7 厘米"，则表格所有的行高度被设置为 0.7 厘米。

这种方法适用于表格中所有的行高都是一样的情况，如果需要单独调整某一行的行高可以选中某一行，然后在对话框中设置行的高度。

如果对行的高度要求不是很精确，也可以手动调整。由于简历表格中的"工作经历"、"教育培训经历"、"机能专长"和"自我评价"等行中所要填写的内容较多，用户可以适当增加行高，使它能够容纳更多的内容。

将鼠标指针移动到要调整行高的行边框线上，这里移动到"工作经历"的下边线上。当出现一个改变大小的行尺寸工具 ≑ 时按住鼠标左键向下（上）拖动，此时出现一条水平的虚线，显示改变行高度后的位置，如图 5-12 所示，当行高调整合适时松开鼠标左键，效果如图 5-13 所示。

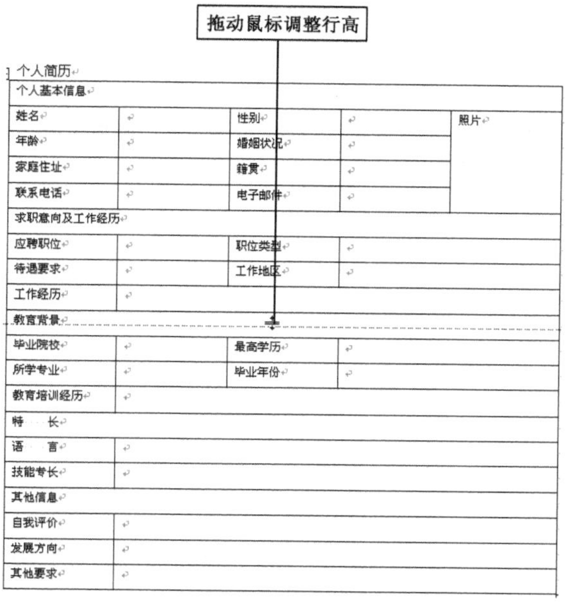

图5-12　利用鼠标调整行高

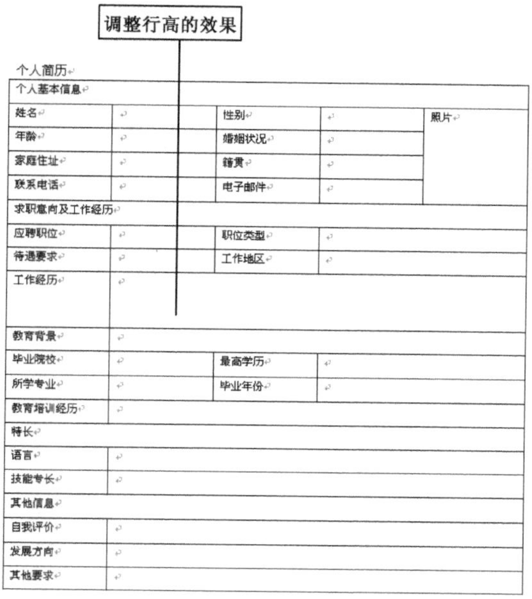

图5-13　调整行高后的效果

2．调整列宽

将鼠标指针移动到要调整列宽的列边框线上，当出现一个改变大小的列尺寸工具 ┼╫ 时按住鼠标左键拖动，此时出现一条垂直的虚线，显示列改变后的宽度，如图 5-14 所示。到达合适位置释放鼠标左键即可。

图 5-14　调整列宽时的效果

> **提示**：如果在拖动时，按住【Shift】键，将会改变边框左侧一列的宽度，并且整个表格的宽度将发生变化，但是其他各列的宽度不变。如果在拖动时按住【Ctrl】键，则边框右侧的各列宽度发生均匀变化，整个表格宽度不变。如果在拖动时，按住【Alt】键，可以在标尺上显示列宽。

5.3.2　设置表格中的文本

设置表格中文本的格式和在普通文档中一样，可以采用设置文档中文本格式的方法设置表格中文本的字体、字号、字形等格式，此外还可以设置表格中文字的对齐方式。

1．设置单元格中文本的对齐方式

单元格默认的对齐方式为靠上两端对齐，即单元格中的内容以单元格的上边线为基准向左对齐。如果单元格的高度较大，但单元格中的内容较少不能填满单元格时，靠上两端对齐的方式会影响整个表格的美观，用户可以对单元格中文本的对齐方式进行设置。

下面就为简历表格中的文本设置对齐方式，具体操作步骤如下。

（1）将鼠标指针定位在“个人信息”单元格。

（2）在“布局”选项卡中单击“对齐方式”组中的“中部两端对齐”按钮，如图 5-15 所示。

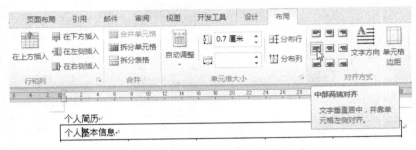

图 5-15 设置单元格中文本对齐方式

（3）将鼠标指针定位在“照片”单元格，在“布局”选项卡中单击“对齐方式”组中的“水平居中”按钮。

（4）按照相同的方法设置其他文本的对齐格式，最终效果如图 5-16 所示。

2．设置单元格中文本的格式

简历表格内部的字体应选择合适的字体大小，一般情况下，中文应选择小四或五号字，保证招聘人员能清晰、快速地阅读。为了使简历表格显得整洁整齐，可以在文字较少的文字中间添加空格，如在“姓名”的中间添加空格使其长度与 4 个文字的长度相同。简历表格的标题字体应该比较醒目，因此将其设置为稍大的字体，如设置为小二号字、黑体字体，并将其居中显示。在简历表格中的相应位置输入自己的应聘信息，如图 5-17 所示。

图5-16 设置单元格中文本的对齐方式效果

个 人 简 历

个人基本信息				
姓　　名	——	性　　别	男	照　片
年　　龄	24	婚姻状况	否	
家庭住址	北京市海淀区幸福小区	籍　　贯	河南郑州	
联系电话	——	电子邮件	——	
求职意向及工作经历				
应聘职位	机械设计/制图/制造	职位类型	全职	
待遇要求	月薪 3000—4000 元	工作地区	不限	
工作经历	2007 年 8 月至 2008 年 2 月在北京亚力机械有限公司担任技术员 2008 年 2 月至今在北京亚力机械有限公司担任工程师			
教育背景				
毕业院校	蓝天职业技术学院	最高学历	本科	
所学专业	机电一体化	毕业年份	2007 年	
教育培训经历	2003 年 9 月至 2007 年 7 月　蓝天职业技术学院　机电一体化 2007 年 10 至 12 月……在北京市劳动职业技能中心培训，并通过北京市劳动厅的考试，考取了加工中心高级证。 2008 年 1 月……ISO 内审员培训……内审员资格证书			
特　　长				
语　　言	英语水平六级			
技能专长	本人专业基础扎实,学习能力、动手能力强，熟悉掌握各类机床（车、刨、磨、铣、钻）、钳工和各类焊接（电弧焊、氧焊、氩弧焊）的操作。能操作平面设计软件，AUTOCAD，PROE，OFFICE 等软件，已取得机械设计工程工程师，加工中心操作中级证和高级证。			
其他信息				
自我评价	本人工作认真细致，勤奋好学，适应能力强，能出色完成本职工作，特别有团队合作精神。个人兴趣广泛，业余喜欢阅读，音乐及运动。希望能在未来的职业生涯中学到更多的知识，提升个人的整体素质。			
发展方向				
其他要求				

图5-17 设置表格文本的效果

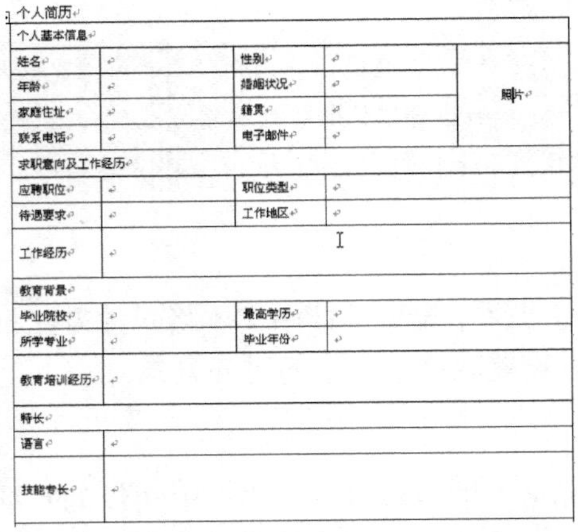

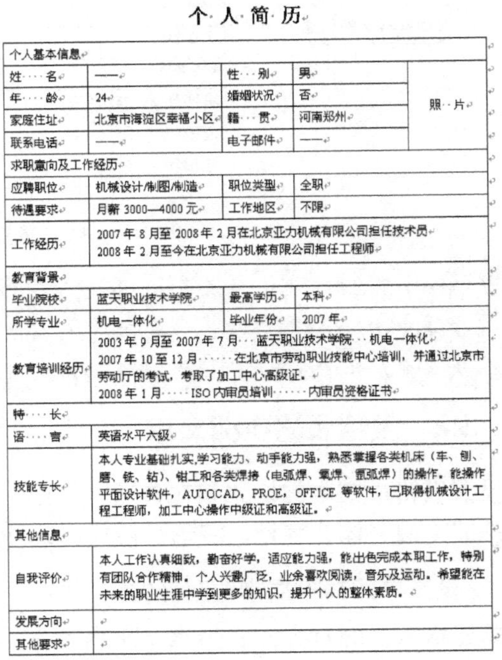

技巧：在制作简历时"求职意向"应清晰明确，简历中所有内容都应有利于你的应聘职位，无关的甚至妨碍应聘的内容不要叙述。如果你具备应聘工作所要求的工作经历和专业技能条件，却没有应聘所需的学历，最聪明、最简单的办法是，只列出你曾经受到过的教育和培训内容，以及受训后取得的成绩和应用到工作实践中的业绩。在技能专长中与应聘工作有关的专业知识要体现出来，如果你熟悉某一领域最新的趋势与技术，也应毫不谦虚地写出来。当然，如果有其他行业的工作技巧也不要省略，这些虽然与应聘工作关系不大或没有直接关系，但其工作经验同样可用于证明你的能力，这至少能够证明你有学习、研究并尽快适应各种工作的能力。

5.3.3　设置表格边框和底纹

文字可以通过使用 Word 2010 提供的修饰功能，变得更加漂亮，表格也不例外。颜色、线条、底纹可以随心所欲，任意选择。

例如，为简历表格添加双实线边框，具体操作步骤如下。

（1）单击表格左上角的控制按钮，选中整个表格。

（2）切换到"设计"选项卡，单击"绘图边框"组右下角的对话框启动器按钮，打开"边框和底纹"对话框，如图 5-18 所示。

（3）在"设置"选项区域选择"虚框"选项，在"线型"列表框中选择"双实线"选项，在"应用于"下拉列表框中选择"表格"选项。

（4）单击"确定"按钮，为表格添加边框的效果如图 5-19 所示。

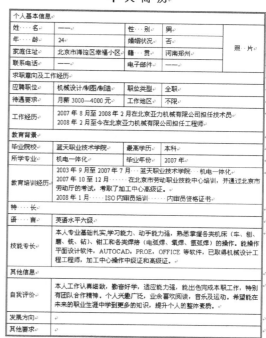

图5-18　"边框和底纹"对话框　　　　　图5-19　添加边框的效果

还可以为表格添加底纹，如为简历表格的第一行添加灰色底纹，具体操作步骤如下。

（1）选中表格的第 1 行，切换到"设计"选项卡，单击"绘图边框"组右下角的对话框启动器按钮，打开"边框和底纹"对话框，单击"底纹"选项卡，如图 5-20 所示。

（2）在"填充"下拉列表框中选择"白色，背景 1，深色 15%"选项，在"应用于"下拉列表框中选择"单元格"选项。

（3）单击"确定"按钮。

按照相同的方法为表格的第 6、第 10、第 14、第 17 行添加底纹，效果如图 5-21 所示。

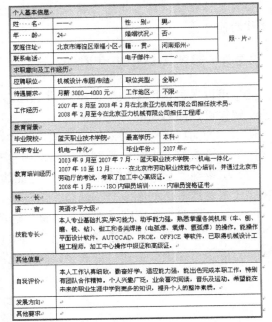

图5-20　"底纹"选项卡　　　　图5-21　添加底纹的效果

举一反三　制作列车时刻表

一个文本性质的列车时刻表，如图 5-22 所示，将它制作成表格性质的列车时刻表。制作完成的效果如图 5-23 所示。

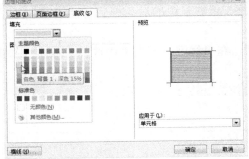

图5-22　文本性质的列车时刻表　　　　图5-23　表格性质的列车时刻表

在制作表格性质的列车时刻表之前首先打开"案例与素材\第 5 章素材"文件夹中的"文本性质列车时刻表"文档。

可以先利用表格和文本之间的转换将文本转换为表格，然后利用拆分表格、设置表格字体、调整行高、合并单元格、添加边框和底纹等技巧对表格进行设置。

制作列车时刻表的具体操作步骤如下。

（1）在需要转换文本的适当位置添加必要的分隔符。在"开始"选项卡中单击"段落"组中的"显示/隐藏编辑标记"按钮 ，可以查看文本中是否包含适当的分隔符。在该例原文本中有制表符分隔符，因此不必再添加分隔符。

（2）选中需要转换为表格的文本，在"插入"选项卡中单击"表格"组中的"表格"下拉按钮，在弹出的下拉列表框中选择"文本转换成表格"选项，打开"将文字转换成表格"对话框，如图 5-24 所示。

（3）在"列数"文本框中显示出系统辨认出的列数，用户也可以自己在"列数"文本框中选择或输入所需的列数；在"行数"文本框中显示的是表格中将要包含的行数。在"'自动调整'操作"选项区域中设置适当的列宽。

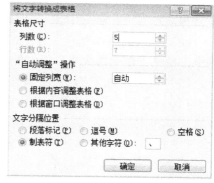

图5-24 "将文字转换成表格"对话框

（4）在"文字分隔位置"选项区域中选择确定列的分隔符，这里选中"制表符"单选按钮，单击"确定"按钮，选中的文本将自动转换为表格，如图 5-25 所示。

会议通告

根据会议日程安排，大会组委会已开始进行车票预订的统计工作，请各位会员及时预订，另附上北京西火车站始发列车车次时刻表：

车··次	终到时间	终止站	开出时间	附···注
1487	当日 20：20	郑··州	8：10	经京九线
T79	当日 22：12	武··昌	9：20	
2567	次日 14：02	汉··中	8：40	经漯宝线
T525	当日 21：00	郑··州	10：00	
T79	次日 13：10	九··龙	10：06	
K307	次日 19：20	厦··门	9：00	经京九线

图 5-25 将文本转换为表格的效果

（5）将鼠标指针定位在"开出时间"所在的单元格中，切换到"布局"选项卡，在"表"组中单击"选择"下拉按钮，在弹出的下拉列表框中选择"选择，列"选项，将整列选中，切换到"开始"选项卡，在"剪切板"组中单击"剪切"按钮，将内容暂时存放在剪贴板上。将鼠标指针定位在"终到时间"文本的前面，在"剪切板"组中单击"粘贴"按钮。

（6）将鼠标指针定位在"终到时间"所在的单元格中，切换到"布局"选项卡，在"表"组中单击"选择"下拉按钮，在弹出的下拉列表框中选择"选择列"选项，将整列选中，切换到"开始"选项卡，在"剪切板"组中单击"剪切"按钮，将内容暂时存放在剪贴板上。将鼠标指针定位在"附注"文本的前面，在"剪切板"组中单击"粘贴"按钮。移动内容后的效果如图 5-26 所示。

会议通告

根据会议日程安排，大会组委会已开始进行车票预订的统计工作，请各位会员及时预订，另附上北京西火车站始发列车车次时刻表：

车··次	开出时间	终止站	终到时间	附···注
1487	8：10	郑··州	当日 20：20	经京九线
T79	9：20	武··昌	当日 22：12	
2567	8：40	汉··中	次日 14：02	经漯宝线
T525	10：00	郑··州	当日 21：00	
T79	10：06	九··龙	次日 13：10	
K307	9：00	厦··门	次日 19：20	经京九线

图 5-26 移动表格内容

（7）将鼠标指针定位在"车次"单元格中，切换到"布局"选项卡，单击"单元格大小"组右下角的对话框启动器按钮，打开"表格属性"对话框，单击"行"选项卡，如图 5-27 所示。在"尺寸"选项区域选中"指定高度"复选框，在后面的文本框中选择或输入"1 厘米"，单击"确定"按钮。

（8）选中表格中剩余各行，切换到"布局"选项卡，单击"单元格大小"组中的"分布行"按钮。

（9）利用拖动的方法适当调整各列的宽度。

（10）选中"经京九线"和下面的空白单元格，在选中的单元格上右击，在弹出的快捷菜单中执行"合并单元格"命令。选中"经漯宝线"和下面的两个空白单元格，在选中的单元格上右击，在弹出的快捷菜单中执行"合并单元格"命令。

图5-27　"表格属性"对话框

调整行高及合并单元格后的效果如图 5-28 所示。

（11）选中表格中第一行的所有单元格，切换到"开始"选项卡，在"字体"组中单击"字体"下拉按钮，在弹出的下拉列表框中选择"黑体"选项，在"字号"下拉列表框中选择"小四"选项。

（12）选中表格的所有行，切换到"布局"选项卡，在"对齐方式"组中单击"水平居中"按钮。

（13）将鼠标指针移至表格第一行的左侧，当鼠标指针变成 ⌐ 形状时单击，将该行选中。切换到"设计"选项卡，在"表格样式"组中单击"底纹"按钮，在弹出的下拉列表框中选择"浅蓝"选项，如图 5-29 所示。

会议通告

根据会议日程安排，大会组委会已开始进行车票预订的统计工作，请各位会员及时预订，另附上北京西火车站始发列车车次时刻表：

车　次	开出时间	终止站	终到时间	附　　注
1487	8：10	郑　州	当日 20：20	经京九线
T79	9：20	武　昌	当日 22：12	
2567	8：40	汉　中	当日 14：02	经漯宝线
T525	10：00	郑　州	当日 21：00	
T79	10：06	九　龙	次日 13：10	
K307	9：00	厦　门	次日 19：20	经京九线

图5-28　合并单元格效果

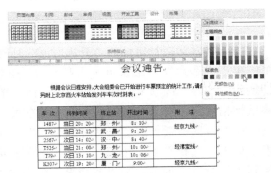

图5-29　为单元格设置底纹

（14）选中表格中剩余各行，切换到"设计"选项卡，在"表格样式"组中单击"底纹"按钮，在弹出的下拉列表框中选择"水绿色，强调文字颜色 5，淡色 40%"选项。

（15）选中表格，切换到"设计"选项卡，单击"绘图边框"组右下角的对话框启动器按钮，打开"边框和底纹"对话框。在"设置"选项区域选择"自定义"选项，在"预览"选项区域分别选择"左边线"、"右边线"选项，单击"确定"按钮，表格两侧的边框被删除。

（16）选中表格的第一行，切换到"设计"选项卡，单击"绘图边框"组右下角的对话框启动器按钮，打开"边框和底纹"对话框。在"设置"选项区域选择"自定义"选项，在"颜色"下拉列表框中选择"橙色"选项，在"样式"列表框中选择"实线"选项，在

"宽度"下拉列表框中选择"2.25 磅"选项，在"预览"选项区域双击"下边线"选项，单击"确定"按钮，第一行的下边框被设置为橙色粗实线。

（17）选中表格的第 2～6 行，切换到"设计"选项卡，单击"绘图边框"组右下角的对话框启动器按钮，打开"边框和底纹"对话框。在"设置"选项区域选择"自定义"选项，在"样式"列表框中选择"点画线"选项，在"宽度"下拉列表框中选择"1 磅"选项，在"预览"选项区域双击"网格横线"选项，单击"确定"按钮。设置边框和底纹后的效果如图 5-30 所示。

（18）选中表格，在"开始"选项卡中单击"段落"组中的"居中"按钮，表格居中显示，效果如图 5-31 所示。

会议通告

根据会议日程安排，大会组委会已开始进行车票预订的统计工作，请各位会员及时预订，另附上北京西火车站始发列车车次时刻表：

车　次	开出时间	终止站	终到时间	附　注
1487	8：10	郑　州	当日 20：20	经京九线
T79	9：20	武　昌	当日 22：12	
2567	8：40	汉　中	次日 14：02	
T525	10：00	郑　州	当日 21：00	经漯宝线
T79	10：06	九　龙	次日 13：10	
K307	9：00	厦　门	次日 19：20	经京九线

图5-30　设置边框和底纹后的效果

会议通告

根据会议日程安排，大会组委会已开始进行车票预订的统计工作，请各位会员及时预订，另附上北京西火车站始发列车车次时刻表：

车　次	开出时间	终止站	终到时间	附　注
1487	8：10	郑　州	当日 20：20	经京九线
T79	9：20	武　昌	当日 22：12	
2567	8：40	汉　中	次日 14：02	
T525	10：00	郑　州	当日 21：00	经漯宝线
T79	10：06	九　龙	次日 13：10	
K307	9：00	厦　门	次日 19：20	经京九线

图5-31　表格居中显示

🎥 回头看

　　通过案例"个人简历"及举一反三"列车时刻表"的制作过程，主要学习了 Word 2010 提供的插入表格、在表格中输入数据、插入或删除行（列）、合并或拆分单元格、调整和设置表格的行高、设置表中文字的对齐方式、设置表格中文字的格式、设置表格的边框和底纹、文本与表格的转换、表格中单元格的移动等操作的方法和技巧。这其中关键之处在于，利用 Word 2010 的表格处理功能插入和调整表格，使得表格更加符合读者的习惯和要求。

知识拓展

1．在单元格中插入图片

在文档中插入图片在后面的章节中会有详细讲解，这里首先简单介绍一下如何在单元格中插入图片。

（1）将鼠标指针定位在照片单元格中。

（2）在"插入"选项卡中单击"插图"组中的"图片"按钮，打开"插入图片"对话框。

（3）在查找范围列表框中选择要插入的图片所在的位置，在文件列表框中选择需要插入的图片。

（4）单击"插入"按钮，在单元格中插入图片。

（5）单击图片将其选中，将鼠标指针移动到图片四角的控制点上，当鼠标指针变成双向箭头状时，按住鼠标左键并拖动，此时会显示出一个虚线框，显示调整后图片的大小。效果如图 5-32 所示。

个·人·简·历

个人基本信息			
姓····名	——	性····别	男 
年····龄	24	婚姻状况	否
家庭住址	北京市海淀区幸福小区	籍····贯	河南郑州
联系电话	——	电子邮件	——
求职意向及工作经历			
应聘职位	机械设计/制图/制造	职位类型	全职
待遇要求	月薪 3000—4000 元	工作地区	不限
工作经历	2007 年 8 月至 2008 年 2 月在北京亚力机械有限公司担任技术员 2008 年 2 月至今在北京亚力机械有限公司担任工程师		

图 5-32　在单元格中插入图片

2．自由绘制表格

Word 2010 提供了用鼠标绘制任意不规则的自由表格的强大功能，在"插入"选项卡中单击"表格"组中的"表格"下拉按钮，在弹出的下拉列表框中选择"绘制表格"选项，此时鼠标指针变成铅笔形状 ✐，在文档窗口按住鼠标左键拖动，即可画出表格的边框线。在"设计"选项卡中单击"绘图边框"组中的"擦除"按钮 ▣ ，这时鼠标指针变成橡皮状 ✐。按住鼠标左键并拖动经过要删除的线，就可以删除表格的框线。

3．标题行重复

选中标题行，在"布局"选项卡中单击"数据"组中的"重复标题行"按钮，系统会自动为后面的页增加标题行，而且保持原来的标题行格式，如果取消"标题行重复"，只需要再次在"布局"选项卡中单击"数据"组中的"重复标题行"按钮即可。

4．拆分表格

将鼠标指针定位在表格中间的任意一行中，在"布局"选项卡中单击"合并"组中的"拆分表格"按钮，即可将表格拆分为两个表格。另外，按【Ctrl+Shift+回车】组合键也执行拆分表格的操作。

5．选中单元格

选中单元格是编辑表格的最基本操作之一。可以利用鼠标直接选中，也可以利用"选择"按钮选中表格中相邻的或不相邻的多个单元格；可以选择表格的整行或整列，也可以选中整个表格。

利用鼠标可以快速地选中单元格，其具体操作步骤如下。

（1）选中单个单元格：将鼠标指针移动到单元格左边界与第一个字符之间，当鼠标指针变成 ➹ 状时单击，即可选中该单元格，双击则可选中该单元格所在的整行。

（2）选中多个单元格：如果选择相邻的多个单元格，在表格中按住鼠标左键并拖动，在虚框范围内的单元格被选中。

（3）选中一行：将鼠标指针移到该行左边界的外侧，当鼠标指针变成箭头状时 ➹ ，单击则可选中该行。

（4）选中一列：将鼠标指针移到该列顶端的边框上，当鼠标指针变成一个向下的黑色实心箭头 ↓ 时，单击。如果按住【Alt】键的同时单击该列中的任意位置，则整列也被选中。

（5）选中多行（列）：先选中一行（列），然后按住【Shift】键单击另外的行（列），则可将多行（列）选中。

（6）选中整个表格：单击表格左上角的控制按钮可以选中整个表格，或者在按住【Alt】键的同时双击表格中的任意位置也可选中整个表格。

对于计算机的操作并不十分熟练的用户，可以利用命令来选中表格中的内容。首先将鼠标指针定位在表格中，在"布局"选项卡中单击"表"组中的"选择"下拉按钮，弹出下拉列表框，如图 5-33 所示。用户可以在下拉列表框中进行选择。

图5-33 "选择"下拉列表框

（1）选择"选择单元格"选项，则选中鼠标指针所在的单元格。

（2）选择"选择行（或列）"选项，则选中鼠标指针所在单元格的整行（整列）。

（3）选择"选择表格"选项，则选中整个表格。

6．调整单元格宽度

在表格中用户不但可以调整整列的宽度，还可以对个别单元格的宽度进行调整。调整单元格宽度的操作如下。

（1）选中要调整宽度的单元格。

（2）将鼠标指针移至选中单元格右侧边框线上，当出现一个改变大小的列尺寸工具 ┈╟┈ 时，按住鼠标左键向左或向右拖动，到达合适位置后松开鼠标左键，如图 5-34 所示。

图 5-34 调整单元格宽度

习题5

填空题

1．创建表格有＿＿＿＿、＿＿＿＿和＿＿＿＿3 种方法。

2．在"＿＿＿＿"选项卡中单击"＿＿＿＿"组中的"在上方插入行"按钮，可以在当前行的上方插入一个空白行。

3．在 Word 2010 中不同的行可以有不同的高度，但同一行中的所有单元格必须＿＿＿＿＿，同一列中各单元格的列宽＿＿＿＿＿。

4．在"＿＿＿＿"选项卡中单击"＿＿＿＿"组中的"合并单元格"按钮，则选中的单元格被合并成一个单元格。

5．在"＿＿＿＿"选项卡中"＿＿＿＿"组中用户可以设置单元格的对齐方式。

6．在"＿＿＿＿"选项卡中，单击"＿＿＿＿"组右下角的对话框启动器按钮，打开"边框和底纹"对话框。

选择题

1．在表格中不属于"自动调整"操作中的选项是_____。

（A）根据内容调整表格　　　　　　（B）根据窗口调整表格

（C）固定列宽　　　　　　　　　　（D）根据表格调整内容

2．将鼠标指针定位在要拆分成第 2 个表格的首行中，然后按【_____】组合键可拆分表格。

（A）Ctrl+Shift+回车　　　　　　　（B）Ctrl+Alt+回车

（C）Shift+Tab+回车　　　　　　　（D）Shift+Alt+回车

3．在利用鼠标拖动调整列宽时按住【_____】键，则边框右侧的各列宽度发生均匀变化，整个表格宽度不变。

（A）Ctrl　　　　　（B）Sift　　　　　（C）Alt　　　　　（D）Tab

4．在"布局"选项卡中单击"_____"组右下角的对话框启动器按钮，打开"表格属性"对话框。

（A）单元格大小　　　　　　　　　（B）行和列

（C）表格　　　　　　　　　　　　（D）表

操作题

大家可以做一个课程表，如图 5-35 所示。

闪客启航网页师培训课程表

上课时间		授课内容	主讲老师
2014-6-2 星期一	8：30-11：30	网络基础	肖　枫
	13：00-16：00	FW 交流课	西　米
2014-6-3 星期二	8：30-11：30	网络基础	肖　枫
	13：00-16：00	DIV+CSS 实例	夏　学
2014-6-4 星期三	8：30-11：30	Dreamweaver8	随风居
	13：00-16：00	DIV+CSS 实例	夏　学
2014-6-5 星期四	8：30-11：30	Dreamweaver8	随风居
	13：00-16：00	FW 交流课	西　米
2014-6-6 星期五	8：30-11：30	DIV+CSS 实例	夏　学
	13：00-16：00	Dreamweaver8	随风居

图 5-35　课程表

第6章 Word 2010 的图文混排功能
——制作会议邀请函和授权委托书

常常有这样的体会，在意犹未尽，却已语尽词穷的时候，只要用简单的图形、合适的图片往往就能把自己的意思更好地表达出来，甚至起到"只可意会，不可言传"的效果。

 知识要点

- 设置页面
- 应用图片
- 制作艺术字
- 应用文本框
- 绘制图形

任务描述

公司要举办一个研讨会，要向公司内部的一些优秀员工发出邀请。利用 Word 2010 提供的图文混排功能，制作一个如图 6-1 所示的图文并茂的邀请函，这样的邀请函是不是比传统公文格式的邀请函显得更有个性呢？

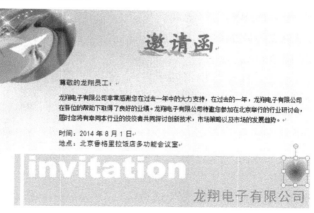

图 6-1 邀请函

案例分析

完成邀请函的制作先要对纸张的大小和页面边距进行设置，还要用到插入图片、设置图片、插入艺术字、设置艺术字、应用文本框输入文本、绘制自选图形等功能。

本章所涉及案例的素材和最终效果文件请登录华信教育资源网下载，相关内容在下载后的"案例与素材\第 6 章素材"和"案例与素材\第 6 章案例效果"文件夹中。

6.1 设置页面

基于模板创建一篇文档后，系统将会默认给出纸张大小、页面边距、纸张的方向等。如果制作的文档对页面有特殊的屏幕显示要求或者打印要求，这时就需要对页面进行设置。

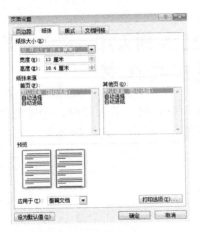

图6-2　设置文档纸张大小

（4）单击"确定"按钮。

6.1.1　设置纸张大小

Word 2010 提供了多种预定义的纸张，系统默认的是 A4 纸，可以根据需要选择纸张大小，还可以自定义纸张的大小。这里先设置邀请函的纸张大小，具体操作步骤如下。

（1）创建一个新的文档。

（2）在"页面布局"选项卡中单击"页面设置"组右下角的对话框启动器按钮，打开"页面设置"对话框，单击"纸张"选项卡，如图 6-2 所示。

（3）在"纸张大小"下拉列表框中选择"32 开（13×18.4 厘米）"选项；在"应用于"下拉列表框中选择"整篇文档"选项。

6.1.2　设置页面边距

页边距是正文和页面边缘之间的距离，在页边距中存在页眉、页脚和页码等图形或文字，为文档设置合适的页边距可以使打印出的文档美观。只有在页面视图中才可以查看页边距的效果，因此设置页边距时应在页面视图中进行。

为邀请函设置页边距的具体操作步骤如下。

（1）在"页面布局"选项卡中单击"页面设置"组右下角的对话框启动器按钮，打开"页面设置"对话框，如图 6-3 所示。

（2）在"页边距"选项区域的"上"、"下"、"左"、"右"文本框中分别选择或输入"1 厘米"。在"纸张方向"选项区域选择"横向"选项，在"预览"选项区域的"应用于"下拉列表框中选择"整篇文档"选项。

（3）单击"确定"按钮。

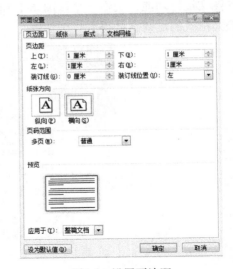

图6-3　设置页边距

6.2　应用图片

在文档中添加图片，可以使文档更加美观大方。Word 2010 允许用户在文档中导入多种格式的图片文件，并且可以对图片进行编辑和设置。前面已经为邀请函设置好了纸张，下面就为邀请函插入图片来美化它。

6.2.1　插入图片

用户可以很方便地在 Word 2010 中插入图片，图片可以是一个剪贴画、一张照片或一幅图画。在 Word 2010 中可以插入多种格式的外部图片，如*.bmp、*.pcx、*.tif 和*.pic 等。

在邀请函中插入图片的具体操作步骤如下。

（1）将鼠标指针定位在文档中要插入图片的位置。

（2）在"插入"选项卡中单击"插图"组中的"图片"按钮，打开"插入图片"对话框，如图 6-4 所示。

（3）在查找范围列表框中选择要插入图片的位置，在文件列表中选择要插入的图片。

（4）单击"插入"按钮，被选中的图片插入到文档中，如图 6-5 所示。

图6-4　"插入图片"对话框

图6-5　插入图片的效果

6.2.2　设置图片文字环绕方式

用户可以通过 Word 2010 的文字环绕设置功能，将图片置于文档中的任何位置，并可以设置不同的环绕方式得到各种环绕效果。

Word 2010 中有常用的 7 种环绕方式，默认的环绕方式是嵌入型。

（1）嵌入型：这种版式是图片的默认插入方式，图片嵌入在文本中，可将图片作为普通文字处理。

（2）四周型环绕：在这种版式下，文本排列在图片的四周，如果图片的边界是不规则的，则文字会按一个规则的矩形边界排列在图片的四周。这种版式可以利用鼠标拖动将图片放到任何位置。

（3）紧密型环绕：和四周型类似，但如果图片的边界是不规则的，则文字会紧密地排列在图片的周围。

（4）衬于文字下方：在这种版式下，图片衬于文本的底部，此时把鼠标指针放在文本空白处，在显示图片的地方也可拖动移动图片的位置。

（5）浮于文字上方：在这种版式下，图片浮在文本上方，此时被图片覆盖的文字是不可视的，拖动图片也可以把图片放在任意位置。

（6）上下型环绕：在这种版式下，文本分布在图片的上、下方，图片的左右两端则无文本。

（7）穿越型环绕：和紧密型环绕类似，在这种版式下，文字会紧密地排列在图片的周围。

这里将邀请函中的图片设置为"衬于文字下方"的文字环绕方式，具体操作步骤如下：

（1）在图片上单击，选中图片。

（2）在"格式"选项卡中单击"排列"组中的"自动换行"下拉按钮，弹出下拉列表框，如图 6-6 所示。

（3）在下拉列表框中选择"衬于文字下方"选项。

　　提示： 在"自动换行"下拉列表框中，如果选择"其他布局选项"选项，则打开"布局"对话框，如图 6-7 所示，在"文字环绕"选项卡中用户也可以设置文字环绕方式。

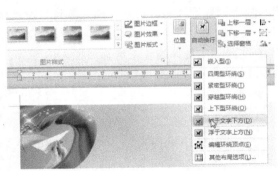

图6-6　设置图片的文字环绕方式　　　　　图6-7　"布局"对话框

6.2.3　设置图片大小

在插入图片时如果图片的大小合适，图片可以显著地提高文档质量，但如果图片的大小不合适，不但不会美化文档，还会使文档变得混乱。

1．利用鼠标调整图片大小

如果文档中对图片的大小要求并不是很精确，可以利用鼠标快速地进行调整。选中图片后，在图片的四周将出现 8 个改变大小的控制点，如果需要调整图片的高度，可以移动鼠标指针到图片上或下边的控制点上，当鼠标变成 ↕ 形状时，向上或向下拖动，即可调整图片的高度；如果需要调整图片的宽度，将鼠标指针移动到图片左或右边的控制点上，当鼠标指针变成 ↔ 形状时，向左或向右拖动，即可调整图片的宽度；如果要整体缩放图片，移动鼠标指针到图片右下角的控制点上，当鼠标变成 ↘ 形状时，拖动即可整体缩放图片。

例如，要对邀请函中的图片进行整体缩放，具体操作步骤如下。

（1）用鼠标单击选中图片。

（2）移动鼠标指针到图片右下角的控制点上，当鼠标变成 ↘ 形状时，按住鼠标左键并向外拖动，此时会出现一个虚线框，表示调整图片后的大小，如图 6-8 所示。当虚线框到达合适位置时松开鼠标左键即可。

2．利用功能区调整大小

在实际操作中如果需要对图片的大小进行精确的调整，可以在"格式"选项卡的"大小"组中进行设置，如图 6-9 所示。在"形状高度"文本框中选择或输入图片的具体高度，在"形状宽度"文本框中选择或输入图片的具体宽度。

图6-8　调整图片大小时的效果　　　　　　图6-9　在功能区设置图片大小

　　用户还可以单击"大小"组右下角的对话框启动器按钮，打开"布局"对话框"大小"选项卡，如图 6-10 所示。在对话框中更改图片的大小有两种方法。一种方法是在"高度"和"宽度"选项区域中直接输入图片的高度和宽度的确切数值。另外一种方法是在"缩放"选项区域中输入高度和宽度相对于原始尺寸的百分比；如果选中"锁定纵横比"复选框，则 Word 2010 将限制所选图片的高与宽的比例，以便高度与宽度相互保持原始的比例。此时如果更改对象的高度，则宽度也会根据相应的比例进行自动调整，反之亦然。

　　如果选中"相对原始图片大小"复选框，则 Word 2010 将根据图片的原始尺寸计算"缩放"选项区域中的百分比，该选项只对图片类的对象有效。

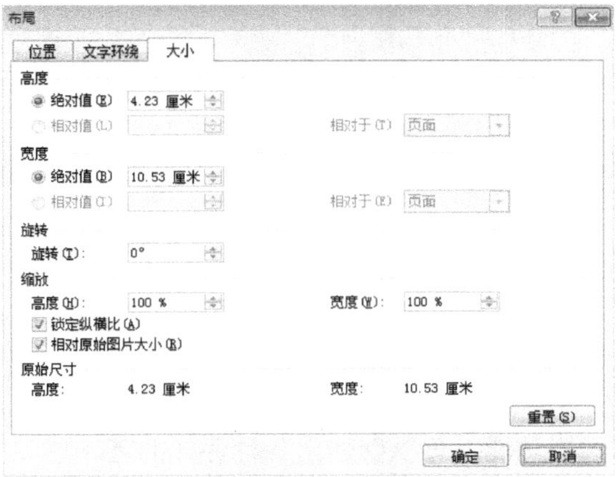

图 6-10　在对话框中设置图片大小

> **提示：** 如果要将图片恢复至原来的大小，可以在"布局"对话框的"大小"选项卡中单击"重置"按钮。

6.2.4　调整图片位置

　　同样，如果插入图片的位置不合适也会使文档的版面显得不美观，可以对图片的位置进行调整。例如，对邀请函中图片的位置进行适当的调整，具体操作步骤如下。

　　（1）单击图片将其选中。

　　（2）将鼠标指针移至图片上，当鼠标指针变成 形状时，按住鼠标左键并拖动，此时会显示出一个虚线框，显示调整图片后的位置。

　　（3）到达合适的位置时松开鼠标左键即可。

6.2.5　裁剪图片

　　在对邀请函中图片的大小和位置调整后发现无论怎样调整，图片和纸张都有些不对称，此时用户可以利用裁剪功能将图片裁去一部分。裁剪图片的具体操作步骤如下。

　　（1）选中邀请函中的图片，在"格式"选项卡中单击"大小"组中的"裁剪"按钮，此时会在图片上显示 8 个尺寸控制点。

　　（2）将鼠标指针移动到图片下面中间的控制点上，按住鼠标左键当鼠标指针变为 形状时拖动，此时显示出一条虚线表示裁剪图片的大小，如图 6-11 所示。

　　（3）拖动图片向内部移动，可以裁剪图片的部分区域，当图片大小合适时松开鼠标左键，被拖过的区域将被裁剪掉。

　　（4）再次单击"裁剪"按钮，结束操作。

提示： 如果要将图片裁剪为精确尺寸，首先选中图片，然后在"格式"选项卡中单击"图片样式"组右下角的对话框启动器按钮，打开"设置图片格式"对话框。在"图片位置"区域的"宽度"和"高度"文本框中输入所需数值，如图 6-12 所示。

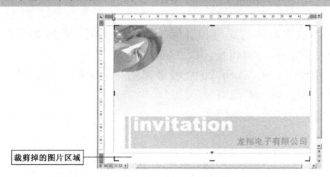

图6-11　裁剪图片　　　　　　　　　　　　图6-12　精确裁剪图片

6.3　制作艺术字

通过对字符的格式设置，可将字符设置为多种字体，但远远不能满足文字处理工作中对字形艺术性的设计需求。使用 Word 2010 提供的艺术字功能，可以创建出各种各样的艺术字效果。

6.3.1　插入艺术字

为了使邀请函更具艺术性，可以在邀请中插入艺术字，具体操作步骤如下。

（1）在"插入"选项卡中单击"文本"组中的"艺术字"下拉按钮，弹出下拉列表框，如图 6-13 所示。

图6-13　"艺术字"下拉列表框

（2）在"艺术字样式"下拉列表框中选择第一行第一列的艺术字样式后，在文档中会出现一个"请在此放置您的文字"文本框，如图 6-14 所示。

（3）在文本框中输入文字"邀请函"，选中输入的文字，切换到"开始"选项卡，然后在"字体"下拉列表框中选择"华文楷体"选项，在"字号"下拉列表框中选择"36"字号选项，插入艺术字的效果如图 6-15 所示。

图6-14　"请在此放置您的文字"文本框　　　　图6-15　在文档中插入艺术字后的效果

6.3.2　调整艺术字位置

可以明显看出，艺术字在产品宣传单中的位置不够理想，因此需要调整它的位置使之符合要求。由于在插入艺术字时同时插入了艺术字文本框，因此调整艺术字文本框的位置即可调整艺术字的位置。

调整艺术字位置的具体操作步骤如下。

（1）在艺术字上单击，则显示出艺术字文本框。

（2）将鼠标指针移动至艺术字文本框边框上，当鼠标指针呈 形状时，按住鼠标左键拖动艺术字文本框。

（3）拖动文本框到达合适位置后，松开鼠标左键，移动艺术字的效果如图 6-16 所示。

图6-16　移动艺术字的效果

> **提示：** 默认情况下，插入的艺术字是"浮于文字上方"的版式，因此用户可以自由移动艺术字的位置。用户可以根据需要调整艺术字的版式，在"格式"选项卡中单击"排列"组中的"自动换行"下拉按钮，在弹出的下拉列表框中选择一种版式即可。

6.3.3　设置艺术字填充颜色和轮廓

在插入艺术字后，用户还可以对插入的艺术字的填充颜色和轮廓进行设置，具体操作步骤如下。

（1）选中艺术字文本框中的艺术字，切换到"格式"选项卡。

（2）单击"艺术字样式"组中的"文本填充"下拉按钮，在弹出的下拉列表框中选择"标准颜色"选项区域的"蓝色"选项，如图 6-17 所示。

（3）单击"艺术字样式"组中的"文本轮廓"下拉按钮，在弹出的下拉列表框中选择"无轮廓"选项，如图 6-18 所示。

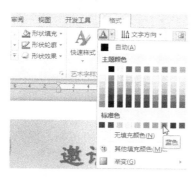

图6-17　设置艺术字填充颜色

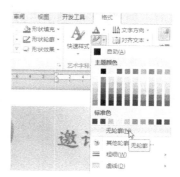

图6-18　设置艺术字轮廓

6.3.4　设置艺术字阴影

为了使艺术字更具有立体感，还可以给艺术字设置阴影效果，具体操作步骤如下。

（1）选中艺术字文本框中的艺术字，切换到"格式"选项卡。

（2）单击"艺术字样式"组中的"文字效果"下拉按钮，在弹出的下拉列表框中选择"阴影"选项，然后在"透视"选项区域选择"左上对角透视"选项，如图 6-19 所示。

（3）单击"艺术字样式"组中的"文字效果"下拉按钮，在弹出的下拉列表框中选择"阴影"→"阴影选项"选项，打开"设置文本效果格式"对话框，如图 6-20 所示。

（4）在"虚化"文本框中选择或输入"0 磅"，在"距离"文本框中选择或输入"30 磅"。

（5）单击"关闭"按钮，设置艺术字的最终效果如图 6-21 所示。

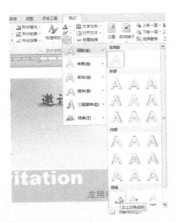
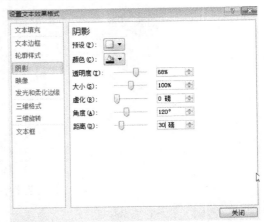

图6-19　设置艺术字阴影效果　　　　图6-20　"设置文本效果格式"对话框

图6-21　设置艺术字的最终效果

6.4　应用文本框

在文档中灵活使用 Word 2010 中的文本框对象，可以将文字和其他各种图形、图片、表格等对象在页面中独立于正文放置并方便地定位。为了在邀请函中能够表达出公司的邀请意图，可以利用文本框在邀请函中输入相关内容。

6.4.1　绘制文本框

根据文本框中文本的排列方向，可将文本框分为横排和竖排两种。这里在邀请函中绘制一个横排文本框，具体操作步骤如下。

（1）在"插入"选项卡中单击"文本"组中的"文本框"下拉按钮，在弹出的下拉列表框中选择"绘制文本框"选项，鼠标变成 ✛ 形状。

（2）按住鼠标左键拖动，绘制出一个大小合适的文本框，如图 6-22 所示。

6.4.2　在文本框中输入文本

在文本框中输入文本时，文本在到达文本框右边的框线时会自动换行；还可以对输入到文本框中的内容进行编辑，如改变字体、字号大小等。

在文本框中输入文本的具体操作步骤如下。

（1）将鼠标指针定位在文本框中，在文本框中输入相应的文本。输入的文本默认的字体为宋体，字号为五号，效果如图 6-23 所示。

图 6-22　绘制出的文本框　　　　图 6-23　在文本框中输入文本

（2）选中输入文本的第一段，切换到"开始"选项卡，在"字体"组中单击"字体"下拉按钮，在弹出的下拉列表框中选择"黑体"选项。

（3）选中输入文本的第二段，切换到"开始"选项卡，在"字体"组中单击"字号"下拉按钮，在弹出的下拉列表框中选择"小五"选项。

（4）选中输入文本的最后两段，切换到"开始"选项卡，在"字体"组中单击"字体"下拉按钮，在弹出的下拉列表中选择"黑体"选项。

（5）将鼠标指针定位在文本的第二段，切换到"页面布局"选项卡，在"段落"组中的"段前间距"文本框中选择或输入"1.5 行"，在"段后间距"文本框中选择或输入"1.5 行"。设置文本格式的文本框效果如图 6-24 所示。

图 6-24　设置文本格式后的文本框效果

6.4.3 设置文本框

默认情况下，绘制的文本框带有边线，并且有白色的填充颜色。边线和填充颜色影响了邀请函的版面美观，可以将文本框的线条颜色和填充颜色设置为"无颜色"，使文本框具有透明效果，从而不影响整个版面的美观。

设置文本框的具体操作步骤如下。

（1）在文本框的边线上单击，选中文本框，切换到"格式"选项卡，单击"形状样式"组中的"形状填充"下拉按钮，在弹出的下拉列表框中选择"无填充颜色"选项，如图 6-25 所示。

（2）单击"形状样式"组中的"形状轮廓"下拉按钮，在弹出的下拉列表框中选择"无轮廓"选项，如图 6-26 所示。

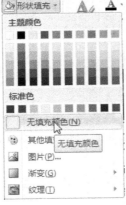 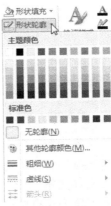

图6-25 "形状填充"下拉列表框　　　　图6-26 "形状轮廓"下拉列表框

（3）将鼠标指针移动至文本框边框上，当鼠标指针呈 形状时，按住鼠标左键拖动文本框。

（4）文本框到达合适位置后，松开鼠标左键。返回到文档中，在文本框的区域之外单击，文本框的虚线会立即消失。设置文本框格式后的效果如图 6-27 所示。

图6-27 设置无线条和填充颜色的文本框效果

6.5 自选图形

利用 Word 2010 的绘图功能可以很轻松、快速地绘制各种外观专业、效果生动的图形。对于绘制出来的图形还可以调整其大小，进行旋转、翻转、添加颜色等，也可以将绘制的图形与其他图形组合，制作出各种更复杂的图形。

6.5.1　绘制自选图形

如果要绘制直线、箭头、矩形、椭圆等简单的图形，只需单击"绘图"工具栏中的对应按钮，然后在要绘制图形的开始位置按住鼠标左键，并拖动到目的位置松开鼠标左键即可。

这里为邀请函绘制一个心形表示邀请方的诚意，具体操作步骤如下。

（1）在"插入"选项卡中单击"插图"组中的"形状"下拉按钮，弹出下拉列表框，如图 6-28 所示。

（2）在下拉列表框的"基本形状"选项区域选项"心形"选项，此时鼠标指针变为 十 字形状，在文档中拖动鼠标，即可绘制出心形图形，如图 6-28 所示。

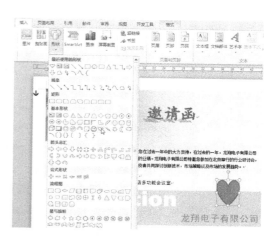

图6-28　绘制的"心形"图形

6.5.2　调整自选图形

在自选图形的四周一共有 9 个控制点，8 个白色的控制点是用来调整图像的大小，一个绿色的控制点是用来旋转图形的。调整心形自选图形的具体操作步骤如下。

（1）单击心形图形，选中该图形。

（2）将鼠标指针移动到右下角的控制点上，当鼠标指针变成 🖎 形状时，向里或向外拖动，即可整体缩放自选图形的大小。拖动时有一个虚线框表示调整自选图形后的大小，当拖动到合适大小时松开鼠标左键即可。

（3）将鼠标指针指向要移动的图形，当鼠标指针变为 ⊹ 形状时，按住鼠标左键，此时鼠标指针变为 ✛ 形状，拖动图形到达目标位置松开鼠标左键即可。

（4）按住【Ctrl】键，按住键盘上的方向键可以对心形图形的位置进行微调，调整位置后的效果如图 6-29 所示。

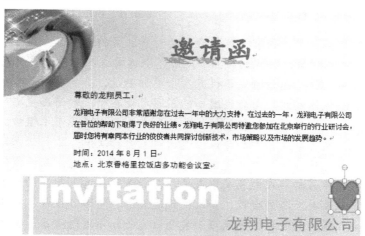

图 6-29　调整自选图形的效果

6.5.3　设置自选图形效果

在文档中绘制图形对象后，可以为自选图形设置一些特殊的效果来修饰图形。例如，可以改变图形对象的线型、改变图形对象的填充颜色。

为绘制的心形自选图形设置填充效果，具体操作步骤如下。

（1）选中自选图形。

（2）切换到"格式"选项卡，单击"形状样式"组中的"形状轮廓"下拉按钮，在弹出的下拉列表中选择"无轮廓"选项。

（3）单击"形状样式"组中的"形状填充"下拉按钮，在弹出的下拉列表框中选择"渐变"→"其他渐变"选项，打开"设置形状格式"对话框，如图 6-30 所示。

（4）选择左侧的"填充"选项，在右侧的"填充"选项区域选中"渐变填充"单选按钮，在"类型"列表框中选择"射线"选项，在"方向"下拉列表框中选择"中心辐射"选项。

（5）在"渐变光圈"上选中第一个渐变光圈，在"颜色"下拉列表框中选择"红色"选项，位置设置为"0%"，亮度设置为"0%"，"透明度"设置为"0%"。

（6）在"渐变光圈"上选中其他的渐变光圈，然后设置位置为"100%"，颜色为"白色，背景 1"。

（7）单击"关闭"按钮，则设置心形图形的效果如图 6-31 所示。

图6-30　"设置形状格式"对话框　　　　图6-31　设置自选图形填充后的效果

技巧：会议邀请函的基本内容应包括会议的背景、目的和名称；主办单位和组织机构；会议内容和形式；参加对象；会议的时间和地点、联络方式及其他需要说明的事项。

会议邀请函是专门用于邀请特定单位或人士参加会议，具有礼仪和告知双重作用的会议文书。邀请函用于会议活动时，与会议通知的不同之处在于：邀请函主要用于横向性的会议活动，发送对象是不受本机关职权所制约的单位和个人，也不属于本组织的成员，一般不具有法定的参会权利或义务，是否参加会议由邀请对象自行决定。举行学术研讨会、咨询论证会、技术鉴定会、贸易洽谈会、产品发布会等，以发邀请函为宜。而会议通知则用于具有纵向关系（即主办方与参会者存在隶属关系或工作上的管理关系）性质的会议，或者与会者本身具有参会的法定权利和义务的会议，如人民代表大会、董事会议等。对于这些会议的参会对象来说，参加会议是一种责任，因此可以发会议通知，不用邀请函。学术性团体举行年会或专题研讨会时，要区别成员与非成员。对于团体成员应当发会议通知，而邀请非团体成员参加则应当用邀请函。

举一反三　制作授权委托书

由于受公司业务范围的限制或者其他因素的影响，公司中一些重大事项需要委托某单位或者个人在其授权范围内行使某种职能，如委托诉讼、法人授权委托等。这里为公司制作一个诉讼授权委托书，效果如图 6-32 所示。

授权委托书

委托单位：龙翔电子有限公司

法定代表人：赵龙

被委托人：姓名：王明

工作单位：恒大律师事务所

职务：律师

现委托王明律师在我公司与民众污水处理有限公司因买卖合同未按期履行的纠纷案中作为我方诉讼代理人。代理权为特别授权，权限范围包括：

变更、放弃、承认诉讼请求；代为上诉，代为调解、和解，代领法律文书，代领回款。

委托单位：龙翔电子有限公司 （盖章）

法定代表人：赵龙　（签名或盖章）

图 6-32　授权委托书

在制作授权委托书之前先打开"案例与素材\第 6 章素材"文件夹中的"授权委托书（初始）"文档。制作授权委托书的具体操作步骤如下。

（1）在"插入"选项卡中单击"插图"组中的"形状"下拉按钮，弹出下拉列表框。

（2）在"基本形状"选项区域中选择"椭圆"选项，此时鼠标指针变为 十 字形状，按住【Shift】键，在文档中绘制一个适当大小的圆形。

（3）切换到"格式"选项卡，单击"形状样式"组中的"形状填充"下拉按钮，在弹出的下拉列表框中选择"无填充颜色"选项。

（4）单击"形状样式"组中的"形状轮廓"下拉按钮，在弹出的下拉列表框中的"标准色"选项区域选择"红色"选项，在"形状轮廓"下拉列表框中选择"粗细"→"3 磅"选项。绘制的圆形效果如图 6-33 所示。

（5）在"插入"选项卡中单击"文本"组中的"艺术字"下拉按钮，在弹出的下拉列表框中选择第一行第一列的艺术字样式后，在文档中会出现一个"请在此放置您的文字"文本框。

（6）在文本框中输入文字"龙翔电子有限公司"，选中输入的文字，切换到"开始"选项卡，然后在"字体"下拉列表框中选择"宋体"选项，在"字号"下拉列表框中选择"一号"字号选项。

（7）选中艺术字文本框中的艺术字，切换到"格式"选项卡，单击"艺术字样式"组中的"文本填充"下拉按钮，在弹出的下拉列表框中选择"标准颜色"选项区域的"红色"

选项。

（8）单击"艺术字样式"组中"文本轮廓"下拉按钮，在弹出的下拉列表框中选择"无轮廓"选项，插入艺术字的效果如图 6-34 所示。

图6-33　绘制的圆形　　　　　　　　　　　　　　　图6-34　插入的艺术字

（9）单击"艺术字样式"组中的"文字效果"下拉按钮，在弹出的下拉列表框中选择"转换"选项，然后在"跟随路径"选项区域选择"上弯弧"选项，如图 6-35 所示。

（10）拖动艺术字上的圆形控制点，把艺术字调整为圆弧形，拖动艺术字左边的黄色菱形控制点，调整艺术字环绕的弧度，然后将艺术字拖到圆形中，效果如图 6-36 所示。

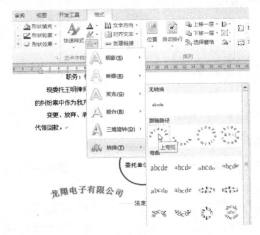

图6-35　设置艺术字上弯弧效果　　　　　　　　　　图6-36　调整艺术字弧度的效果

（11）在"插入"选项卡中单击"插图"组中的"形状"下拉按钮，在弹出的下拉列表框的"星与旗帜"选项区域中选择"五角星"选项，然后在文档中绘制一个适当大小的五角星。

（12）切换到"格式"选项卡，单击"形状样式"组中的"形状填充"下拉按钮，在弹出的下拉列表框中的"标准色"选项区域选择"红色"选项。

（13）单击"形状样式"组中的"形状轮廓"下拉按钮，在弹出的下拉列表框中的"标准色"选项区域选择"红色"选项。

（14）用鼠标拖动，适当调整五角星的位置，使其位于圆形的中心。

（15）按住【Shift】键，依次单击选中圆形、艺术字及五角星。

（16）切换到"格式"选项卡，在"排列"组中单击"组合"下拉按钮，在弹出的下拉列表框中选择"组合"选项，如图 6-37 所示。

（17）选中组合的图形，将其拖动到合适的位置。

（18）将鼠标指针指向绿色的旋转控制点附近，当鼠标指针变成 ⟳ 形状时，按住鼠标左键拖动旋转控制点，使图章旋转一定的角度，这样图章效果更接近真实，最终效果如图 6-38 所示。

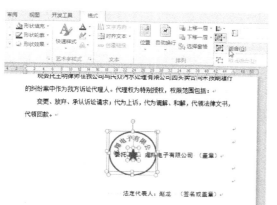

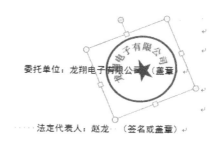

图 6-37　组合图形　　　　　　　　　　　　图 6-38　旋转图形的效果

技巧：当一个法人或一个自然人参与仲裁，而法人的法定代表人或自然人本人不能亲自处理仲裁程序中的一些事务时，就需要委托他人代理自己来处理这些事务。授权委托书格式方面，没有固定的要求，但起码应具备下述内容：①委托人的名称或姓名，法定代表人的姓名；②被委托人的姓名、职位、工作单位；③授权的范围；④授权的时间；⑤签发授权委托书的时间。

授权范围是授权委托书中最重要的部分。一般来说，授权范围分为两种，一般授权和特别授权。一般授权指的是代理人仅有代本人处理一般性事务的权利，在仲裁中即指提交、接收仲裁文书，进行调查，出庭辩论等，但不得代当事人行使重要的程序性权利和进行实体处分，如选择仲裁员，选择适用的程序，承认、放弃、变更仲裁请求等。特别授权指是否授予及授予何种重要的程序性权利和实体处分权利。当事人可以综合考虑各种情况，决定向代理人进行何种授权。代理人如果有当事人的全部授权，即我们通常所说的"全权代理"，就可以在仲裁程序中便宜行事，尤其是在调解的时候，不必时时请示法定代表人，各个文件上都要盖公司的公章等，能够比较快速地推进仲裁。但如果事关重大，不希望代理人有很大的处分权，当事人就可以只授予一般的代理权。

回头看

通过案例"会议邀请函"及举一反三"授权委托书"的制作过程，主要学习了如何在文档中添加图片作为文档的背景，使用艺术字使呆板的文字变得生动活泼，使用文本框插入成段的文字，自己绘制图形美化文档。实际上 Word 2010 的图文混排的功能是非常强大的，在实际的应用中还有着更多的变化，可以做出更精美的版面效果。至于还能实现什么样的版式效果，便需要读者自己去挖掘和创造了。

知识拓展

1. 插入剪贴画

Word 2010 提供了一个功能强大的剪辑管理器，在剪辑管理器中的 **Office** 收藏集中收藏了多种系统自带的剪贴画，使用这些剪贴画可以活跃文档。收藏集中的剪贴画是以主题为单位进行组织的。例如，想使用 Word 2010 提供的与"自然"有关的剪贴画时，可以选择"自然"主题。

在文档中插入剪贴画的具体操作方法如下。

（1）将鼠标指针定位在要插入剪贴画的位置。

（2）在"插入"选项卡中单击"插图"组中的"剪贴画"按钮，打开"剪贴画"任务窗格。

（3）在"剪贴画"任务窗格"搜索文字"文本框中输入要插入剪贴画的主题，如输入"人物"。在"结果类型"下拉列表框中选择所要搜索的剪贴画的媒体类型。单击"搜索"按钮，如图 6-39 所示。

（4）选择需要的剪贴画，即可将其插入到文档中。

2．向自选图形中添加文字

在各类自选图形中，除了直线、箭头等线条图形外，其他的所有图形都允许向其中添加文字。有的自选图形在绘制好后可以直接添加文字，如绘制的标注等。有些图形在绘制好后则不能直接添加文字，在自选图形上右击，然后在弹出的快捷菜单中执行"添加文字"命令，即可向自选图形中添加文字。

图6-39　插入剪贴画

3．设置图片样式

在 Word 2010 中加强了对图片的处理功能，在插入图片后用户还可以设置图片的样式和图片效果。设置图片样式和图片效果的基本操作方法如下。

（1）选中要设置样式的图片，在"格式"选项卡中单击"图片样式"组中的"图片样式"下拉按钮，弹出下拉列表框，如图 6-40 所示。

（2）下拉在列表框中选择一种样式，如选择"金属椭圆"选项，则图片的样式变为如图 6-41 所示的效果。

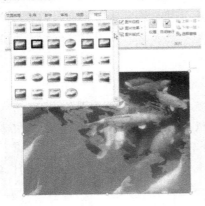

图6-40　图片外观样式下拉列表框

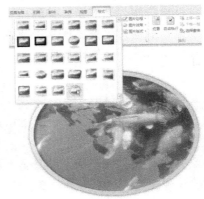

图6-41　设置图片样式的效果

（3）在"格式"选项卡中单击"图片样式"组中的"图片边框"下拉按钮，在弹出的下拉列表框中，用户可以选择图片的边框。

（4）在"格式"选项卡中单击"图片样式"组中的"图片效果"下拉按钮，在弹出的下拉列表框中，用户可以选择图片的效果。例如，选择图片效果中的"映像"→"全映像接触"选项，则图片的效果如图 6-42 所示。

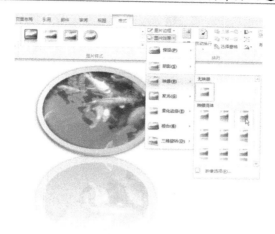

图6-42　设置图片映像的效果

习题6

填空题

1．Word 2010 提供了多种预定义的纸张，系统默认的是_____纸，用户可以根据自己的需要选择纸张大小，还可以自定义纸张的大小。

2．页边距是_____边缘之间的距离，在页边距中存在_____、_____和_____等图形或文字，为文档设置合适的页边距可以使打印出的文档美观。

3．在"页面布局"选项卡中单击"页面设置"组右下角的对话框启动器按钮，打开"_____"对话框。

4．根据文本框中文本的排列方向，可将文本框分为_____文本框和_____文本框两种。

5．在"_____"选项卡中单击"插图"组中的"图片"按钮，打开"插入图片"对话框。

6．在"格式"选项卡中单击"_____"组中的"_____"下拉按钮，在弹出的下拉列表框中可以设置艺术字的文字环绕方式。

选择题

1．在"绘图"工具栏中单击"椭圆"按钮，此时按住【_____】键可以绘出正圆图形。

　　（A）Ctrl　　　　　　　（B）Shift　　　　　　（C）Alt　　　　　　　（D）Tab

2．在默认情况下，图片是_____环绕方式插入的。

　　（A）四周环绕型　　　（B）嵌入型　　　　　（C）浮于文字上方　　（D）上下型环绕

3．选中图形或者图片后，会出现_____个控制点。

　　（A）9个　　　　　　　（B）8个　　　　　　　（C）7个　　　　　　　（D）6

4．在"格式"选项卡中单击"_____"组中的"自动换行"下拉按钮，在弹出的下拉列表框中可以设置图片的文字环绕方式 。

　　（A）排列　　　　　　　（B）文字环绕　　　　（C）位置　　　　　　（D）布局选项

5．关于插入艺术字，下列说法正确的是_____。

　　（A）在插入艺术字时用户可以选择插入艺术字的样式

　　（B）选择艺术字样式后，就不必再设置插入艺术字的字体及字号

（C）插入艺术字后，用户还可以重新对艺术字的文本轮廓进行设置

（D）插入艺术字后，用户还可以重新对艺术字的文本填充效果进行设置

6．关于设置图片大小，下列说法正确的是________。

（A）用户可以利用鼠标拖动调整图片大小

（B）用户可以等比例缩放图片

（C）用户可以在“格式”选项卡的“大小”组中直接设定图片的大小

（D）用户还可以对插入的图片进行旋转

操作题

打开“案例与素材\第 6 章素材”文件夹中的“微生物与人类健康（初始）”文档，按下述要求完成全部操作，结果如图 6-43 所示。

1．页面设置

- 页边距：上、下各 3.5 厘米；左、右各 3.0 厘米。
- 纸型：16 开。

2．格式设置

- 文字：正文字体：楷体，字号：小四号字。
- 段落：正文各段首行缩进：2 字符，间距：段前 0.5 倍行距。

3．插入设置

- 图片：在文档标题行中插入素材中的图片“显微镜.jpg”；设置图片的文字环绕方式为“嵌入型”；对齐方式为“右对齐”；适当调整图片大小。
- 艺术字：将标题替换为艺术字，艺术字样式为第三行第二列的样式；设置艺术字的字体为“黑体”，字号为“一号”；设置艺术字文本填充效果为“红色 强调文字颜色 2”；文本轮廓为“无轮廓”；文字效果为“棱台”中的“硬边缘”；文字效果为“阴影”中的“左上对角透视”；文字效果为“转换”中的“左近右远”。

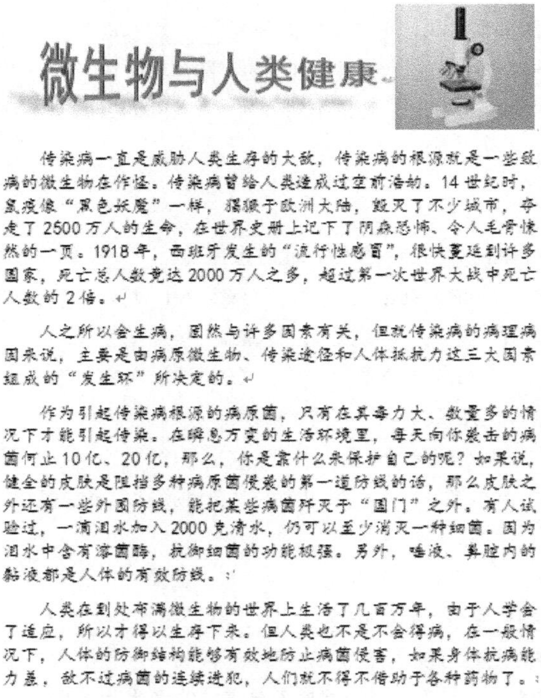
微生物与人类健康

传染病一直是威胁人类生存的大敌，传染病的根源就是一些致病的微生物在作怪。传染病曾给人类造成过空前浩劫。14 世纪时，鼠疫像“黑色妖魔”一样，猖獗于欧洲大陆，毁灭了不少城市，夺走了 2500 万人的生命，在世界史册上记下了阴森恐怖、令人毛骨悚然的一页。1918 年，西班牙发生的“流行性感冒”，很快蔓延到许多国家，死亡总人数竟达 2000 万人之多，超过第一次世界大战中死亡人数的 2 倍。

人之所以会生病，固然与许多因素有关，但就传染病的病理病因来说，主要是由病原微生物、传染途径和人体抵抗力这三大因素组成的“发生环”所决定的。

作为引起传染病根源的病原菌，只有在其毒力大、数量多的情况下才能引起传染。在瞬息万变的生活环境里，每天向你袭击的病菌何止 10 亿、20 亿，那么，你是靠什么来保护自己的呢？如果说，健全的皮肤是阻挡多种病原菌侵袭的第一道防线的话，那么皮肤之外还有一些外围防线，能把某些病菌歼灭于“国门”之外。有人试验过，一滴泪水加入 2000 克清水，仍可以至少消灭一种细菌。因为泪水中含有溶菌酶，抗御细菌的功能极强。另外，唾液、鼻腔内的黏液都是人体的有效防线。

人类在到处布满微生物的世界上生活了几百万年，由于人学会了适应，所以才得以生存下来。但人类也不是不会得病，在一般情况下，人体的防御结构能够有效地防止病菌侵害，如果身体抗病能力差，敌不过病菌的连续进犯，人们就不得不借助于各种药物了。

图 6-43 微生物与人类健康

第 7 章　Word 2010 高级编排技术
——制作项目评估报告和可行性研究报告

Word 2010 提供了一些高级的文档编辑和排版技术，如可以应用样式快速格式化文档，对文档中的文本进行注释等，这些编辑功能和排版技术为文字处理提供了强大的支持。

 知识要点

- 应用样式
- 为文档添加注释
- 插入题注
- 制作文档目录
- 查找与替换

任务描述

一般情况下，公司在启动一个大的项目之前，会请一些行业权威专家对项目进行专业的评估，下面是一份房地产开发贷款项目评估报告。报告通过对借款人、项目、市场、筹资、财务、贷款风险的评价，得出项目投资计划可行，财务评价符合贷款要求的结论。由于该项目评估报告版面编排比较乱，这里利用 Word 2010 提供的高级编排技术对该报告的版面进行编排，使项目评估报告的版面更加整洁清晰，让阅读能够一目了然，如图 7-1 所示。

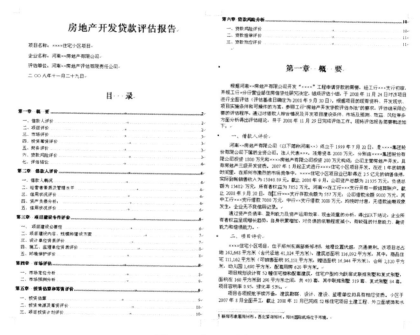

图7-1　项目评估报告

 案例分析

完成项目评估报告的制作要使用样式、创建样式、修改样式、插入尾注、插入题注、添加交叉引用、提取目录、查找和替换文本等功能。

本章所涉及案例的素材和最终效果文件请登录华信教育资源网下载，相关内容在下载后的"案例与素材\第 7 章素材"和"案例与素材\第 7 章案例效果"文件夹中。

7.1 应用样式

样式是指一组已经命名的字符样式或者段落样式。每个样式都有唯一确定的名称，用户可以将一种样式应用于一个段落，或段落中选中的部分字符之上，能够快速地完成段落或字符的格式编排，而不必逐个选择各种样式指令。

7.1.1 使用样式

Word 2010 中的样式分为字符样式和段落样式。

（1）字符样式是指用样式名称来标识字符格式的组合。字符样式只作用于段落中选中的字符，如果要突出段落中的部分字符，可以定义和使用字符样式。字符样式只包含字体、字形、字号、字符颜色等字符格式的信息。

（2）段落样式是指用某一个样式名称保存的一套段落格式，一旦创建了某个段落样式，就可以为文档中的一个或几个段落应用该样式。段落样式包括段落格式、制表符、边框、图文框、编号、字符格式等信息。

1. 利用样式列表框使用样式

Word 2010 的样式列表框提供了方便使用样式的用户界面。在项目评估报告中使用样式，具体操作步骤如下。

（1）打开项目评估报告文档，选中要应用样式的段落"第一章　概要"。

（2）在"开始"选项卡中单击"样式"组中的样式列表框，在样式列表框中选择"标题 1"选项，选中的段落被应用了该样式，如图 7-2 所示。

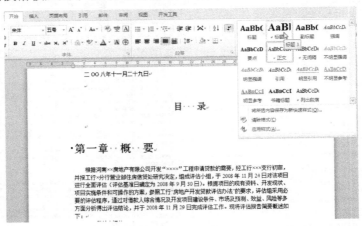

图 7-2　选中的段落应用"标题 1"样式

2. 利用"样式"任务窗格使用样式

在 Word 2010 中用户还可以利用"样式"任务窗格来应用样式，具体操作步骤如下。

（1）在文档中选中要应用样式的段落，这里选中"第二章　借款人评价"。

（2）单击"样式"组右下角的对话框启动器按钮，打开"样式"任务窗格，如图 7-3 所示。

（3）在"样式"列表框中选择"标题 1"选项即可。

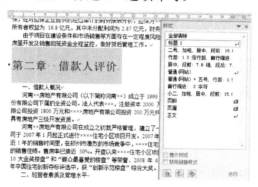

图 7-3　"样式"任务窗格

按照相同的方法为项目评估报告中"第三章"、"第四章"、"第五章"、"第六章"所在的段落应用"标题 1"样式。

7.1.2　创建样式

Word 2010 提供了许多常用的样式，如正文、脚注、各级标题、索引、目录等。对于一般的文档来说，这些内置样式就能够满足工作需要，但在编辑一篇复杂的文档时，这些内置的样式往往不能满足用户的要求，用户可以自己定义新的样式来满足特殊排版格式的需要。

例如，在项目评估报告中创建一个"小标题"的新样式，具体操作步骤如下。

（1）在"开始"选项卡中单击"样式"组中右下角的对话框启动器按钮，打开"样式"任务窗格，在任务窗格中底端单击"新建样式"按钮，打开"根据格式设置创建新样式"对话框，如图 7-4 所示。

（2）在"属性"选项区域的"名称"文本框中输入"小标题"；在"样式类型"的下拉列表框中选择"段落"选项；在"样式基准"下拉列表框中选择"标题 2"选项；在"后续段落样式"下拉列表框中选择"正文"选项。

（3）在"格式"选项区域的"字体"下拉列表框中选择"楷体"选项，在"字号"下拉列表框中选择"小四"选项，单击"加粗"按钮，取消加粗状态。

（4）单击"格式"下拉按钮，在弹出的下拉列表框中选择"段落"选项，打开"段落"对话框，如图 7-5 所示。

图7-4　"根据格式设置创建新样式"对话框

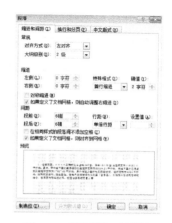

图7-5　"段落"对话框

（5）在"常规"选项区域的"对齐方式"下拉列表框中选择"左对齐"选项，在"间距"选项区域的"段前"文本框中选择或输入"6磅"，在"段后"文本框中选择或输入"6磅"，在"行距"下拉列表框中选择"单倍行距"。

（6）单击"确定"按钮，返回到"根据格式设置创建新样式"对话框。

（7）如果选中"添加到快速样式列表"复选框，则可将创建的样式添加到样式列表框中。单击"确定"按钮，新创建的样式便出现在"样式"任务窗格中。

（8）选中"一、借款人评价"段落，然后在"样式"任务窗格中选择新创建的"小标题"样式，应用"小标题"样式后的效果如图 7-6 所示。

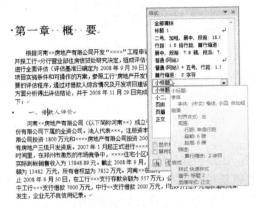

图 7-6　应用新创建的样式

按照相同的方法为"第一章"、"第二章"、"第三章"、"第四章"、"第五章"、"第六章"中的所有小条款应用小标题样式。

提示： 所谓基准样式，就是新建样式在其基础上进行修改的样式，后继段落样式就是应用该段落样式后面的段落默认的样式。

7.1.3　修改样式

如果对已有样式不满意还可以对其进行修改，对于内置样式和自定义样式都可以进行修改，修改样式后，Word 2010 会自动使文档中使用这一样式的文本格式都进行相应的改变。这里对项目评估报告中的样式"标题 1"进行修改，具体操作步骤如下。

（1）将鼠标指针定位在应用样式"标题 1"的段落中。

（2）在"开始"选项卡中，单击"样式"组中的样式列表框右侧的下拉按钮，弹出"样式"下拉列表框。在"样式"下拉列表框中显示该段落应用的样式为"标题 1"。

（3）在样式"标题 1"上右击，弹出快捷菜单，如图 7-7 所示。

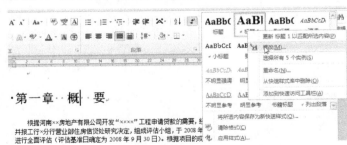

图 7-7　修改样式

（4）执行“修改”命令，打开“修改样式”对话框，如图 7-8 所示。

（5）在“格式”选项区域中单击“居中”按钮，在“字号”下拉列表框中选择“小二”字号，选中“自动更新”复选框。

（6）单击“确定”按钮，修改样式后的效果如图 7-9 所示。

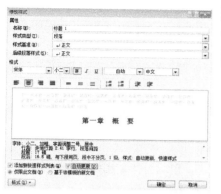

图7-8　“修改样式”对话框

第一章 概 要

根据河南××房地产有限公司开发“××××”工程申请贷款的需要，经工行×××支行初审，并报工行×分行营业部住房信贷处研究决定，组成评估小组，于 2008 年 11 月 24 日对该项目进行全面评估（评估基准日确定为 2008 年 9 月 30 日）。根据项目的现有资料、开发现状、项目实施条件和可操作的方案，参照工行“房地产开发贷款评估办法”的要求，评估组采用必要的评估程序，通过对借款人综合情况及开发项目建设条件、市场及预测、效益、风险等多方面分析得出评估结论，并于 2008 年 11 月 29 日完成评估工作。现将评估报告简要概述如下：

图7-9　修改样式后的效果

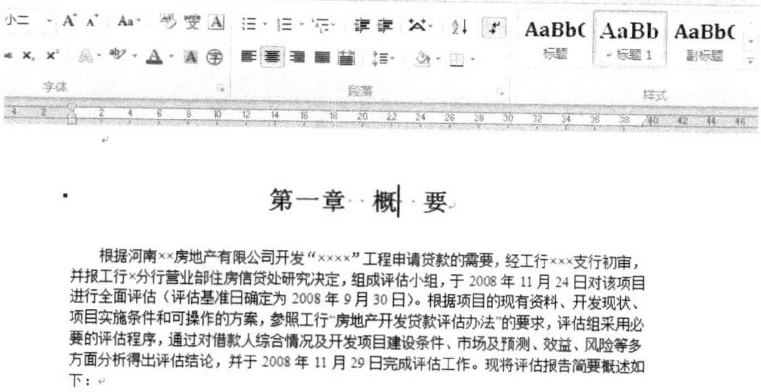

7.2　为文档添加注释

注释是对文档中个别术语的进一步说明，以便在不打断文章连续性的前提下把问题描述得更清楚。注释由两部分组成：注释标记和注释正文。注释一般分为脚注和尾注，一般情况下脚注出现在每页的末尾，尾注出现在文档的末尾。

7.2.1　插入脚注和尾注

在 Word 2010 中可以很方便地为文档添加脚注和尾注。这里为项目评估报告中的“新郑市”插入脚注，具体操作步骤如下。

（1）查找第一个出现的“新郑市”文本，并将插入点定位在文本“新郑市”的后面。

（2）在“引用”选项卡中单击“脚注”组中的“插入脚注”按钮，即可在插入点处插入注释标记，鼠标指针自动跳转至脚注编辑区，在编辑区输入脚注的内容“新郑市隶属郑州市，西北紧邻郑州，郑州国际机场位于市境。”，编辑脚注的效果如图 7-10 所示。

五、财务评价

经过评估测算，该项目的各项盈利能力指标测算结果如下：（详见评估主表 4 项目财务现金流量表）

1、项目建成后将实现净利润 4108.17 万元；

2、内部投资收益率：按全部投资计为 26.77%；

3、财务净现值（还原利率 10%）：按全部投资计为 3341.04 万元；

4、动态投资回收期(还原利率 10%)：按全部投资计为 2.03 年；

由以上可以看出，该项目内部投资收益率均大于设定的基准收益率（设定的基准收益率为 10%），财务净现值大于零，说明该项目在计算期内按×行财务评价标准可行。

新郑市隶属郑州市，西北紧邻郑州，郑州国际机场位于市境。

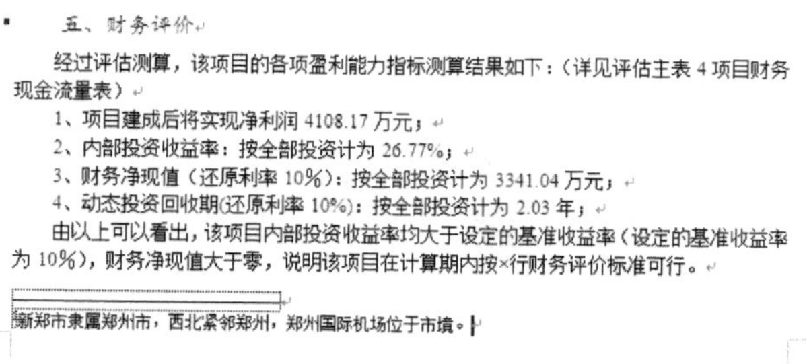

图7-10　插入脚注的效果

7.2.2　查看和修改脚注或尾注

如果要查看脚注或尾注，只要把鼠标指针指向要查看的脚注或尾注的注释标记，页面中将出现一个文本框显示注释文本的内容，如图 7-11 所示。

修改脚注或尾注的注释文本需要在脚注或尾注区进行，在"引用"选项卡中单击"脚注"组中的"显示备注"按钮，打开"显示备注"对话框，如图 7-12 所示。选择是查看脚注还是尾注，即会显示当前鼠标指针所在位置以下的第一个脚注或尾注。然后单击"下一条脚注"下拉按钮，在弹出的下拉列表框中可以选择查看上一条脚注或尾注或是下一条脚注或尾注。鼠标指针将自动进入相应的脚注或尾注区，然后就可以进行修改了。

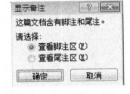

图7-11　显示脚注提示　　　　　　　　图7-12　"查看脚注"对话框

提示： 如果文档中只包含脚注或尾注，在"引用"选项卡中单击"脚注"组的"显示备注"按钮后，即可直接进入脚注区或尾注区。

7.2.3　删除脚注或尾注

删除脚注或尾注只要选中需要删除的脚注或尾注的注释标记，然后按【Delete】键即可，此时脚注或尾注区域的注释文本同时被删除。进行移动或删除操作后，Word 2010 都会自动重新调整脚注或尾注的编号。例如，删除了编号为 1 的脚注，无须手动调整编号，Word 2010 会自动将后面的所有脚注的编号前移一位。

7.3　添加题注和交叉引用

题注是添加到表格、图表、公式或其他项目上的编号标签，如"图表 1"、"图 1"等。当用户在文档中插入表格、图表或其他项目时可以利用题注对其添加标注。交叉引用则是对文档其他内容的引用，如"请参阅表 1"，可以利用标题、脚注、书签、题注等创建交叉引用。

7.3.1　插入题注

在制作长文档时，可能会经常遇到需要向文档中插入大量的图片、表格等对象，而手动为这些对象添加题注不但麻烦，而且不利于题注的引用，此时可以利用 Word 2010 的插入题注的功能。为项目评估报告中的表格自动添加题注的具体操作步骤如下。

（1）选中正文中出现的第一个表格，在"引用"选项卡中单击"题注"组中的"插入题注"按钮，打开"题注"对话框，如图 7-13 所示。系统只提供了几种类型的题注标签，可以在"标签"下拉列表框中选择合适的题注。

（2）如果没有合适的题注，单击"新建标签"按钮，打开"新建标签"对话框，如图 7-14 所示。在"标签"文本框中输入"表"，单击"确定"按钮。

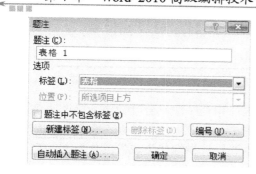

图7-13　"题注"对话框

图7-14　"新建标签"对话框

（3）创建了新的标签后，在"标签"下拉列表框中选择"表"选项，在"位置"下拉列表框中选择题注相对于项目的位置，一般用户习惯于题注在项目的下方，所以选择"所选项目的下方"选项。

（4）单击"确定"按钮，关闭对话框，系统自动给文档中选中的表格添加题注。选中添加的题注，单击功能区中的"居中"按钮，添加题注后的效果如图 7-15 所示。

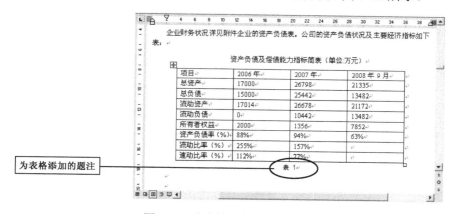

图 7-15　为表格添加题注的效果

用同样的方法为正文中其余 4 个表格添加题注。

使用手工创建题注，用户需要对每一个需要添加题注的图片、表格等项目逐一添加。Word 2010 还提供了自动插入题注的功能，用户首先设置题注的格式和样式，然后 Word 2010 会按照要求自动添加题注，具体操作步骤如下。

图7-16　"自动插入题注"对话框

（1）在"引用"选项卡中单击"题注"组中的"插入题注"按钮，打开"题注"对话框。

（2）在对话框中单击"自动插入题注"按钮，打开"自动插入题注"对话框，如图 7-16 所示。

（3）在"插入时添加题注"列表框中选择希望自动添加题注的项目类型，如选择"Microsoft Word 表格"。

（4）在"选项"选项区域对要自动添加的题注进行设置，"使用标签"设置为"表"，"位置"设置为"项目下方"。

（5）单击"确定"按钮，这样以后在文档中插入表格时，Word 2010 都会自动为它添加题注。

7.3.2　添加交叉引用

在文档的组织过程中，为了保持文档的条理性和有序性，有时会在文中的不同地方引用文档中其他位置的内容，在 Word 2010 中可以通过使用交叉引用的功能来实现这种引用。

在项目评估报告"公司的资产负债状况及主要经济指标如下表"的位置添加交叉引用，具体操作步骤如下。

（1）选中要创建交叉引用的内容"下表"，如图 7-17 所示。

（2）在"引用"选项卡中单击"题注"组中的"交叉引用"按钮，打开"交叉引用"对话框，如图 7-18 所示。

图7-17　选中要进行交叉引用的内容　　　　图7-18　"交叉引用"对话框

（3）在"引用类型"下拉列表框中选择"表"选项；在"引用内容"下拉列表框中选择"整项题注"选项；在"引用哪一个题注"列表框中选择"表 1"选项；选中"插入为超链接"复选框。

（4）单击"插入"按钮，Word 2010 即可在指定的位置插入交叉引用。

（5）单击"关闭"按钮，关闭"交叉引用"对话框。

将鼠标指针移至插入交叉引用的位置，将会出现如图 7-19 所示的屏幕提示。如果按住【Ctrl】键，然后将鼠标指针移到插入的交叉引用内容的位置，鼠标指针会变成小手形状，此时单击，Word 2010 可自动定位到被引用的项目所在位置。

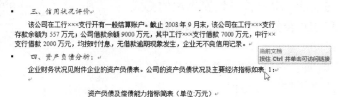

图7-19　插入交叉引用的效果

7.4　制作文档目录

目录的功能就是列出文档中的各级标题，以及各级标题所在的页码，通过目录还可以对文章的大致内容有所了解。

7.4.1　提取目录

Word 2010 具有自动编制目录的功能，编制好目录后，只要单击目录中的页码，就可以跳转到该页码对应的标题。这里将项目评估报告的目录提取出来，具体操作步骤如下。

（1）将鼠标指针定位在要插入目录的位置，这里定位在"目录"标题下面。

（2）在"引用"选项卡中单击"目录"组中的"目录"下拉按钮，弹出"目录"下拉列表框，用户根据可以在"内置"选项区域选择一种内置的目录样式即可。

（3）在下拉列表框中选择"插入目录"选项，打开"目录"对话框，如图 7-20 所示。

（4）在"格式"下拉列表框中选择一种目录格式，如选择"正式"选项，可以在"打印预览"列表框中看到该格式的目录效果。

（5）在"显示级别"文本框中选择或输入目录显示的级别为"3 级"。

（6）选中"显示页码"复选框，在目录的每一个标题后面显示页码。

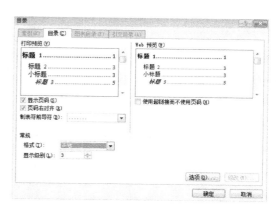

图7-20　"目录"对话框

（7）选中"页码右对齐"复选框，使目录中的页码居右对齐。

（8）在"制表符前导符"下拉列表框中指定标题与页码之间的分隔符为点下画线。

（9）选中"使用超链接而不使用页码"复选框，则在 Web 视图中提取的目录以超链接的形式显示。

（10）单击"确定"按钮，目录将被提取出来并插入到文档中，如图 7-21 所示。

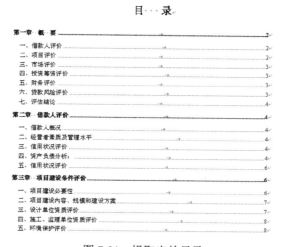

图 7-21　提取出的目录

目录是以域的形式插入到文档中的，目录中的页码与原文档有一定的联系，当把鼠标指针指向提取出的目录时会给出一个提示，根据提示按住【Ctrl】键，然后单击目录标题或页码，则会自动跳转至文档中的相应标题处。

7.4.2 更新目录

目录被提取出来以后，如果在文档中增加了新的目录项或在文档中进行增加或删除文本操作时引起了页码的变化，可以更新目录，具体操作步骤如下。

（1）选中需要更新的目录，被选中的目录发暗。

（2）在"引用"选项卡中单击"目录"组中的"更新目录"按钮，打开"更新目录"对话框，如图 7-22 所示。

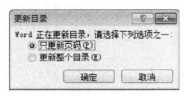

图 7-22   "更新目录"对话框

（3）如果选中"只更新页码"单选按钮，则只更新目录中的页码，保留原目录格式；如果选中"更新整个目录"单选按钮，则重新编辑更新后的目录。

（4）单击"确定"按钮，系统将对目录进行更新。在更新的过程中系统将询问是否要替换目录，单击"是"按钮，则删除当前的目录并插入新的目录，单击"否"按钮，将在另外的位置插入新的目录。

7.5   查找与替换文本

在一篇比较长的文档中查找某些字词是一项非常艰巨的任务，Word 2010 提供的查找功能可以帮助用户快速查找所需内容。如果用户需要对多处相同的文本进行修改时，还可以利用替换功能快速对文档中的内容进行修改。

7.5.1 查找文本

在文档中进行查找文本的具体操作步骤如下。

（1）将鼠标指针定位在文档中的任意位置。

（2）在"开始"选项卡中单击"编辑"组中的"查找"按钮，或者按【Ctrl+F】组合键，在文档的左侧打开"导航"任务窗格，如图 7-23 所示。

（3）在"导航"任务窗格上方的文本框中输入要查找的文本，这里输入"连排"，单击"搜索"按钮或按回车键，则在文档中以黄色底纹的方式标识出查找到的文本，如图 7-23 所示。

（4）单击任务窗格上的"下一处搜索结果"按钮 ▼，或"上一处搜索结果"按钮 ▲，则可以查看下一处或上一处搜索到的结果。

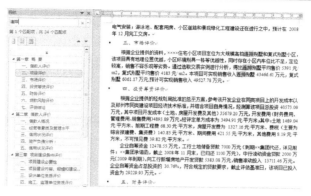

图 7-23　查找文本

7.5.2　替换文本

文档中"连排"是错别字，可以用替换功能将其替换为"联排"。在文档中执行替换操作的具体操作步骤如下。

（1）将插入点定位在文档中的任意位置。

（2）在"开始"选项卡中单击的"编辑"组中的"替换"按钮，或者按【Ctrl+H】组合键，打开"查找和替换"对话框，单击"替换"选项卡，如图 7-24 所示。

（3）在"查找内容"文本框中输入要替换的内容"连排"，在"替换为"文本框中输入要替换成的内容"联排"。

（4）单击"查找下一处"按钮，系统从插入点处开始向下查找，查找到的内容会以选中形式显示在屏幕上。

（5）单击"替换"按钮将会把该处的"连排"替换成"联排"，并且系统继续查找。如果查找的内容不是需要替换的内容，可以单击"查找下一处"按钮继续查找。

（6）替换完毕，单击"关闭"按钮关闭对话框。

图 7-24　在文档中执行替换操作

提示：如果用户确信所有查找到的文本"连排"都可以替换为"联排"，则可以单击"全部替换"按钮，将所有文本"连排"一次性全部替换为"联排"。

技巧：项目评估报告，是专业评估人员根据项目主办单位提供的项目可行性研究报告，通过对目标项目的全面调查、综合分析和科学判断，确定目标项目是否可行的技术经济文书。它是项目主管部门决定项目取舍的重要依据，是银行向项目主办方提供资金保障的有力凭证，也是项目建设施工过程中必需的指导文件。一般由作为项目评估方的国家项目管理部门或者项目主办方的上级部门，组织有关专家，或者授权委托专业咨询公司、意向上为目标项目提供贷款的银行来实施项目评估并制作项目评估报告。

项目评估报告有长有短，有繁有简，在结构上一般都包括"编制说明"、"目录"、"正文"

和"附件"4 个部分，具体情况视目标项目的重要程度及难易程度而定。但项目评估报告的制作必须遵循两个基本原则，把握两个重点内容。基本原则之一是客观性，项目评估是在项目主办单位可行性研究的基础上进行的再研究，其结论的得出完全建立在对大量的材料进行科学研究和分析的基础之上。基本原则之二是科学性。要使用科学的方法，在评估工作中，注意全面调查与重点核查相结合，定量分析与定性分析相结合，经验总结与科学预测相结合，以保证相关项目数据的客观性、使用方法的科学性和评估结论的正确性。重点内容之一是必要性。必要性评价又称背景分析，即分析项目在科学研究和经济建设中的意义和地位，从而明确目标项目是否有建设的必要。重点内容之二就是可行性。即考察项目是否具有建设的可能。

举一反三　制作可行性研究报告

可行性研究报告是从事一种经济活动之前，调研人员从经济、技术、生产、销售、社会环境、法律等各种因素进行具体调查研究和分析，确定有利和不利因素，项目是否可行，估计成功率大小，经济效益和社会效果程度，为决策者和主管机关审批的上报文件。

这里利用 Word 2010 的修订功能，由多人协作来完成可行性研究报告的审阅、修订工作，修订的最终效果如图 7-25 所示。

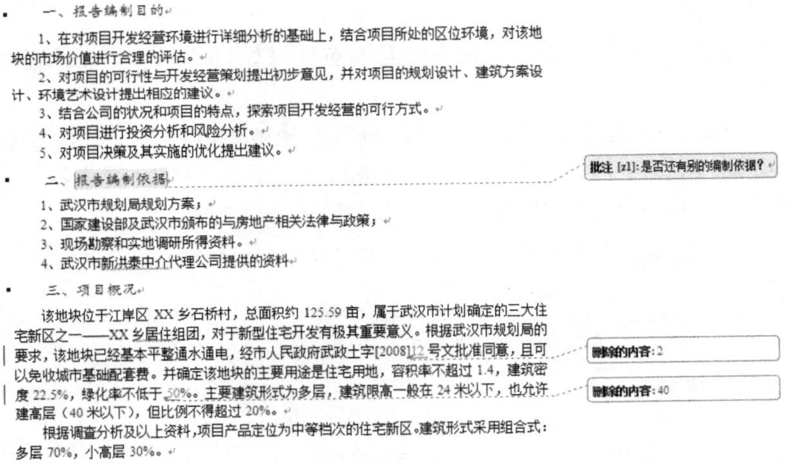

图7-25　可行性研究报告

在制作可行性研究报告之前先打开"案例与素材\第 7 章素材"文件夹中的"可行性研究报告（初始）"文档。多人协作修订可行性研究报告的具体操作步骤如下。

（1）在文档中选中要设置批注的文本，或者将鼠标指针定位在该文本的后面，这里选中"报告编制依据"。

（2）在"审阅"选项卡中，单击"批注"组中的"新建批注"按钮，此时将会自动打开批注框。在打开的批注框内输入批注内容"是否还有别的编制依据？"，文档插入批注后的结果如图 7-26 所示。

（3）在批注框中输入要批注的内容，将鼠标指针在批注框上稍作停留，屏幕上会提示修订者的姓名、修订的时间及修订的类型，如图 7-26 所示。

第一章　前　言

一、报告编制目的

1、在对项目开发经营环境进行详细分析的基础上，结合项目所处的区位环境，对该地块的市场价值进行合理的评估。

2、对项目的可行性与开发经营策划提出初步意见，并对项目的规划设计、建筑方案设计、环境艺术设计提出相应的建议。

3、结合公司的状况和项目的特点，探索项目开发经营的可行方式。

4、对项目进行投资分析和风险分析。

5、对项目决策及其实施的优化提出建议。

二、报告编制依据

1、武汉市规划局规划方案；

2、国家建设部及武汉市颁布的与房地产相关法律与政策；

3、现场勘察和实地调研所得资料。

4、武汉市新洪泰中介代理公司提供的资料。

图 7-26　在文档中插入批注

如果需要将原文中的某些文字删除，或者插入一些新的内容，又希望让其他阅读者能很快看出来，此时就可以使用 Word 2010 提供的修订功能。

（4）单击"审阅"选项卡，在"修订"组中单击"修订"按钮，使"修订"按钮处于选中状态，此时文档就处于修订状态。

（5）将可行性研究报告文本"武政土字【2008】2 号"中的"2"改为"12"，如图 7-27 所示。在文档中编辑修改过的内容会以与原文本不同的颜色显示，并且在修改编辑过的内容所在行的左侧显示有修改编辑的标记｜。

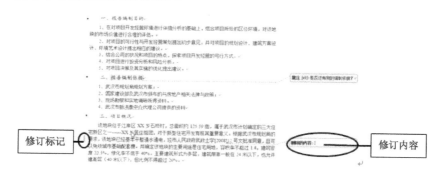

图 7-27　修订文档

如果同一文档需要被多人审阅修改，审阅者可以设置不同的修订标记格式及批注人的姓名等，以显示个性化的修订状态，也便于区分各自的审阅意见。

（6）第一个审阅者对原始文档修订好后可以直接将修改后的文档保存起来。

（7）第二个审阅者打开要修订的文档，在"审阅"选项卡中单击"修订"组中的"修订"下拉按钮，弹出"修订"下拉列表框，如图 7-28 所示。选择"更改用户名"选项，打开"Word 选项"对话框，如图 7-29 所示。在"用户名"文本框中输入一个名称，单击"确定"按钮。

（8）将可行性研究报告文本"绿化率不低于 40%"中的"40%"改为"50%"，这样文档被第二个审阅者修订后将会以不同的颜色进行标记，如图 7-30 所示。

（9）如果用户要逐一查看文档中的修订，可以在"审阅"选项卡中单击"更改"组中的"上一条"或"下一条"按钮，系统由当前位置开始向前或向下搜索下一处修订所在的位置并呈高亮显示。

图7-28　修订列表　　　　　　　　图7-29　更改修订者名称

图 7-30　多人修订后的效果

（10）如果用户要查看文档中的所有修订或批注，以及修订或批注的作者和时间，在"审阅"选项卡中单击"修订"组中的"审阅窗格"下拉按钮，在弹出的下拉列表框中用户可以选择显示垂直审阅窗格还是水平审阅窗格，在审阅窗格中显示了文档中所有的修订或批注内容，以及修订或批注的作者和时间，如图 7-31 所示。

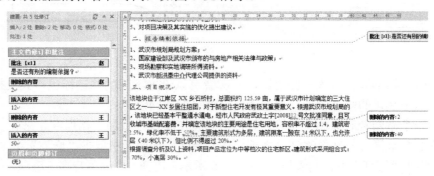

图 7-31　审阅窗格

（11）如果对文档进行修订的审阅者较多，用户可以只查看某一个审阅者的修订或批注。在"修订"组中单击"显示标记"下拉按钮，弹出下拉列表框，如果用户选择"审阅者"→"所有审阅者"选项，则可以看到所有审阅者所做的修订，如果选择某一个审阅者，如选择"赵"，那么只能看到该审阅者所做的修订，而其他审阅者所做的修订则默认为接受，如图 7-32 所示。

（12）为了方便查看文档的修改效果，用户可以让修订或批注标记显示为不同的显示状态。在"修订"组中单击"显示以供审阅"下拉按钮，弹出下拉列表框，如图 7-33 所示。

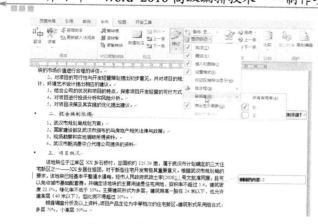

图7-32　选择显示不同的审阅者　　　　　　　　　图7-33　不同的显示状态

下拉列表框中各显示状态的含义如下。

① 选择"最终显示标记"选项：可以看到文档修订后的最终效果。

② 选择"最终状态"选项：可以看到文件修改后的效果，所有的修订标记全部消失，文档显示未修订后的效果。

③ 选择"原始：显示标记"选项：可以看到对原文进行了怎样的修订，还可以显示出原始文档，并用标记指出对文档做了哪些修订，如图 7-34 所示。

④ 选择"原始文档"选项：可以看到原始文档，所有的修订标记全部消失，并且文档显示为原始文档。

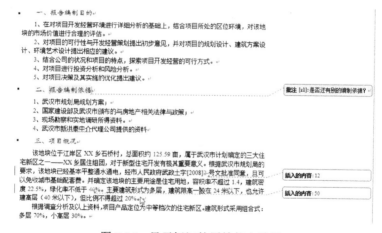

图 7-34　显示标记的原始状态效果

（13）如果用户认同审阅者修改后的结果，可以接受审阅者所做的修订。将鼠标指针定位在一个修订位置，单击"更改"组中的"接受"下拉按钮，弹出下拉列表框，如图 7-35 所示。在"接受"下拉列表框中选择"接受修订"选项，将接受当前处的修订。如果选择"接受并移到下一条"选项，则将接受当前处的修订并自动移到下一条修订。接受修订后，原编辑修改的部分将不再做标记，与文档中未修改过的部分毫无区别。

如果在"接受"下拉列表框中选择"接受对文档的所有修订"选项，则无论鼠标指针在文档的何处，对该文档所做的任何修订均被接受，所有的修订标记全部消失。建议用户只有在确信无疑时才可以选择这个选项。

　　（14）如果用户对审阅者修改后的结果不满意，可以拒绝接受审阅者所做的修订。将鼠标指针定位在一个修订位置，单击"更改"组中的"拒绝"下拉按钮，弹出"拒绝"下拉列表框，如图 7-36 所示。在"拒绝"下拉列表框中选择"拒绝修订"选项，将拒绝当前处的修订。如果选择"拒绝并移到下一条"选项，则将接受当前处的修订并自动移到下一条修订。

　　如果在"拒绝"下拉列表框中选择"拒绝对文档的所有修订"选项，则无论鼠标指针在文档的何处，对该文档所做的任何修订均被拒绝，所有的修订标记全部消失，文档恢复为原始状态。

图 7-35　"接受"下拉列表框　　　　图 7-36　"拒绝"下拉列表框

回头看

　　通过案例"项目评估报告"及举一反三"可行性研究报告"的修订过程，主要学习了 Word 2010 提供的应用样式、为文档添加脚注和尾注、添加题注和交叉引用、制作文档目录、查找与替换文本、添加批注、修订文档等操作的方法和技巧。这些操作步骤和技巧适用于比较长的文档，学习了这些方法和技巧后，如果遇到较长的文档，那么用户就可以轻松处理了。

知识拓展

1. 删除样式

　　对于那些用户不常用的样式是没必要保留的，在删除样式时系统内置的样式是不能被删除的，只有用户自己创建的样式才可以被删除。删除样式的具体操作步骤如下。

　　（1）在"开始"选项卡中单击"样式"组中右下角的对话框启动器按钮，打开"样式"任务窗格。

　　（2）在"样式"列表框中选中要删除的样式，右击，在弹出的快捷菜单中执行删除命令，如图 7-37 所示。

　　（3）在打开的警告对话框中，单击"是"按钮，选中的样式将从"样式"列表框中删除。

图 7-37　删除样式

2. 移动脚注和尾注

　　如果不小心把脚注或尾注插错了位置，可以使用移动脚注或尾注位置的方法来改变脚注或尾注的位置。移动脚注或尾注只需用鼠标选中要移动的脚注或尾注的注释标记，并将它拖动到所需的位置即可。

习题7

填空题

1. 样式是存储在 Word 中的_____，Word 2010 中的样式分为_____和_____。

2. 注释由两部分组成：_____和_____。注释一般分为脚注和尾注，一般情况下脚注出现在_____，尾注出现在_____。

3. 目录的功能是列出文档中的_____，通过目录可以对文章的大致内容有所了解。

4. 编制目录后，可以利用它按住【_____】键并单击，即可跳转到文档中的相应标题。

5. 在"_____"选项卡中单击"_____"组中的"新建批注"按钮，即可插入批注。

6. 所谓基准样式，就是_____，后继段落样式就是应用该段落样式后面的段落_____。

选择题

1. 在"_____"选项卡下用户可以为文本插入脚注。

　（A）引用　　　　　　　（B）脚注和尾注　　　　　（C）视图　　　　　　　（D）页面布局

2. 按【_____】组合键可以打开"查找和替换"对话框。

　（A）Ctrl+G　　　　　　（B）Ctrl+J　　　　　　　（C）Ctrl+K　　　　　　（D）Ctrl+F

3. 关于文档中的目录，下列说法正确的是_____。

　（A）只用在文档中应用了一些标题样式才能在文档中提取出目录

　（B）目录被转换为普通文本后不能再进行更新

　（C）在提取目录时用户可以选择提取目录的级别

　（D）在提取目录后，如果对文档进行了修改则目录会自动更新

4. 关于修订文档，下列说法正确的是_____。

　（A）审阅者插入脚注也可显示为标记

　（B）只有设定了不同的用户名，不同的审阅者的修订标记才会显示为不同的颜色

　（C）在审阅者窗格中可以显示所有的修订信息，但不包含批注

　（D）只要启用了修订状态，就一定会显示出修订标记

操作题

1. 打开"案例与素材\第 7 章素材"文件夹中的"XX 专业教育机构（初始）"文档，然后按照下面的要求对文档进行操作。

（1）插入页眉和页脚：页眉的内容是"XX 专业教育机构"，"小五"号字，居右对齐；页脚的内容是当前的日期，如 2014/7/11。

（2）为正文第四行的"1000"加入批注"截至 2013 年年底数据"；将正文第二行的"31"修订为"32"。

2. 打开"案例与素材\第 7 章素材"文件夹中的"销售系统工作手册（初始）"文档，然后按照下面的要求对文档进行操作。

（1）将"第一章"、"第二章"等标题应用"标题 1"样式。并修改"标题 1"的样式"居中"显示。

（2）将"第一章"、"第二章"等下面的条款应用"标题 2"样式。并修改"标题 2"的样式为"四号"字号，段前、段后间距为"6 磅"，行间距为"单倍行距"。

（3）为二级标题添加项目编号"第一条、第二条……"。

（4）提取销售系统工作手册的目录，目录样式为内置"自动目录 1"，将目录放置在第一页。

销售系统工作手册的最终效果如图 7-38 所示。

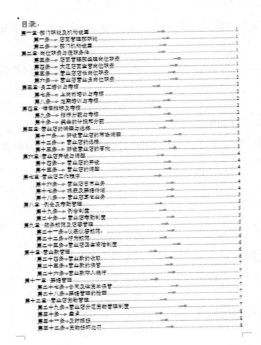

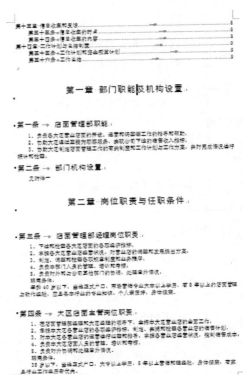

图 7-38 销售系统手册

第 8 章 Word 2010 的邮件合并功能
——制作应聘人员面试通知单和商务邀请函

在文字信息处理实际工作中，经常会遇到这样的情况：处理大量日常报表和信件，尤其是各类学校一年一度的新生录取通知书。这些报表、信件和录取通知书，其主要内容又基本相同，只是具体数据有所变化。为了减少重复工作，提高办公效率，不妨试试 Word 2010 提供的邮件合并功能，定能收到意想不到的效果。

 知识要点

- 创建主文档
- 打开数据源
- 插入合并域
- 设置合并选项
- 合并文档

任务描述

公司不久前进行了应聘人员的笔试，现在需要根据笔试结果，给有资格面试的人员发放面试通知单。利用 Word 2010 提供的邮件合并功能，可以方便快捷地制作如图 8-1 所示的面试通知单。

<table>
<tr><td>

腾达公司面试通知单

李明飞 先生您好：

　　首先感谢您参加了本公司的招聘考试，您的笔试成绩符合参加面试的要求，请您于 2014 年 7 月 8 日上午 9 时到本公司的会议室参加面试。

腾达公司

2014 年 7 月 1 日

</td><td>

腾达公司面试通知单

李小梦 女士您好：

　　首先感谢您参加了本公司的招聘考试，您的笔试成绩符合参加面试的要求，请您于 2014 年 7 月 8 日上午 9 时到本公司的会议室参加面试。

腾达公司

2014 年 7 月 1 日

</td></tr>
</table>

图8-1　面试通知单

 案例分析

完成应聘人员面试通知单的制作，要用到邮件合并中的创建主控文档、打开数据源、插入合并域、设置合并选项及合并文档等功能。

本章所涉及案例的素材和最终效果文件请登录华信教育资源网下载，相关内容在下载后的"案例与素材\第 8 章素材"和"案例与素材\第 8 章案例效果"文件夹中。

8.1　创建主文档

主文档可以是信函、信封、标签或其他格式的文档，在主文档中除了包括那些固定的信息外，还包括一些合并的域。

可以创建一个新文档作为信函主文档，另外也可以将一个已有的文档转换成信函主文档。

这里我们创建一个新文档作为录取通知单信函，具体操作步骤如下。

（1）创建一个新的 Word 文档，在"邮件"选项卡中单击"开始邮件合并"组中的"开始邮件合并"下拉按钮，弹出下拉列表框，如图 8-2 所示。

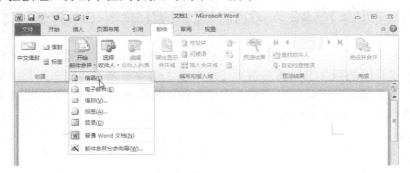

图 8-2　选择主文档类型

（2）用户可以直接选择"信函"选项，即可以当前文档创建一个信函文档。

（3）在"页面布局"选项卡中单击"页面设置"组中的"纸张大小"下拉按钮，在弹出的下拉列表框中选择"16 开"选项。

（4）在文档中进行编辑，图 8-3 所示即是编辑信函主文档的效果。

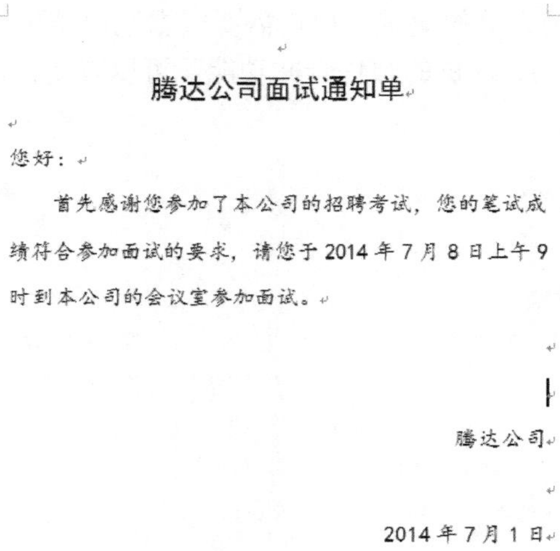

腾达公司面试通知单

您好：

　　首先感谢您参加了本公司的招聘考试，您的笔试成绩符合参加面试的要求，请您于 2014 年 7 月 8 日上午 9 时到本公司的会议室参加面试。

腾达公司
2014 年 7 月 1 日

图 8-3　信函主文档的编辑效果

8.2　打开数据源

主文档信函创建好后，还需要明确参加面试的人员等信息，在邮件合并操作中，这些信息以数据源的形式存在。

用户可以使用多种类型的数据源，如 Microsoft Word 表格、Outlook 联系人列表、Excel 工作表、Access 数据库和文本文件等。

如果在计算机中不存在进行邮件合并操作的数据源，可以创建新的数据源。如果在计算机上存在要使用的数据源，可以在邮件合并的过程中直接打开数据源。

由于参加招聘考试人员的姓名、成绩等信息已经被保存在"招聘人员笔试成绩"Excel 工作表中，这里可以直接打开数据源，具体操作步骤如下。

（1）在"邮件"选项卡中单击"开始邮件合并"组中的"选择收件人"下拉按钮，弹出下拉列表框。

（2）在下拉列表框中选择"使用现有列表"选项，打开"选取数据源"对话框，如图 8-4 所示。

（3）在对话框中选择"案例与素材\第 8 章素材"文件夹中的"招聘人员笔试成绩"数据源，单击"打开"按钮，将数据源打开，这时打开"选择表格"对话框，如图 8-5 所示。

（4）在对话框中选择要打开的表格，然后单击"确定"按钮。

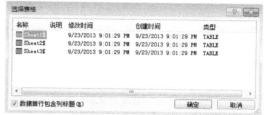

图 8-4　"选取数据源"对话框　　　　　　　图 8-5　"选择表格"对话框

8.3　插入合并域

主文档和数据源创建成功后，就可以进行合并操作了，不过在进行主文档和数据源的合并前，还应在主文档中插入合并域。在信函主文档中插入合并域的具体操作步骤如下。

（1）将鼠标指针定位在信函中"您好"文本的前面，在"邮件"选项卡中单击"编写和插入域"组中的"插入合并域"下拉按钮，弹出下拉列表框，如图 8-6 所示。

（2）在下拉列表框中选择"姓名"选项，则在文档中插入"姓名"合并字段。

（3）将鼠标指针定位在"姓名"合并字段的后面，然后在"邮件"选项卡中单击"编写和插入域"组中的"规则"下拉按钮，弹出下拉列表框，如图 8-7 所示。

图 8-6　"插入合并域"下拉列表框　　　　图 8-7　"规则"下拉列表框

（4）在下拉列表框中选择"如果…那么…否则"选项，打开"插入 Word 域：IF"对话框，如图 8-8 所示。在"域名"下拉列表框中选择"性别"选项，在"比较条件"下拉列表框中选择"等于"选项，在"比较对象"文本框中输入"男"，在"则插入文字"文本框中输入"先生"，在"否则插入此文字"文本框中输入"女士"。

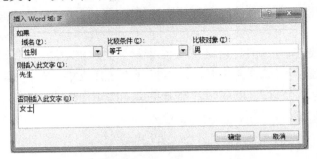

图8-8　"插入Word域：IF"对话框

（5）单击"确定"按钮，则在文档中插入 Word 域，效果如图 8-9 所示。

腾达公司面试通知单

《姓名》先生您好：

　　首先感谢您参加了本公司的招聘考试，您的笔试成绩符合参加面试的要求，请您于 2014 年 7 月 8 日上午 9 时到本公司的会议室参加面试。

腾达公司

2014 年 7 月 1 日

图 8-9　插入合并域的效果

8.4　设置合并选项

　　设置合并选项主要是在编辑收件人信息列表中进行的。根据需要以不同的条件对数据源中的数据进行筛选和排序。

　　在"邮件"选项卡中单击"预览结果"组中的"预览结果"按钮，则显示出插入域的效果，如图 8-10 所示。用户可以单击"下一记录"按钮，继续预览下一个记录。

　　在"开始邮件合并"下拉列表框中选择"邮件合并分步向导"选项，打开"邮件合并"任务窗格，如果用户在"邮件合并"任务窗格中的第五步中单击"预览信函"选项区域中"收件人"的左右箭头按钮，也可以在屏幕上对插入域的效果进行预览。在预览时如果发现某个域可以不要，此时在任务窗格的"做出更改"选项区域中单击"排除此收件人"按钮，将该收件人排除在合并工作之外。

　　如果在合并时只需要合并数据源中某一个或几个域中的若干数据，可以利用筛选的方法将需要的数据从数据源中筛选出来。由于面试的条件是笔试成绩大于 90 分的人员，因此在合并信函时只需要合并"招聘人员笔试成绩"数据源中大于 90 分的数据源。筛选数据源的具体操作方法如下。

（1）在任务窗格中的"做出更改"区域中单击"编辑收件人列表"按钮，打开"邮件合并收件人"对话框，如图 8-11 所示。

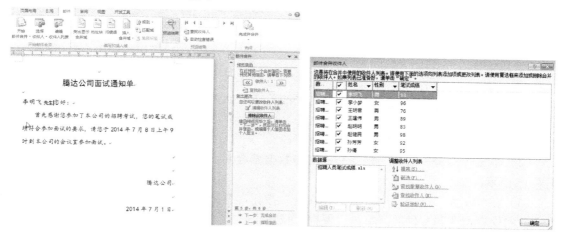

图8-10　预览信函　　　　　　　　　　图8-11　"邮件合并收件人"对话框

（2）单击"筛选"超链接，打开"筛选和排序"对话框，如图 8-12 所示。

（3）在"域"下拉列表框中选择"笔试成绩"选项，在"比较关系"下拉列表框中选择"大于"选项，在"比较对象"文本框中输入"90"，单击"确定"按钮，返回"邮件合并收件人"对话框。

（4）单击"确定"按钮，返回文档。

图 8-12　"筛选和排序"对话框

8.5　合并文档

合并文档是邮件合并的最后一步。如果对预览的结果满意，就可以进行邮件合并的操作了。用户可以将文档合并到打印机上，也可以合并成一个新的文档，以 Word 文件的形式保存下来，供以后打印。

在合并文档时可以直接将文档合并到新文档中，这里将创建的信函主文档合并到一个新的文档，具体操作步骤如下。

（1）在"邮件"选项卡中单击"完成"组中的"完成并合并"下拉按钮，弹出下拉列表框，如图 8-13 所示。

（2）在下拉列表框中选择"编辑单个文档"选项，打开"合并到新文档"对话框，如

图 8-14 所示。

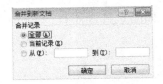

图8-13　合并文档方式　　　图8-14　"合并到新文档"对话框

　　（3）在"合并记录"选项区域选择合并的范围，如果选中"全部"单选按钮，则合并全部的记录；如果选中"当前记录"单选按钮，则只合并当前的记录；还可以选择具体某几个记录进行合并；这里选中"全部"单选按钮。

　　（4）单击"确定"按钮，则主文档将与数据源合并，并建立一个新的文档，合并结果如图 8-15 所示。

　　（5）在"文件"选项卡中单击"另存为"按钮，打开"另存为"对话框，在对话框中设置文档的保存位置和文件名，单击"保存"按钮。

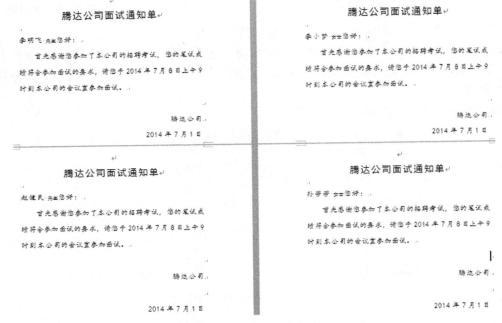

图 8-15　将信函主文档合并到新文档后的效果

　　在新合并的文档中，用户还可以进行打印前的最后修改，对现有的收信人信息进行修改，如修改姓名和地址等，甚至还可以删除整条的记录，但是不能创建新的收件人记录，具体的修改方法和普通文档的方法相同。用户再根据相同的方法对创建的信封文档进行插入合并域与合并的操作，这样就可以将信函分别装入相对应的信封中，然后分发出去。

　　技巧：在面试通知单中，一定要写清楚面试的具体时间与地点。如果在面试时需要准备某些资料，如相关职称证书、职业资格证书及毕业证等，应在面试通知单中写明。如果条件允许，应该还要写上联系电话和面试联系人的姓名，方便候选人在紧急情况下与招聘方保持联系。

举一反三　制作商务邀请函

公司召开一个产品展示会，要向一些相关人士和公司发出邀请函，这时负责人面临着大量的工作，需要向数十个或者数百个地址发出主体内容相同的一封信，利用邮件合并功能则能快速完成这一工作。利用邮件合并功能制作的邀请函如图 8-16 所示。

（1）创建一个新的 Word 文档，在"邮件"选项卡中单击"开始邮件合并"组中的"开始邮件合并"下拉按钮，在弹出的下拉列表框中选择"邮件合并分步向导"选项，打开"邮件合并"任务窗格。

（2）在任务窗格中的"选择文档类型"选项区域选中"信函"单选按钮，单击"下一步：正在启动文档"超链接，进入邮件合并第二步。

（3）在"想要如何设置信函？"选项区域选中"从现有文档开始"单选按钮，在"从现有文档开始"选项区域的列表框中选择"其他文件"选项，单击"打开"按钮，打开"打开"对话框。在对话框中选择"第 8 章素材中"的邀请函原始文件，单击"打开"按钮，打开邀请函文档，如图 8-17 所示。

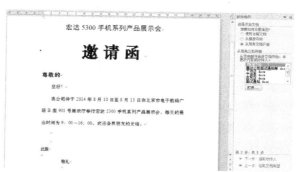

图8-16　邮件合并的邀请函　　　　　　　图8-17　打开原有文档

（4）单击"下一步，选取收件人"超链接，进入邮件合并的第三步，在"选择收件人"选项区域选中"键入新列表"单选按钮，如图 8-18 所示。

（5）在"键入新列表"选项区域单击"创建"超链接，打开"新建地址列表"对话框，如图 8-19 所示。

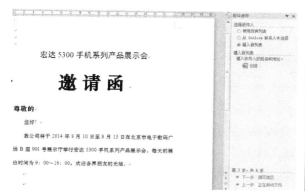

图8-18　邮件合并第三步　　　　　　　图8-19　"新建地址列表"对话框

（6）单击"新建地址列表"对话框中的"自定义列"按钮，打开"自定义地址列表"对话框，在对话框中可以进行字段名的添加、删除、重命名等操作。

（7）单击"添加"按钮，打开"添加域"对话框，输入"姓名"文本，单击"确定"按钮即可将"姓名"加入到字段名中，如图 8-20 所示。

（8）选中"姓氏"字段，单击"重命名"按钮，打开"重命名"对话框，输入"性别"，单击"确定"按钮。

（9）选中不需要的字段，单击"删除"按钮。

（10）选中一个字段后单击"上移"或"下移"按钮，可以调整字段的位置，在"自定义地址列表"对话框中添加或删除域名后的效果如图 8-21 所示。

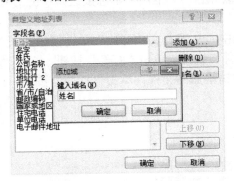

图8-20　添加自定义字段

图8-21　自定义地址列表的效果

（11）单击"确定"按钮返回到"新建地址列表"对话框。在输入收件人信息文本框中输入信息内容，如图 8-22 所示。输入完一条记录后，按【Tab】键会自动增加一个记录，用户也可单击"新建条目"按钮来新建记录，单击"删除条目"按钮来删除某条记录。

（12）当数据录入完毕后，单击"确定"按钮，打开"保存通讯录"对话框。在对话框中默认的保存位置是"我的数据源"文件夹，这里建议将数据源保存在"案例与素材\第 8 章素材"文件夹中，输入保存文件名"经销商通讯录"，如图 8-23 所示。

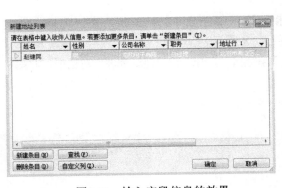

图8-22　输入字段信息的效果

图8-23　"保存通讯录"对话框

（13）单击"保存"按钮，打开"邮件合并收件人"对话框，在对话框中列出了前面输入的数据，单击"确定"按钮完成数据源的创建工作。

（14）单击"下一步，撰写信函"超链接，进入邮件合并第四步。将鼠标指针定位在信函中"尊敬的"文本的后面，在"邮件"选项卡中单击"编写和插入域"组中的"插入合并域"下拉按钮，在弹出的下拉列表框中选择"姓名"字段，则在文档中插入"姓名"合并字段。

（15）将鼠标指针定位在"姓名"合并字段的后面，然后在"邮件"选项卡中单击"编写和插入域"组中的"规则"下拉按钮，在弹出的下拉列表框中选择"如果…那么…否则"选项，打开"插入 Word 域：IF"对话框。在"域名"下拉列表框中选择"性别"选项，在"比较条件"下拉列表框中选择"等于"，在"比较对象"文本框中输入"男"，在"则插入文字"文本框中输入"先生"，在"否则插入此文字"文本框中输入"女士"。单击"确定"按钮，则在文档中插入 Word 域。

（16）按照相同的方法在文档的第一行和第二行插入"公司名称"和"地址行 1"域，效果如图 8-24 所示。

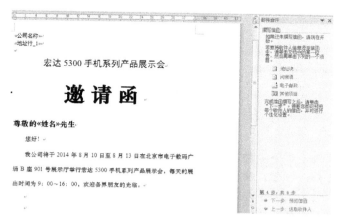

图 8-24　插入合并域的效果

（17）单击"下一步，超链接，预览信函"进入邮件合并向导第五步，如图 8-25 所示。在任务窗格中单击"预览信封"选项区域中"收件人"的左右箭头按钮，可以在屏幕上对具体的信函进行预览。

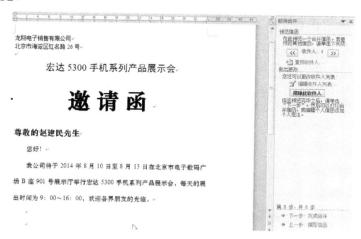

图 8-25　预览信函

（18）单击"下一步，完成合并"超链接，进入邮件合并向导的第六步，如图 8-26 所示。

（19）在任务窗格中的"合并"选项区域单击"打印"超链接，打开"合并到打印机"对话框，如图 8-27 所示。

（20）在"打印记录"区域选择打印的范围，如果选中"全部"单选按钮则打印全部的记录；如果选中"当前记录"单选按钮，则只打印当前的记录；还可以选择具体某几个记录进行打印。

（21）单击"确定"按钮，打开"打印"对话框，在对话框中设置打印的份数，单击"确定"按钮即可开始打印。

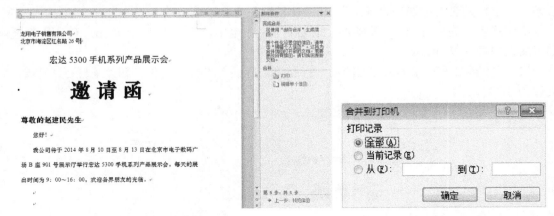

图 8-26　完成合并图　　　　　　　图 8-27　"合并到打印机"对话框

　　技巧：商务邀请函是商务活动主办方为了郑重邀请其合作伙伴（投资人、材料供应方、营销渠道商、运输服务合作者、政府部门负责人、新闻媒体朋友等）参加其举行的活动而制发的书面函件。它体现了活动主办方的礼仪愿望、友好盛情；反映了商务活动中的人际社交关系。企业可根据商务活动的目的自行撰写具有企业文化特色的邀请函。商务礼仪活动邀请函的主体内容符合邀请函的一般结构，由标题、称谓、正文、落款组成。在正文中要写清楚商务活动举办的缘由、时间、地点和活动安排。

回头看

　　通过案例"应聘人员面试通知单"及举一反三"商务邀请函"的制作过程，主要学习了 Word 2010 提供的邮件合并功能，包括主文档的创建、数据源的创建、插入合并域、设置合并选项及合并文档。在实际工作中如果遇到诸如向多人发送邀请函、发放成绩通知单等类似的工作时，可以利用邮件合并功能进行编辑，这样就不必为处理众多的地址和人名等信息而感到麻烦，也不会出现在输入时把人名和地址弄错的现象。

知识拓展

1．制作信封文档

　　有了通知单，用户还可以利用邮件合并功能制作一个通知单的信封，具体操作步骤如下。

　　（1）在"邮件"选项卡中单击"创建"组中的"信封"按钮，打开"信封和标签"对话框，如图 8-28 所示。

　　（2）在"收信人地址"文本框中输入收信人的地址，在"寄信人地址"文本框中输入寄信人地址。

　　（3）单击"选项"按钮，打开"信封选项"对话框，如图 8-29 所示。在"信封尺寸"下拉列表框中选择信封尺寸，单击"寄信人地址"选项区域的"字体"按钮，打开"寄信人地址"对话框,在"寄信人地址"对话框中还可以对寄信人地址的字体进行详细的设置,同样,也可对"收信人地址"进行字体设置。

(4)单击"确定"按钮,返回"信封和标签"对话框。单击"添加到文档"按钮,则信封的样式被添加到文档中。

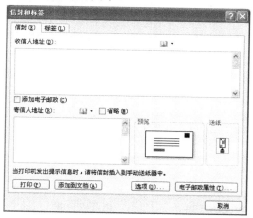

图8-28 "信封和标签"对话框

图8-29 "信封选项"对话框

2.制作标签文档

标签的应用也非常广泛,除了可制作邮件标签之外,还可以制作明信片、名片等。制作标签时用户可以利用邮件合并向导进行制作,另外,如果制作的标签比较简单,如不需要插入合并域,可以直接创建标签文档,具体操作步骤如下。

(1)创建一个文档,在"邮件"选项卡中单击"创建"组中的"标签"按钮,打开"信封和标签"对话框。

(2)在地址文本框中输入标签的地址,如图 8-30 所示。

(3)单击"选项"按钮,打开"标签选项"对话框,如图 8-31 所示。在"产品编号"列表框中选择标签类型,单击"确定"按钮,返回"信封和标签"对话框。

(4)在"打印"选项区域选中"全页为相同标签"单选按钮。

(5)如果单击"打印"按钮,则可直接开始打印标签,如果单击"新建文档"按钮,则创建一个标签文档。

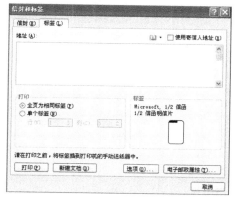

图8-30 创建标签

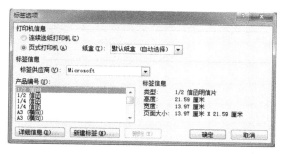

图8-31 "标签选项"对话框

3．自动检查错误

逐条地查看预览结果比较麻烦，Word 2010 提供了自动检查错误功能。要使用这项功能，只需在"邮件"选项卡中单击"预览效果"组中的"自动检查错误"按钮，即可打开"检查并报告错误"对话框，选中"模拟合并，同时在新文档中报告错误"单选按钮，单击"确定"按钮，Word 2010 会模拟合并并检查错误。

习题8

填空题

1．主文档可以是信函、信封、标签或其他格式的文档，在主文档中除了包括那些固定的信息外还包括_____。

2．在邮件合并的过程中用户可以使用多种类型的数据源，如_____、_____、_____、_____和_____等。

3．合并文档是邮件合并的最后一步，用户可以将文档合并_____，也可以合并_____。

简答题

1．什么是主文档？

2．什么是数据源？

3．对数据源进行排序和筛选的目的是什么？

第 9 章　Excel 2010 基础数据的编辑
——制作员工工资管理表和公司生产成本核算表

Excel 2010 是一个优秀的电子表格软件，主要用于电子表格方面的各种应用，可以方便地对数据进行组织、分析，把表格数据用各种统计图形象地表示出来。Excel 2010 是以工作表的方式进行数据运算和分析的，因此数据是工作表中重要的组成部分，是显示、操作及计算的对象。只有在工作表中输入一定的数据，才能根据要求完成相应的数据运算和数据分析工作。

 知识要点

- 创建工作簿
- 输入数据
- 输入公式
- 输入函数

 任务描述

工资是员工的劳动报酬，是公司对员工劳动付出的认可，每个月公司都会给员工发放工资，因此在日常工作中，员工的工资管理是一项重要的工作。这里利用 Excel 2010 基本数据的编辑功能制作一个如图 9-1 所示的员工工资管理表。

员工工资管理表

2014/7/5

员工编号	员工姓名	所属部门	基本工资	岗位补助	应扣请假费	工资总额	应扣所得税	实际应付工资
001	胡伟	生产部	4800	800	160	5440	544	4896
002	钟鸣	生产部	3800	850	0	4650	465	4185
003	陈琳	生产部	3900	700	80	4520	452	4068
004	江洋	生产部	3000	720	0	3720	0	3720
005	杨柳	工程部	3400	680	240	3840	0	3840
006	刘丽	工程部	3200	650	0	3850	0	3850
007	秦岭	工程部	3700	720	0	4420	442	3978
008	艾科	销售部	3500	740	0	4240	424	3816
009	李友利	销售部	4200	690	80	4810	481	4329
010	胡林涛	销售部	4600	780	160	5220	522	4698
011	徐辉	后勤部	4700	790	240	5250	525	4725
012	郑珊珊	后勤部	3600	670	0	4270	427	3843

图 9-1　员工工资管理表

 案例分析

完成员工工资管理表的制作，首先要创建一个工作簿，然后在工作簿中输入基本的数据。在输入数据时不同类型的数据应采用不同的输入方法，本案例主要涉及文本型数据、数字型数据和日期型数据的输入。进行数据的输入时，可以利用"复制"、"粘贴"按钮和填充的方式提高数据的输入速度。本案例最后还用公式和函数对工作表中的数据进行运算，公式与函数和普通的数据一样，也可以利用填充的方法提高输入速度。

本章所涉及案例的素材和最终效果文件请登录华信教育资源网下载，相关内容在下载后的"案例与素材\第 9 章素材"和"案例与素材\第 9 章案例效果"文件夹中。

9.1 创建工作簿

执行"开始"→"Microsoft Office"→"Microsoft Office Excel 2010"命令，可启动 Excel 2010。启动 Excel 2010 以后，系统将自动打开一个默认名为"工作簿 1"的新工作簿，除了 Excel 自动创建的工作簿以外，还可以在任何时候新建工作簿。若创建了多个工作簿，新建的工作簿依次被暂时命名为"工作簿 2"、"工作簿 3"、"工作簿 4"……

启动 Excel 2010 后的工作界面如图 9-2 所示。工作界面主要由快速访问工具栏、标题栏、动态命令选项卡、功能区、编辑栏、工作表和状态栏等组成。其中一些窗口元素的作用和 Word 2010 中的类似，如标题栏、快速访问工具栏、功能区等，对于这些窗口元素在这里就不再做详细介绍，下面只对编辑栏、状态栏和工作簿窗口进行简单的介绍。

图 9-2　Excel 2010 的工作界面

9.1.1 编辑栏

编辑栏用来显示活动单元格中的数据或使用的公式，在编辑栏中可以对单元格中的数据进行编辑。编辑栏的左侧是名称框，用来定义单元格或单元格区域的名字，还可以根据名字查找单元格或单元格区域。如果单元格定义了名称，则在名称框中显示当前单元格的名字，如果没有定义名字，在名称框中显示活动单元格的地址名称。

在单元格中输入内容时，除了在单元格中显示内容外，还在编辑栏右侧的编辑区中显示。有时单元格的宽度不能显示单元格的全部内容，则通常要在编辑栏的编辑区中编辑内容。把鼠标指针移动到编辑区中时，在需要编辑的地方单击，选择此处作为插入点，可以插入新的内容或者删除插入点左、右的字符。

当插入函数或输入数据时，在编辑栏中会有 3 个按钮。

（1）"取消"按钮 ✕：单击该按钮，取消输入的内容。

（2）"输入"按钮 ✓：单击该按钮，确认输入的内容。

（3）"插入函数"按钮 *fx*：单击该按钮，执行插入函数的操作。

9.1.2 状态栏

状态栏位于窗口的最底部，用来显示当前有关的状态信息。例如，准备输入单元格内容时，在状态栏中会显示"就绪"的字样。

在工作表中如果选中了某几个单元格区域，在状态栏中有时会显示一栏信息，如图 9-3 所示。这是 Excel 的自动计算功能。检查数据汇总时，可以不必输入公式或函数，只要选择这些单元格，就会在状态栏的"自动计数"区中显示求和结果及平均值。

如果要计算的是选择数据的平均值、个数、最大值或最小值等，只要在状态栏的"自动计算"区中单击鼠标右键，在弹出的快捷菜单中执行相应的命令即可，如图9-4 所示。

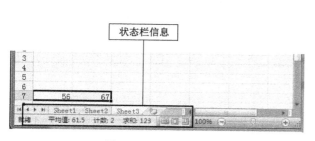

图9-3　状态栏信息

图9-4　更改自动计算方式快捷菜单

9.1.3　工作簿窗口

工作簿是计算和储存数据的文件，每一个工作簿都可以包含多张工作表，因此可以在单个文件中管理各种类型的相关信息。工作簿窗口位于 Excel 2010 窗口的中央区域，启动 Excel 2010 时，系统自动打开一个名为"工作簿 1"的工作簿窗口。默认情况下，工作簿窗口处于最大化状态，与 Excel 2010 窗口重合。工作簿由若干个工作表组成，工作表又由单元格组成，如图 9-5 所示。

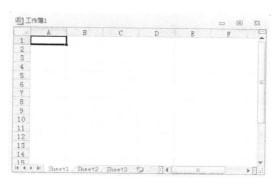

图 9-5　工作簿窗口

1．单元格

单元格是 Excel 工作簿组成的最小单位，在工作表中白色长方格就是单元格，是存储数据的基本单位，在单元格中可以填写数据。在工作表中单击某个单元格，此单元格边框加粗显示，被称为活动单元格，并且活动单元格的行号和列标突出显示。可向活动单元格内输入数据，这些数据可以是字符串、数字、公式、图形等。单元格可以通过位置标识，每一个单元格均有对应的行号和列标，如第 C 列第 8 行的单元格表示为C8。

2. 工作表

工作表位于工作簿窗口的中央区域，由行号、列标和网络线构成。工作表也称电子表格，是 Excel 完成一项工作的基本单位，是由 65536 行和 256 列构成的一个表格，其中行是自上而下按 1~65536 进行编号，而列号则由左到右采用字母 A、B、C……进行编号。

使用工作表可以对数据进行组织和分析，可以同时在多张工作表上输入并编辑数据，并且可以对来自不同工作表的数据进行汇总计算。

工作表的名称显示于工作簿窗口底部的工作表标签上。要从一个工作表切换到另一工作表进行编辑，可以单击工作表标签进行工作表的切换，活动工作表的名称以单下画线显示并呈凹入状态显示。默认的情况下，工作簿由 Sheet1、Sheet2、Sheet3 这 3 个工作表组成。工作簿最多可以包括 255 张工作表和图表，一个工作簿默认的工作表的多少可以根据用户的需要决定。若要创建新的工作表，单击"插入工作表"按钮即可，如图 9-6 所示。

图9-6　"插入工作表"按钮

9.2　输入数据

在表格中输入数据是编辑表格的基础，Excel 2010 提供了多种数据类型，不同的数据类型在表格中的显示方式是不同的。如果要在指定的单元格中输入数据，应首先单击该单元格将其选中，然后输入数据。输入完毕，可按回车键确认，同时当前单元格自动下移。也可以单击编辑栏上的"输入"按钮确认输入，此时当前单元格不变。如果单击编辑栏上的"取消"按钮，则可以取消本次输入。

Excel 2010 提供的数据类型有十几种，在此主要介绍文本型数据、数字型数据、日期型数据的输入。

9.2.1　输入文本型数据

在 Excel 2010 中，文本型数据包括汉字、英文字母、数字、空格及其他合法的在键盘上能直接输入的符号，文本型数据通常不参与计算。在默认情况下，所有在单元格中的字符型数据均设置为左对齐。在 Excel 2010 中，每个单元格最多可包含 32000 个字符。

如果要输入中文文本，首先将要输入内容的单元格选中，然后选择一种熟悉的中文输入法直接输入即可。如果用户输入的文字过多，超过单元格的宽度，会产生两种结果。

（1）如果右边相邻的单元格中没有数据，则超出的文字会显示在右边相邻的单元格中。

（2）如果右边相邻的单元格中含有数据，那么超出单元格的部分不会显示。没有显示的部分在加大列宽或以折行的方式格式化该单元格后，可以看到该单元格中的全部内容。

在新创建的空白工作簿的 Sheet1 工作表中 A2 单元格内输入标题"员工工资管理表"，具体操作步骤如下。

（1）单击 A2 单元格将其选中。

（2）选择一种中文输入法在单元格中直接输入"员工工资管理表"，如图 9-7 所示。

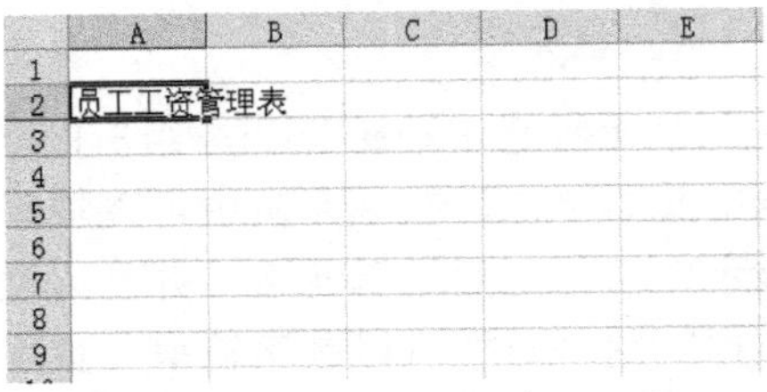

图9-7　在单元格中输入文本型数据

（3）输入完毕，按回车键确认，同时当前单元格自动下移。

（4）按照相同的方法在工作表中输入其他的文本型数据，输入文本型数据后的最终效果，如图9-8 所示。

如果输入的文本型数据全部由数字组成，如员工编号、邮编、电话号码、学号等，在输入时必须先输入"'"，这样系统才能把数字视作文本，如果要在单元格中输入员工编号"001"，首先选中 A9 单元格，输入"'"，再输入"001"，这样 Excel 2010 就会把它看作是文本型数据，将它沿单元格左边对齐。按照相同的方法输入其他的员工编号。

将数字视作文本输入后，用户会发现在单元格的左上角将显示有绿色错误指示符，如图 9-9 所示。选中含有绿色错误指示符的单元格后，在单元格的旁边将会出现按钮 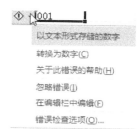，单击该按钮的下拉按钮，弹出下拉列表框。在下拉列表框中如果选择"转换为数字"选项，则当前数字转换为数字型数据，如果选择"忽略错误"选项，则单元格左上角的绿色错误指示符将消失。

图9-8　输入文本型数据后的最终效果

图9-9　错误提示菜单

9.2.2　输入数字

Excel 2010 中的数字可以是 0、1……以及正号、负号、小数点、分数号"/"、百分号"%"、货币符号"￥"等。在默认状态下，系统把单元格中的所有数字设置为右对齐。

如要在单元格中输入正数，可以直接在单元格中输入。例如，要输入胡伟的基本工资"4800"，首先选中 D6 单元格，然后直接输入数字"4800"。按照相同的方法在其他单元格中输入相应的数据，如图 9-10 所示。

如果要在单元格中输入负数，在数字前加一个负号，或者将数字括在括号内，如输入"-50"和"（50）"都可以在单元格中得到-50。

输入分数比较麻烦一些，如果要在单元格中输入 1/5，首先选中单元格，然后输入一个数字 0，再输入一个空格，最后输入"1/5"，这样表明输入了分数 1/5。如果不先输入 0 而直接输入 1/5，系统将默认这是日期型数据。

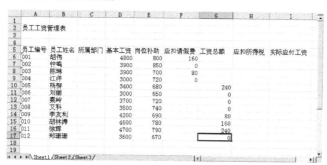

图 9-10　输入数字型数据

9.2.3　输入日期和时间

在单元格中输入一个日期后，Excel 2010 会把它转换成一个数，这个数代表了从 1900 年 1 月 1 日起到该天的总天数。尽管不会看到这个数（Excel 2010 还是把用户的输入显示为正常日期），但它在日期计算中还是很有用的。在输入时间或日期时必须按照规定的输入方式，在输入日期或时间后，如果 Excel 2010 认出了输入的是日期或时间，它将以右对齐的方式显示在单元格中。如果没有认出，则把它看成文本，并左对齐显示。

输入日期，应使用"YY / MM / DD"格式，即先输入年份，再输入月份，最后输入日期。如"2009/7/5"。如果在输入时省略了年份，则以当前年份作为默认值。

例如在工资表的 I4 单元格中输入日期"2014/7/5"，首先选中 I4 单元格，然后输入"2014-7-5"，则在 I4 单元格中显示出"2014/7/5"，如图 9-11 所示。

员工编号	员工姓名	所属部门	基本工资	岗位补助	应扣请假费	工资总额	应扣所得税	实际应付工资
								2014/7/5
001	胡伟		4800	800	160			
002	钟鸣		3900	850	0			
003	陈琳		3900	700	80			
004	江洋		3000	720	0			
005	杨柳		3400	680		240		
006	刘丽		3000	650		0		
007	秦岭		3700	720		0		
008	艾科		3500	740		0		
009	李友利		4200	690		80		
010	胡林涛		4600	780		160		
011	徐辉		4700	790		240		
012	郑珊珊		3600	670		0		

员工工资管理表

图 9-11　输入日期

在输入时间时，要用冒号将小时、分、秒隔开。如"15：51：51"。如果在输入时间后不输入"AM"或"PM"，Excel 2010 会认为使用的是 24 小时制。即在输入下午的 3：51 分时应输入"3：51 PM"或"15：51：00"。必须要记住在时间和"AM"或"PM"标注之间输入一个空格。如果要在单元格中插入当前日期，可以按【Ctrl+;】组合键。如果在单元格中插入当前时间，可以按【Ctrl+Shift+;】组合键。

9.2.4　移动或复制数据

单元格中的数据可以通过复制或移动操作，将它们复制或移动到同一个工作表中的不同地方、另外的工作表中或另外的应用程序中。如果要移动或复制的原单元格或单元格区域中含有公式，将其移动或复制到新位置的时候，公式会因单元格区域的引用变化自动生成新的计算结果。

1. 利用功能区的按钮移动或复制数据

如果移动或者复制的源单元格和目标单元格相距较远，可以利用"开始"选项卡中"剪切板"组中的"复制"、"剪切"和"粘贴"按钮来复制或移动单元格中的数据。

在制作员工工资管理表时，一不小心把"应扣请假费"的部分数据输错了位置，利用功能区的按钮移动单元格区域中的数据的具体操作步骤如下。

（1）选中要进行移动数据的单元格区域。

（2）在"开始"选项卡中单击"剪切板"组中的"剪切"按钮，此时在选中的单元格区域周围出现闪烁的边框。

（3）选中要粘贴到的单元格或单元格区域左上角的单元格，在"开始"选项卡中单击"剪切板"组中的"粘贴"按钮，将选中区域的数据复制到目标区域，如图9-12所示。

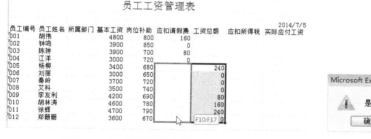

图9-12　移动单元格区域数据后的效果

　　复制单元格或单元格区域的数据与移动的操作类似，只要在"开始"选项卡中单击"复制"按钮，即可执行复制数据的操作。

2．利用鼠标拖动移动或复制

　　如果移动或者复制的源单元格和目标单元格相距较近，直接使用鼠标拖动能更方便快捷地实现复制和移动数据的操作。使用鼠标拖动的方法移动数据的操作步骤如下。

　　（1）选中要移动数据的单元格区域。

　　（2）将鼠标指针移动到所选中的单元格或单元格区域的边缘，当鼠标指针变成　　形状时按住鼠标左键并拖动。

　　（3）此时一个与原单元格或单元格区域一样大小的虚线框会随着鼠标指针移动，如图9-13所示。到达目标位置后松开鼠标左键即可。

　　提示： 在利用鼠标移动数据时，如果目标单元格区域含有数据，则会打开如图9-14所示的警告对话框，单击"确定"按钮，则目标单元格区域中的数据将被替换，单击"取消"按钮，则取消移动操作。

图9-13　拖动鼠标移动数据　　　　　　图9-14　移动数据时的警告对话框

　　使用鼠标拖动的方法复制单元格或单元格区域数据与移动操作相似。在按住鼠标左键的同时按住【Ctrl】键，此时在箭头状的鼠标指针旁边会出现一个加号，表示现在进行的是复制操作而不是移动操作。

9.2.5　单元格内容的修改

　　当单元格中的内容输入有误或不完整时，就需要对单元格的内容进行修改，当单元格中的一些数据内容不再需要时，可以将其删除。修改与删除是编辑工作表数据时常用的两种操作。

1．修改单元格中的部分数据

在员工工资管理表中输入数据后发现 D7 单元格中的数据不是"3900"，而应该是"3800"，将数据修改正确的具体操作步骤如下。

（1）单击要修改内容的 D7 单元格，此时在编辑栏中显示该单元格中的内容。

（2）单击编辑栏，在编辑栏中出现闪烁的光标，将光标定位在"9"的后面。

（3）按【Backspace】键删除光标左侧的字符，并在光标处输入正确的数据。

（4）输入完数据后单击编辑栏中的"输入"按钮即可，效果如图 9-15 所示。

D7			fx	3800				
A	B	C	D	E	F	G	H	I

员工工资管理表

2014/7/5

员工编号	员工姓名	所属部门	基本工资	岗位补助	应扣请假费	工资总额	应扣所得税	实际应付工资
001	胡伟		4800	800	160			
002	钟鸣		3800	850	0			
003	陈琳		3900	700	80			
004	江洋		3000	720	0			
005	杨柳		3400	680	240			
006	刘丽		3000	650	0			
007	秦岭		3700	720	0			
008	艾科		3500	740	0			
009	李友利		4200	690	80			
010	胡林涛		4600	780	160			
011	徐辉		4700	790	240			
012	郑珊珊		3600	670	0			

图 9-15　修改数据

提示：还可以双击要修改数据的单元格，在单元格中出现闪烁的光标后直接在单元格中修改部分数据。

2．以新数据覆盖旧数据

在员工工资管理表中输入数据后发现 D11 单元格中的数据"3000"是错误的，正确的应该是"3200"，也可以利用以新数据覆盖旧数据的方法来修改数据，具体操作步骤如下。

（1）单击要被新数据替代的 D11 单元格。

（2）直接在该单元格中输入数据"3200"，则此时单元格中的数据"3000"被输入的新数据覆盖。

9.3　自动填充数据

如果输入的行或列中的数据有规律可循时，可以利用 Excel 2010 的自动填充数据功能来快捷地输入这些数据。

9.3.1　填充相同的数据

如果遇到相邻的单元格中的数据相同时，可以快速填充而不必每个单元格都输入，用户可以利用填充柄来进行填充。

当用户选中某个单元格而使其成为活动单元格时，可以看到在单元格的右下角有一个黑色的矩形图标，该图标在 Excel 2010 中被称为填充柄。利用填充柄来进行数据的填充操作时，可使操作变得十分简便。利用填充柄填充相同的数据，具体操作步骤如下。

（1）选中原有数据的区域 C10 单元格，将鼠标指针移至选中区域的右下角，此时鼠标指针为 ✚ 形状。

（2）按住鼠标左键，拖动填充柄到目的区域，则拖过的单元格区域的外围边框显示为虚线，并显示出填充的数据，如图9-16所示。

（3）松开鼠标左键，则被拖过的单元格区域内均填充了相同的数据内容。

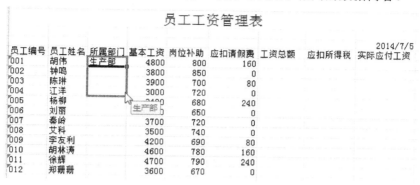

图9-16 拖动填充柄填充相同的数据

9.3.2 填充数据序列

在Excel 2010中，不但可以在相邻的单元格中填充相同的数据，还可以使用自动填充功能快速输入具有某种规律的数据序列。

1. 填充可扩展数据序列

在Excel 2010中提供了一些可扩展序列，可扩展序列是默认的可自动填充的数列，其中包括日期和时间序列。在使用单元格填充柄填充这些数据时，相邻单元格的数据将按序列递增或递减的方式进行填充。如果要在工作表中填充一星期7天，具体操作步骤如下。

（1）在单元格中输入序列数据的初始值"星期一"。

（2）将鼠标指针指向单元格右下角的填充柄，当鼠标指针变为 ✚ 形状时按住鼠标左键向下拖动，在拖动的过程中出现屏幕提示"星期二""星期三"……这样的字样，如图9-17所示。

（3）到达目标位置松开鼠标左键，序列的其他值会自动填充到拖过的区域，如图9-18所示。

2. 输入等比序列

等比序列也是在编辑工作表时经常用到的序列，对于等比序列的填充用户可以利用"序列"对话框来实现，输入等比序列的具体操作步骤如下。

（1）选中含有等比序列初始值的单元格为当前单元格。

（2）在"开始"选项卡中单击"编辑"组中的"填充"下拉按钮，在弹出的下拉列表框中选择"系列"选项，打开"序列"对话框，如图9-19所示。

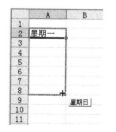

图9-17 利用填充柄填充可扩展序列　　图9-18 填充可扩展序列的效果　　图9-19 "序列"对话框

（3）在"序列产生在"选项区域选择序列产生在"行"还是"列"。

（4）在"类型"选项区域选中"等比序列"单选按钮。

（5）在"步长值"文本框中输入等比序列的增长值，在"终止值"文本框中输入等比序列的终止值。

（6）单击"确定"按钮，将会在表格中产生一个等比序列。

> **提示：** 如果在"序列"对话框中的"类型"选项区域选中"等差序列"或"日期"单选按钮，再进行其他项的设置，则可以得到一个等差序列或日期序列。

3．输入等差序列

可以利用"序列"对话框对等差序列进行填充，在实际的操作中也可以拖动填充柄来快速输入等差序列。首先在两个单元格中输入等差数列的前两个数，然后选中输入数据的两个单元格作为当前单元格区域，拖动填充柄，这时 Excel 2010 将按照前两个数的差自动填充序列。

9.4 输入公式

公式是在工作表中对数据进行分析和运算的等式，或者说是一组连续的数据和运算符组成的序列。公式要以等号（=）开始，用于表明其后的字符为公式。紧随等号之后的是需要进行计算的元素，各元素之间用运算符隔开。

9.4.1 公式中的运算符

运算符用于对公式中的元素进行特定类型的运算，分为文本运算符、算术运算符、比较运算符和引用运算符。

（1）文本运算符：文本运算符只有一个"&"，使用该运算符可以将文本连接起来。其含义是将两个文本值连接或串联起来产生一个连续的文本值，如"大众"&"轿车"的结果是"大众轿车"。

（2）算术运算符和比较运算符：算术运算符可以完成基本的算术运算，如加、减、乘、除等，还可以连接数字并产生运算结果；比较运算符可以比较两个数值并产生逻辑值，逻辑值只有 FALSE 和 TURE，即错误和正确。表 9-1 列出了算术运算符和比较运算符的含义。

（3）引用运算符：引用运算符可以将单元格区域合并计算，它主要包括冒号、逗号、空格。表 9-2 列出了引用运算符的含义。

表 9-1 算术运算符和比较运算符

算术运算符	含义	比较运算符	含义
+	加	=	等于
−	减	<	小于
*	乘	>	大于
/	除	>=	大于等于
^	乘方	<=	小于等于
%	百分号	<>	不等于

表9-2　引用运算符

引用运算符	含　义
:（冒号）	区域运算符，表示区域引用，对包括两个单元格在内的所有单元格进行引用
,（逗号）	联合运算符，将多个引用合并为一个引用
空格	交叉运算符，对同时隶属两个区域的单元格进行引用

9.4.2　运算顺序

Excel 2010 根据公式中运算符的特定顺序从左到右计算公式。如果公式中同时用到多个运算符时，对于同一级的运算，则按照从等号开始从左到右进行计算，对于不同级的运算符，则按照运算符的优先级进行计算。表 9-3 列出了常用运算符的运算优先级。

表9-3　公式中运算符的优先级

运算符	含　义	运算符	含　义
:（冒号）	区域运算符	^	乘方
(空格)	交叉运算符	*和/	乘和除
,（逗号）	联合运算符	+和-	加和减
-(负号)	如-5	&	文本运算符
%	百分号	=、>、<、>=、<=、<>	比较运算符

提示：若要更改求值的顺序，可以将公式中先要计算的部分用括号括起来。例如，公式 "=10+3*5" 的结果是 25，因为 Excel 2010 先进行乘法运算后再进行加法运算。先将 3 与 5 相乘，再加上 10，即得到结果。如果使用括号改变语法 "=（10+3）*5"，Excel 先用 10 加上 3，再用结果乘以 5，得到结果 65。

9.4.3　创建公式

创建公式时可以直接在单元格中输入，也可以在编辑栏中输入，在编辑栏中输入和在单元格中输入计算结果是相同的。

例如，要在工作表中计算出"胡伟"的工资总额，具体操作步骤如下。

（1）选中 G6 单元格，直接输入公式 "=D6+E6-F6"，如图 9-20 所示。

（2）按回车键，或单击编辑栏中的"输入"按钮，即可在单元格中计算出结果，如图 9-21 所示。

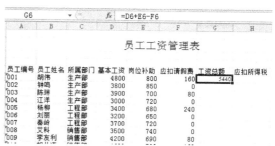

图9-20　在单元格中输入公式　　　　图9-21　利用公式计算出的结果

9.5　单元格的引用

引用的作用在于标识工作表上的单元格或单元格区域，并指明公式中所使用的数据的位置。通过引用，可以在公式中使用工作表不同部分的数据，或者在多个公式中使用同一个单元格的数值。还可以引用同一个工作簿中不同工作表上的单元格或其他工作簿中的数据。在 Excel 2010 中，系统提供了 3 种不同的引用类型：相对引用、绝对引用和混合引用。它们之间既有区别又有联系，在引用单元格数据时，一定要清楚这 3 种引用类型间的区别和联系。

9.5.1　相对引用

相对引用，指的是引用单元格的行号和列标。所谓相对，就是可以变化，它最大的特点就是在单元格中使用公式时如果公式的位置发生变化，那么所引用的单元格也会发生变化。

例如，在 G6 单元格中使用的公式"=D6+E6-F6"，想把其公式相对引用到 G7 单元格中，具体操作步骤如下：

（1）单击选中 G6 单元格。

（2）在"开始"选项卡中单击"剪切板"组中的"复制"按钮，在选中的单元格周围出现闪烁的边框。

（3）单击选中要相对引用的 G7 单元格，在"开始"选项卡中单击"剪切板"组中的"粘贴"按钮，即可将 G6 单元格中的公式相对引用到 G7 单元格中，在该单元格中的公式将变为"=D7+E7-F7"，如图 9-22 所示。

图 9-22　在公式中使用了相对引用复制公式的效果

9.5.2　绝对引用

绝对引用，顾名思义就是当公式的位置发生变化时，所引用的单元格不会发生变化，无论移到任何位置，引用都是绝对的。使用绝对引用时在单元格名前加符号"＄"，如＄A＄3 表示 A3 单元格是绝对引用。

例如，当把 G6 单元格中的公式改为"=\$D\$6+\$E\$6-\$F\$6"再把它复制到 G7 单元格中，这时单元格的引用不发生任何变化，如图 9-23 所示。

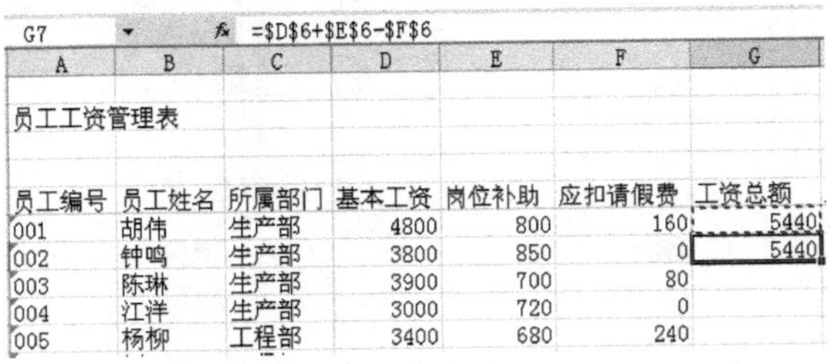

图 9-23　绝对引用填充公式

9.5.3 混合引用

混合引用，就是指只绝对引用行号或者列标，如$B6 表示绝对引用列标，B$6 则表示绝对引用行号。当相对引用的公式发生位置变化时，绝对引用的行号或列标不变，但相对引用的行号或列标则发生变化。

如果多行多列地复制公式，则相对引用自动调整，而绝对引用不做调整。例如，如果将一个混合引用"=A$1"从 A2 单元格复制到 B2 单元格，它将从"=A$1"调整到"=B$1"。

9.5.4 公式自动填充

与常量数据填充一样，利用填充柄也可以完成公式的自动填充。利用相对引用和绝对引用的不同特点，再配合自动填充操作，可以快速建立一批类似的公式。

例如，在员工工资表中，G6：G17 单元格区域所应用的公式非常类似，因此可以利用自动填充的功能来快速完成公式的输入，具体操作步骤如下。

（1）单击 G6 单元格。

（2）将鼠标指针移到该单元格的填充柄上，并向下拖动填充柄。

（3）到达 G17 单元格后松开鼠标左键，则 G6 单元格中的公式自动填充到选中的单元格区域，如图 9-24 所示。

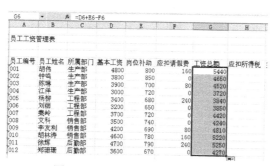

图9-24 自动填充公式后的效果

9.6 应用函数

函数是一些预定义的公式，通过使用一些称为参数的特定数值按特定的顺序或结构执行计算。函数可用于执行简单或复杂的计算。在公式中合理地使用函数，可以大大节省输入的时间，简化公式的输入。

9.6.1 直接输入函数

直接输入法就是直接在工作表的单元格中输入函数的名称及语法结构。这种方法要求用户对所使用的函数较为熟悉，并且十分了解此函数包括多少个参数及参数的类型。然后就可以像输入公式一样来输入函数，而且使用起来也较为方便。

直接输入法的操作非常简单，只需先选中要输入函数公式的单元格，输入"＝"，然后按照函数的语法直接输入函数名称及各参数即可。

例如，在员工工资表中，利用公式计算出了工资总额，那么应扣所得税的计算方法则是总工资的 10%，但是总工资必须大于等于 4000 元，小于 4000 元的总工资不扣除所得税，现在利用直接输入函数的方法在 H6 单元格中输入条件函数，以此来求出应扣所得税的数值，具体操作步骤如下。

（1）单击 H6 单元格。

（2）直接输入"=IF（G6>=4000,G6*10%,0）"，如图 9-25 所示。

（3）按回车键或单击编辑栏中的"输入"按钮，则可在 H6 单元格中得出计算结果。

图9-25　在单元格中直接输入函数

9.6.2　插入函数

由于 Excel 提供了 200 多种函数，用户不可能全部记住。当不能确定函数的拼写时，则可使用插入函数的方法来插入函数，这种方法简单、快速，不需要用户的输入，直接插入即可使用。

例如，上面的条件函数我们不经常利用，这里可以使用粘贴函数的方法在 H6 单元格中求出应扣所得税，具体操作步骤如下。

（1）单击 H6 单元格。

（2）在"公式"选项卡中单击"函数库"组中的"插入函数"按钮，打开"插入函数"对话框，如图 9-26 所示。

（3）在"或选择类别"下拉列表框中选择"逻辑"选项，在"选择函数"列表框中选择所需的函数类型"IF"。

（4）单击"确定"按钮，打开"函数参数"对话框，如图 9-27 所示。

（5）在"Logical_test"文本框中直接输入函数的参数"G6>=4000"，在"Value_if_true"文本框中输入 Logical_test 条件成立时的值"G6*10%"，在"Value_if_false"编辑框中输入 Logical_test 条件不成立时的值"0"。

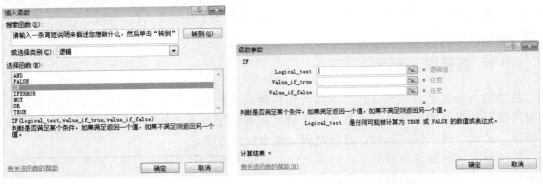

图9-26　"插入函数"对话框　　　　　图9-27　"函数参数"对话框

（6）单击"确定"按钮，则在单元格中将显示出计算结果。

利用填充的方法将 H6 单元格中的函数填充到 H7：H17 单元格区域，利用公式计算出实际应付的工资。选中 A2：I2 单元格区域，单击"格式"工具栏中的"合并及居中"按钮，然后在"字体"下拉列表框中选择"20"选项，则工资表的最终效果如图 9-28 所示。

员工工资管理表

								2014/7/5
员工编号	员工姓名	所属部门	基本工资	岗位补助	应扣请假费	工资总额	应扣所得税	实际应付工资
001	胡伟	生产部	4800	800	160	5440	544	4896
002	钟鸣	生产部	3800	850	0	4650	465	4185
003	陈琳	生产部	3900	700	80	4520	452	4068
004	江洋	生产部	3000	720	0	3720	0	3720
005	杨柳	工程部	3400	680	240	3840	0	3840
006	刘丽	工程部	3200	650	0	3850	0	3850
007	秦岭	工程部	3700	720	0	4420	442	3978
008	艾科	销售部	3500	740	0	4240	424	3816
009	李友利	销售部	4200	690	80	4810	481	4329
010	胡林涛	销售部	4600	780	160	5220	522	4698
011	徐辉	后勤部	4700	790	240	5250	525	4725
012	郑珊珊	后勤部	3600	670	0	4270	427	3843

图 9-28　员工工资管理表最终效果

技巧：员工工资是指支付给员工的基本劳动报酬的形式、标准和方法。每家公司都有自己的工资管理制度，在工资管理制度中都明确了工资的发放标准和方法。每个公司工资的工资发放情况都不一样，在一个公司内部由于工作性质的不同也有不同的工资发放方法，在制作工资表时一定要根据自己公司的工资管理制度来制定工资的发放标准和方法。

9.7　保存与关闭工作簿

在工作簿中输入的数据、编辑的表格均存储在计算机的内存中，当数据输入后必须保存到磁盘上，以便在以后载入修改、打印等。

9.7.1　保存工作簿

员工工资管理表完成后，需要保存该工作簿，具体步骤如下。

（1）单击快速访问栏上的"保存"按钮，或者按【Ctrl+S】组合键，或者在"文件"选项卡中单击"保存"按钮，打开"另存为"对话框，如图 9-29 所示。

（2）选择合适的文件保存位置，这里选择"案例与素材\第 9 章案例效果"。

（3）在"文件名"文本框中输入所要保存文件的文件名。这里输入"员工工资管理表"。

（4）设置完毕后，单击"保存"按钮，即可将文件保存到所选的目录下。

图 9-29　"另存为"对话框

技巧：对于保存过的工作簿，进行修改后，若要保存可直接单击快速访问工具栏中的"保存"按钮或者按【Ctrl+S】组合键，此时不会打开"另存为"对话框，Excel 会以用户第一次保存的位置进行保存，并且将覆盖掉原来工作簿的内容。

9.7.2 关闭工作簿

在使用多个工作簿进行工作时，可以将使用完毕的工作簿关闭，这样不但可以节约内存空间，还可以避免打开的文件太多引起混乱。单击标题栏上的"关闭"按钮，或者在"文件"选项卡中单击"关闭"按钮，即可将工作簿关闭。如果没有对修改后的工作簿进行保存就执行了关闭操作，系统将打开如图 9-30 所示的对话框。对话框中提示用户是否对修改后的文件进行保存，单击"保存"按钮，保存文件的修改并关闭工作簿；单击"不保存"按钮，则关闭文件而不保存工作簿的修改。当员工档案表制作完成后，不再需要修改，即可单击标题栏上的"关闭"按钮，关闭工作簿。

图9-30　提示信息对话框

举一反三　制作公司生产成本核算表

生产成本是指企业为生产一定种类和数量的产品所发生的费用，即直接材料、直接人工和制造费用的总和。这里为某企业制作一个生产成本核算表，最终效果如图 9-31 所示。

在制作生产成本核算表之前先打开"案例与素材\第 9 章素材"文件夹中的"生产成本核算表（初始）"文件。制作生产成本核算表的具体操作步骤如下。

（1）利用求和函数 SUM 计算"生产费用合计"。选中 B11 单元格。

（2）在"公式"选项卡中单击"函数库"组中的"插入函数"按钮，或者在编辑栏中单击"插入函数"按钮，打开"插入函数"对话框。

（3）在"或选择类别"下拉列表框中选择"常用函数"项，在"选择函数"列表框中选择所需的函数类型"SUM"。

产品生产成本表

编制: 王刚	时间	2014年7月
项　目	上月实际	本月实际
生产费用:		
直接材料	¥210,000.00	¥200,000.00
其中:原材料	¥160,000.00	¥150,000.00
直接人工	¥120,000.00	¥130,000.00
燃料及动力	¥1,700.00	¥1,600.00
制造费用	¥21,000.00	¥20,000.00
生产费用合计	¥352,700.00	¥351,600.00
加:在产品、自制半成品期初余额	¥2,700.00	¥2,600.00
减: 在产品、自制半成品期末余额	¥5,100.00	¥5,000.00
产品生产成本合计	¥350,300.00	¥349,200.00
减: 自制设备耗用、在建工程耗用	¥390.00	¥400.00
减: 其他不包括在产品成本中的生产费用	¥490.00	¥480.00
产品总成本	¥349,420.00	¥348,320.00

图9-31　生产成本核算表

（4）单击"确定"按钮，打开"函数参数"对话框，如图 9-32 所示。

（5）在"Number1"文本框中直接输入"B6"，在"Number2"文本框中直接输入"B8: B10"。

（6）单击"确定"按钮，则在单元格中显示出计算结果。

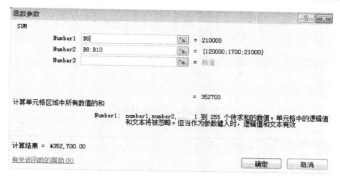

图9-32　设置SUM函数参数

（7）利用填充的方法将B11单元格中的函数填充到C11单元格，如图9-33所示。

产品生产成本表

项　目	上月实际	本月实际
编制：王刚　　时间		2014年7月
生产费用：		
直接材料	¥210,000.00	¥200,000.00
其中：原材料	¥160,000.00	¥150,000.00
直接人工	¥120,000.00	¥130,000.00
燃料及动力	¥1,700.00	¥1,600.00
制造费用	¥21,000.00	¥20,000.00
生产费用合计	¥352,700.00	¥351,600.00
加:在产品、自制半成品期初余额	¥2,700.00	¥2,600.00
减：在产品、自制半成品期末余额	¥5,100.00	¥5,000.00
产品生产成本合计		
减：自制设备耗用、在建工程耗用	¥390.00	¥400.00
减：其他不包括在产品成本中的生产费用	¥490.00	¥480.00
产品总成本		

图9-33　利用求和函数计算的效果

数组公式是对一组或多组数值执行多重计算，并返回一个或多个结果，在输入数组公式时，Excel 2010会自动在大括号{ }之间插入公式。假设"产品生产成本合计"等于"生产费用合计"加上"在产品、自制半成品期初余额"减去"在产品、自制半成品期末余额"的值。

（8）单击B14单元格，直接输入公式"=SUM（B6,B8:B10）+B12-B13"，按【Ctrl+Shift+回车】组合键确认输入，B14单元格显示出产品生产成本合计值，如图9-34所示。

	B14		fx	{=SUM(B6,B8:B10)+B12-B13}	
	A		B	C	
2	**产品生产成本表**				
3	编制：王刚		时间	2014年7月	
4	项　目		上月实际	本月实际	
5	生产费用：				
6	直接材料		¥210,000.00	¥200,000.00	
7	其中：原材料		¥160,000.00	¥150,000.00	
8	直接人工		¥120,000.00	¥130,000.00	
9	燃料及动力		¥1,700.00	¥1,600.00	
10	制造费用		¥21,000.00	¥20,000.00	
11	生产费用合计		¥352,700.00	¥351,600.00	
12	加:在产品、自制半成品期初余额		¥2,700.00	¥2,600.00	
13	减：在产品、自制半成品期末余额		¥5,100.00	¥5,000.00	
14	产品生产成本合计		¥350,300.00		
15	减：自制设备耗用、在建工程耗用		¥390.00	¥400.00	
16	减：其他不包括在产品成本中的生产费用		¥490.00	¥480.00	
17	产品总成本				

图9-34　利用数组公式计算结果

（9）利用填充的方法将B14单元格中的函数填充到C14单元格。

假设"产品总成本"等于"产品生产成本合计"减去"自制设备耗用、在建工程耗用"减去"其他不包括在产品成本中的生产费用"的值。

（10）选中 B17：C17 单元格区域，输入公式"=B14:C14-B15:C15-B16:C16"，按【Ctrl+Shift+回车】组合键确认输入，B17：C17 单元格区域显示出产品总成本，如图 9-35 所示。

产品生产成本表

编制：王刚	时间	2014年7月
项　目	上月实际	本月实际
生产费用：		
直接材料	¥210,000.00	¥200,000.00
其中:原材料	¥160,000.00	¥150,000.00
直接人工	¥120,000.00	¥130,000.00
燃料及动力	¥1,700.00	¥1,600.00
制造费用	¥21,000.00	¥20,000.00
生产费用合计	¥352,700.00	¥351,600.00
加:在产品、自制半成品期初余额	¥2,700.00	¥2,600.00
减：在产品、自制半成品期末余额	¥5,100.00	¥5,000.00
产品生产成本合计	¥350,300.00	¥349,200.00
减：自制设备耗用、在建工程耗用	¥390.00	¥400.00
减：其他不包括在产品成本中的生产费用	¥490.00	¥480.00
产品总成本	¥349,420.00	¥348,320.00

图 9-35　计算产品总成本

回头看

通过案例"员工工资管理表"及举一反三"公司生产成本核算表"的制作过程，主要学习了各种类型数据的输入方法、公式和函数的输入方法、数据的快速输入及数据的编辑方法。编辑数据是操作工作簿的基础，因此本章的知识是学习 Excel 2010 的基础。

知识拓展

1．单元格、行和列的选择

在进行单元格或单元格区域的格式设置之前，首先要选中进行格式设置的对象。如果操作的对象是单个单元格，只需单击某一个单元格即可。如果操作的对象是一些单元格的集合时，就需要选中数据内容所在的单元格区域，然后才能进行格式化的操作。

单元格、行和列的选定，具体操作方法主要有以下几种。

（1）选中列：将鼠标指针移动到所要选择列的列标上，当鼠标指针变为 ↓ 形状时，单击，则整列被选中。如果要同时选中连续的多列时，只需将鼠标指针移到某列的列标上，单击并拖动，拖动到所要选择的最后一列时松开鼠标左键即可；选择不连续的多列时，可在选中一部分列后，按住【Ctrl】键再选择另外的列即可。

（2）选中行：将鼠标指针移到该行的行号上，当鼠标指针变成 → 形状时单击，即可将该行选中。

（3）选中连续的单元格区域：单击要选中区域左上角的单元格，此时鼠标指针为 ✚ 形状，按住鼠标左键并拖动到要选中区域的右下角。松开鼠标左键，选择的区域将反白显示。其中只有第一个单元格正常显示，表明它为当前活动的单元格，其他均被置为蓝色。

（4）选中不连续的单元格区域：首先选中第一个单元格区域，然后按住【Ctrl】键再选中其他区域即可。

2．使用选择性粘贴

在进行单元格或单元格区域复制操作时，有时只需要复制其中的特定内容而不是所有内容时，可以执行"选择性粘贴"操作来完成，具体步骤如下。

（1）选中需要复制数据的单元格区域。

（2）在"开始"选项卡中单击"剪贴板"组中的"复制"按钮，或者右击，在弹出的快捷菜单中执行"复制"命令，在选中的单元格区域周围出现闪烁的边框。

（3）选中要复制目标区域中的左上角的单元格，在"开始"选项卡中单击"剪贴板"组的"粘贴"下拉按钮，弹出下拉列表框。

（4）在下拉列表框中选择"选择性粘贴"选项，打开"选择性粘贴"对话框，如图9-36所示。

（5）在"选择性粘贴"对话框中根据需要选中粘贴方式。

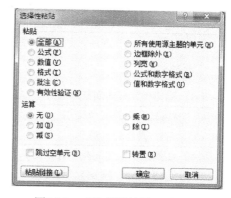

图9-36　"选择性粘贴"对话框

（6）单击"确定"按钮。

从"选择性粘贴"对话框中用户可以看到，使用选择性粘贴进行复制可以实现加、减、乘、除运算，或者只复制公式、数值、格式等。

3．清除单元格内容

如果仅仅想将单元格中的数据清除掉，但还要保留单元格，可以先选中该单元格，然后直接按【Delete】键删除单元格中的内容。此外，还可以利用"清除"下拉列表框中的选项，对单元格中的不同内容进行清除。

首先选中要清除内容的单元格或单元格区域，在"开始"选项卡中单击"编辑"组中的"清除"下拉按钮，弹出下拉列表框，可以根据需要选择相应的选项来完成操作。下拉列表框中各选项的功能说明如下。

（1）全部清除：选择该选项，将清除单元格中的所有内容，包括格式、内容、批注等。

（2）清除格式：选择该选项，只清除单元格的格式，单元格中其他的内容不被清除。

（3）清除内容：选择该选项，可以只清除单元格的内容，单元格中的格式、批注等不被清除。

（4）清除批注：选择该选项，只清除单元格的批注。

习题9

填空题

1．第 C 列第 5 行的单元格表示为_____。

2．工作表也称_____，它是 Excel 2010 完成一项工作的基本单位，工作表由_____行和_____列构成。

3．在默认情况下，字符型数据设置为_____对齐，日期型数据设置为_____对齐，数字设置为_____对齐。

4．如果要在单元格中插入当前日期，可以按【_____】组合键。如果在单元格中插入当前时间，可以按【_____】组合键。

5．公式中的运算符分为_____、_____、_____和_____。

6. Excel 2010 提供了 3 种不同的引用类型：_____、_____ 和 _____。

7. Excel 2010 的函数由三部分组成：_____、_____ 和 _____。

8. 默认的工作簿有 _____ 张工作表。

9. 在选中多个单元格区域时，如果同时按住【_____】键，能快速地选择连续的单元格区域，按住【_____】键则可以选择多个不连续的单元格区域。

10. 当插入函数或输入数据时，在编辑栏中会显示 _____、_____ 和 _____ 3 个按钮。

选择题

1. 鼠标指针移动到某一列的上方，当指针变为 _____ 时，单击可选中该列。

　　（A）白色的下箭头　　　　　　　　　　（B）白色的斜箭头

　　（C）黑色的下箭头　　　　　　　　　　（D）黑色的斜箭头

2. 在快速输入数据时，可以用 _____ 键或 _____ 键来下移或右移到下一个单元格。

　　（A）回车，【Ctrl】　　　　　　　　　（B）【Shift】，【Tab】

　　（C）回车，【Tab】　　　　　　　　　（D）【Shift】，【Ctrl】

3. 下面不属于"自动填充选项"下拉列表框中内容的是 _____。

　　（A）复制单元格　　　（B）仅填充单元格　　　（C）以序列方式填充　　　（D）仅填充格式

4. 下面关于选择性粘贴的说法，错误的是 _____。

　　（A）在"选择性粘贴"对话框中，可以任意选中"全部"、"数值"、"格式"、"批注"等单选按钮

　　（B）在"选择性粘贴"对话框中，可以重复选中"有效性验证"、"列宽"、"公式和数字格式"等选按钮

　　（C）在"选择性粘贴"对话框中，可以重复选中"跳过空单元"、"转置"复选框

　　（D）可以不使用"选择性粘贴"对话框，直接单击"粘贴"按钮进行操作。

5. 关于移动或复制数据，下列说法正确的是 _____。

　　（A）在复制数据时用户可以只复制单元格的批注

　　（B）在使用鼠标拖动移动数据时，如果目标单元格有数据，则会出现提示对话框

　　（C）在利用鼠标拖动移动数据时，如果按住【Ctrl】键则执行复制操作

　　（D）在使用命令移动数据时，如果目标单元格有数据，则会出现提示对话框

6. 关于数据的输入，下列说法正确的是 _____。

　　（A）如果要在单元格中输入负数，应将数字括在括号内并在括号前加一个负号

　　（B）直接输入 1/5，系统将默认这是日期型数据

　　（C）在单元格中不能输入分数只能输入小数

　　（D）用户可以将纯数字当作文本数据输入

第 10 章　工作表的修饰——
格式化员工工资管理表、制作产品目录及价格表

Excel 2010 提供了丰富的格式化命令，可以设置单元格格式，格式化工作表中的字体格式，改变工作表中的行高和列宽，为表格设置边框，为单元格设置底纹颜色等。

 知识要点

- 编辑行、列或单元格
- 设置单元格格式
- 调整行高与列宽
- 设置边框
- 添加批注

 任务描述

建立好工作表后，在确保内容准确无误的情况下，还应对工作表进行修饰。这样可以使工作表中各项数据更便于阅读并使工作表更加美观。这里利用 Excel 2010 的格式化命令对员工工资管理表进行格式化设置，最终效果如图 10-1 所示。

员工工资管理表

								2014/7/5
员工编号	员工姓名	所属部门	基本工资	岗位补助	应扣请假费	工资总额	应扣所得税	实际应付工资
001	胡伟	生产部	¥4,800	¥800	¥160	¥5,440	¥544	¥4,896
002	钟鸣	生产部	¥3,800	¥850	¥0	¥4,650	¥465	¥4,185
003	陈琳	生产部	¥3,900	¥700	¥80	¥4,520	¥452	¥4,068
004	江洋	生产部	¥3,000	¥720	¥0	¥3,720	¥0	¥3,720
005	杨柳	工程部	¥3,400	¥680	¥240	¥3,840	¥0	¥3,840
006	吴坤	工程部	¥4,300	¥660	¥160	¥4,800	¥480	¥4,320
007	刘丽	工程部	¥3,200	¥650	¥0	¥3,850	¥0	¥3,850
008	秦岭	工程部	¥3,700	¥720	¥0	¥4,420	¥442	¥3,978
009	艾科	销售部	¥3,500	¥740	¥0	¥4,240	¥424	¥3,816
010	胡林涛	销售部	¥4,600	¥780	¥160	¥5,220	¥522	¥4,698
011	徐辉	后勤部	¥4,700	¥790	¥240	¥5,250	¥525	¥4,725
012	郑珊珊	后勤部	¥3,600	¥670	¥0	¥4,270	¥427	¥3,843

图 10-1　格式化工工资管理表效果

 案例分析

完成员工工资管理表的修饰，要用到插入或删除行、设置单元格数字格式、设置单元格字符格式、设置单元格对齐格式、调整行高和列宽、设置边框及添加批注等功能。

本章所涉及案例的素材和最终效果文件请登录华信教育资源网下载，相关内容在下载后的"案例与素材\第 10 章素材"和"案例与素材\第 10 章案例效果"文件夹中。

10.1　插入、删除行或列

Excel 2010 允许在已经建立的工作表中插入行、列或单元格，这样可以在表格的适当位置填入新的内容。

10.1.1　插入行或列

在编辑工作表时，可以在数据区中插入行或列，以便在新行或列中进行数据的插入。

例如，在对员工工资管理表进行编辑时发现在第 11 行"刘丽"的上面少输入了"吴坤"员工的信息，此时可以在工作表中插入一行然后填入新的数据，具体操作步骤如下。

（1）选中"刘丽"所在的行。

（2）在"开始"选项卡中单击"单元格"组中的"插入"下拉按钮，在弹出的下拉列表框中选择"插入工作表行"选项，则在选中行的上方插入一个新行。

（3）在新插入的行中输入"吴坤"员工的信息，插入行后的效果，如图 10-2 所示。

员工工资管理表							2014/7/5
员工编号	员工姓名	所属部门	基本工资	岗位补助	应扣请假费	工资总额	应扣所得税	实际应付工资
001	胡伟	生产部	4800	800	160	5440	544	4896
002	钟鸣	生产部	3800	850	0	4650	465	4185
003	陈琳	生产部	3900	700	80	4520	452	4068
004	江洋	生产部	3000	720	0	3720	0	3720
005	杨柳	工程部	3400	680	240	3840	0	3840
006	吴坤	工程部	4300	660	160	4800	480	4320
007	刘丽	工程部	3200	650	0	3850	0	3850
008	秦岭	工程部	3700	720	0	4420	442	3978
009	艾科	销售部	3500	740	0	4240	424	3816
010	李友利	销售部	4200	690	80	4810	481	4329
011	胡林涛	销售部	4600	780	160	5220	522	4698
012	徐辉	后勤部	4700	790	240	5250	525	4725
013	郑珊珊	后勤部	3600	670	0	4270	427	3843

插入新行并输入数据

图 10-2　插入行后的效果

提示：在工作表中插入列的方法和插入行的方法类似，新插入的列将出现在选中列的左侧。

10.1.2　删除行或列

如果工作表中的某行或某列是多余的，可以将其删除，例如。在对员工工资管理表进行编辑时发现在第 15 行的"李友利"员工已经辞职，这里就可以将该行信息删除，具体操作步骤如下。

（1）选中要删除的行，这里选中第 15 行。

（2）在"开始"选项卡中单击"单元格"组中的"删除"下拉按钮，在弹出的下拉列表框中选择"删除工作表行"选项，即可删除所选的行。将"胡林涛"的编号修改为"010"，然后将下面两行的编号也做相应修改，最终效果如图 10-3 所示。

提示：在工作表中删除列的方法和删除行的方法类似。

员工工资管理表							2014/7/5
员工编号	员工姓名	所属部门	基本工资	岗位补助	应扣请假费	工资总额	应扣所得税	实际应付工资
001	胡伟	生产部	4800	800	160	5440	544	4896
002	钟鸣	生产部	3800	850	0	4650	465	4185
003	陈琳	生产部	3900	700	80	4520	452	4068
004	江洋	生产部	3000	720	0	3720	0	3720
005	杨柳	工程部	3400	680	240	3840	0	3840
006	吴坤	工程部	4300	660	160	4800	480	4320
007	刘丽	工程部	3200	650	0	3850	0	3850
008	秦岭	工程部	3700	720	0	4420	442	3978
009	艾科	销售部	3500	740	0	4240	424	3816
010	胡林涛	销售部	4600	780	160	5220	522	4698
011	徐辉	后勤部	4700	790	240	5250	525	4725
012	郑珊珊	后勤部	3600	670	0	4270	427	3843

图 10-3　删除行的效果

10.2　设置单元格格式

对于工作表中的不同单元格，可以根据需要设置数据的不同格式。例如，设置数据类型、文本的对齐方式、字体、单元格的边框和底纹等。

10.2.1　设置数字格式

默认情况下，单元格中的数字格式是常规格式，不包含任何特定的数字格式，即以整数、小数、科学计数的方式显示。Excel 2010 提供了多种数字显示格式，如百分比、货币、日期等，可以根据数字的不同类型设置它们在单元格中的显示格式。

1．利用功能区的按钮设置数字格式

如果格式化的工作比较简单，可以通过"开始"选项卡中"数字"组中的按钮来完成。"数字"组中常用的数字格式化的按钮有 5 个。

（1）"货币样式"按钮　：在数据前使用货币符号。

（2）"百分比样式"按钮　%：对数据使用百分比。

（3）"千位分隔样式"按钮　：使显示的数据在千位上有一个逗号。

（4）"增加小数位数"按钮　：每单击一次，数据增加一个小数位。

（5）"减少小数位数"按钮　：每单击一次，数据减少一个小数位。

例如，利用"货币样式"按钮设置"基本工资"列中数字的格式，选中"基本工资"列中的数据，然后单击"数字"组中的"货币样式"按钮，效果如图 10-4 所示。

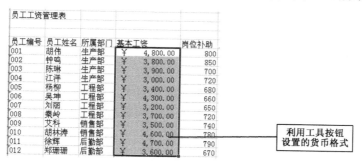

图 10-4　利用功能区按钮设置货币样式效果

2．利用对话框设置数字格式

如果数字格式化的工作比较复杂，可以利用"单元格格式"对话框来完成。

例如，在前面我们利用功能区按钮设置了货币样式后，发现这样的设置不能满足我们的要求，可以利用对话框来重新设置，具体操作步骤如下。

（1）选中要设置货币样式的基本工资列中的数据。

（2）在"开始"选项卡中单击"数字"组右下角的对话框启动器按钮，打开"设置单元格格式"对话框，如图 10-5 所示。

（3）在"分类"列表框中选择"货币"选项。在"示例"选项区域的"小数位数"文本框中选择或输入"0"，在"货币符号"下拉列表框中选择人民币货币符号，在"负数"列表框中选择一种样式。

（4）单击"确定"按钮，为单元格设置货币格式的效果如图 10-6 所示。

图10-5　设置货币样式　　　　　图10-6　利用对话框设置单元格货币样式的效果

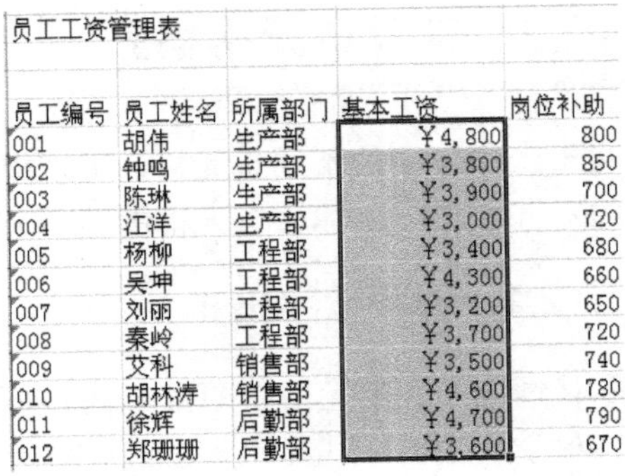

（5）选中"基本工资"列中设置了货币格式的任意单元格，在"开始"选项卡中单击"剪切板"组中的"格式刷"按钮，此时鼠标指针变为刷子形状，拖动选中 E3：I17 单元格区域，则该单元格区域的所有数据被应用了货币样式，效果如图 10-7 所示。

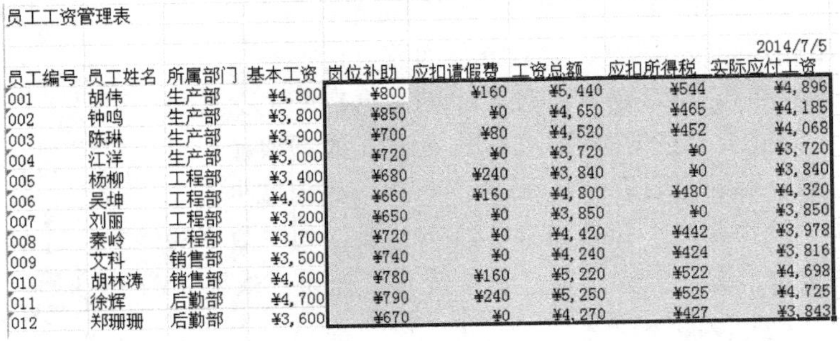

图 10-7　应用格式刷的效果

10.2.2　设置对齐格式

所谓对齐，就是指单元格中的数据在显示时相对单元格上、下、左、右的位置。默认情况下，文本靠左对齐，数字靠右对齐，逻辑值和错误值居中对齐。有时，为了使工作表更加美观，可以使数据按照需要的方式进行对齐。

如果要设置简单的对齐方式，可以利用"开始"选项卡中"对齐方式"组中的对齐方式按钮。文本对齐的按钮有 6 个。

（1）"左对齐"按钮 ▤：使数据左对齐。

（2）"居中"按钮 ▤：使数据在单元格内居中。

（3）"右对齐"按钮 ▤：使数据右对齐。

（4）"顶端对齐"按钮 ▤：使单元格中的数据沿单元格顶端对齐。

（5）"垂直居中"按钮 ▤：使单元格中的数据上下居中。

（6）"底端对齐"按钮 ▤：使单元格中的数据沿单元格底端对齐。

利用对齐按钮设置工作表中的单元格对齐格式，具体操作步骤如下。

（1）选中 A5：C17 单元格区域。

（2）在"开始"选项卡中单击"对齐方式"组中的"居中"按钮，即可将选中的单元格区域居中显示，如图 10-8 所示。

> **提示：** 如果要设置单元格的对齐格式比较复杂，用户可以利用"设置单元格格式"对话框进行设置。在"开始"选项卡中单击"对齐方式"组右下角的对话框启动器按钮，打开"设置单元格格式"对话框，单

击"对齐"选项卡，在对话框中用户可以对单元格的对齐方式进行详细的设置，如图 10-9 所示。

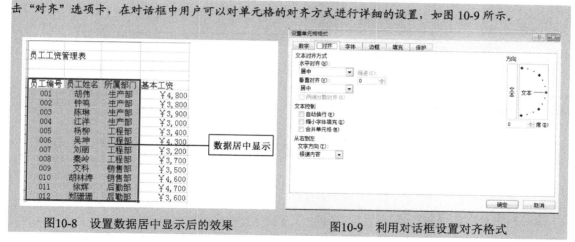

图10-8　设置数据居中显示后的效果　　　　图10-9　利用对话框设置对齐格式

10.2.3　合并单元格

在对单元格中存放的数据类型进行格式化前，需要对一些单元格进行合并，以实现美观大方的表格样式。

将表头 A2：I3 单元格区域进行合并，具体操作步骤如下。

（1）选中需要合并的单元格，这里选中 A2：I3。

（2）在"开始"选项卡中单击"对齐方式"组中的"合并后居中"按钮，设置表头合并居中的效果如图 10-10 所示。

员工工资管理表

								2014/7/5
员工编号	员工姓名	所属部门	基本工资	岗位补助	应扣请假费	工资总额	应扣所得税	实际应付工资
001	胡伟	生产部	¥4,800	¥800	¥160	¥5,440	¥544	¥4,896
002	钟鸣	生产部	¥3,800	¥850	¥0	¥4,650	¥465	¥4,185
003	陈琳	生产部	¥3,900	¥700	¥80	¥4,520	¥452	¥4,068
004	江洋	生产部	¥3,000	¥720	¥0	¥3,720	¥0	¥3,720
005	杨柳	工程部	¥3,400	¥680	¥240	¥3,840	¥0	¥3,840
006	吴坤	工程部	¥4,300	¥660	¥160	¥4,800	¥480	¥4,320
007	刘丽	工程部	¥3,200	¥650	¥0	¥3,850	¥0	¥3,850
008	秦岭	工程部	¥3,700	¥720	¥0	¥4,420	¥442	¥3,978
009	艾科	销售部	¥3,500	¥740	¥0	¥4,240	¥424	¥3,816
010	胡林涛	销售部	¥4,600	¥780	¥160	¥5,220	¥522	¥4,698
011	徐辉	后勤部	¥4,700	¥790	¥240	¥5,250	¥525	¥4,725
012	郑珊珊	后勤部	¥3,600	¥670	¥0	¥4,270	¥427	¥3,843

图10-10　设置表头合并效果

10.2.4　设置字体格式

默认情况下工作表中的中文为宋体、11 磅。为了使工作表中的某些数据能够突出显示，也为了使版面整洁美观，通常需要将不同的单元格设置成不同的效果。

1．利用功能区按钮设置字体

例如，利用功能区按钮设置 A5：I5 单元格区域的字体格式，具体操作步骤如下。

（1）选中 A5：I5 单元格区域。

（2）在"开始"选项卡中单击"字体"组中的"字体"下拉按钮，在弹出的下拉列表框中选择"黑体"选项，设置的效果如图 10-11 所示。

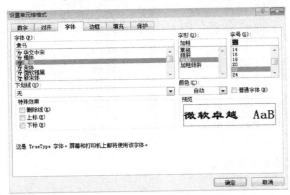

图 10-11　利用功能区按钮设置字体格式的效果

2．利用对话框设置字体

如果要设置的单元格中的字体格式比较复杂，可以在"设置单元格格式"对话框中进行设置。

例如，利用对话框为"员工工资管理表"表头设置字体格式，具体操作步骤如下。

（1）选中"员工工资管理表"表头。

（2）在"开始"选项卡中单击"字体"组右下角的对话框启动器按钮，打开"设置单元格格式"对话框，单击"字体"选项卡，如图 10-12 所示。

（3）在"字体"列表框中选择"隶书"字体，在"字形"下拉列表框中选择"加粗"字形，在"字号"下拉列表框中选择"22"字号。

（4）单击"确定"按钮，设置表头字体格式的效果如图 10-13 所示。

图10-12　设置字体格式　　　　　　　　图10-13　设置表头字体格式的效果

10.3　调整行高与列宽

在向单元格中输入数据时，经常会出现文字只显示了其中的一部分，有的单元格中显示的是一串"#"符号，但是在编辑栏中能看见对应单元格的数据。造成这种结果的原因是单元格的高度或宽度不合适，可以对工作表中单元格的高度或宽度进行适当调整以便显示更多的内容。

10.3.1　调整行高

默认情况下，工作表中任意一行所有单元格的高度总是相同的，所以调整某一个单元格的高度，实际上是调整了该单元格所在行的高度，并且行高会自动随单元格中的字体变化而变化。可以利用鼠标拖动快速调整行高，也可以利用功能区按钮精确调整行高。

利用鼠标快速地进行行高的调整，如要调整第 4 行的行高，具体操作步骤如下。

（1）将鼠标指针移到第 4 行的下边框线上。

（2）当鼠标指针变为 ↕ 形状时上下拖动，此时出现一条黑色的虚线随鼠标的拖动而移动，表示调整后行的高度，同时系统还会显示行高值，如图 10-14 所示。

（3）当拖动到合适位置时松开鼠标左键即可。

图 10-14　拖动鼠标快速调整行高

另外，也可以利用功能区按钮精确地调整行高，选中要调整的行，在"开始"选项卡下中单击"单元格"组中的"格式"下拉按钮，弹出"格式"下拉列表框，如图 10-15 所示。在下拉列表框中有关"行高"选项的功能如下。

（1）选择"自动调整行高"选项，则系统会根据行中的内容自动调整行高，选中行的行高会以行中单元格高度最大的单元格为标准自动做出调整。

（2）选择"行高"选项，则会打开"行高"对话框，可以根据需要精确设置行高，如图 10-16 所示。

图10-15　"格式"下拉列表　　图10-16　"行高"对话框

10.3.2　调整列宽

在工作表中列和行有所不同，工作表默认单元格的宽度为固定值，并不会根据数字的长短而自动调整列宽。当在单元格中输入数字型数据超出单元格的宽度时，则会显示一串"#"符号；如果输入的是文本型数据，单元格右侧相邻的单元格为空时则会利用其空间显示，否则只在单元格中显示当前单元格所能显示的字符。在这种情况下，为了能完全显示单元格中的数据，可以调整列宽。

使用鼠标快速地进行列宽的调整，将鼠标指针移动到需要调整列的右侧边框线处，当鼠标指针变成"✛"形状时拖动，此时出现一条黑色的虚线跟随拖动的鼠标指针移动，表示调整后行的边界，同时系统还会显示出调整后的列宽值，如图 10-17 所示。

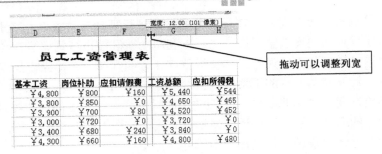

图 10-17　拖动调整列宽

也可以利用功能区按钮精确地调整列宽，选中要调整的列，在"开始"选项卡中单击"单元格"组中的"格式"按钮下拉，弹出"格式"下拉列表框，如图 10-15 所示。在"格式"下拉列表框中有关"列宽"选项的功能如下。

图10-18　"列宽"对话框

（1）选择"自动调整列宽"选项，则系统会根据列中的内容自动调整进行调整，选中的列的列宽会以行中单元格宽度最大的单元格为标准自动做出调整。

（2）选择"列宽"选项，打开"列宽"对话框，如图 10-18 所示。可以根据需要精确设置列宽。

（3）选择"默认列宽"选项，打开"标准列宽"对话框，可以在对话框中设置系统默认的列宽。

10.4　设置边框

在设置单元格格式时，为了使工作表中的数据层次更加清晰明了，区域界限分明，可以利用功能区按钮或者对话框为单元格或单元格区域添加边框。

默认情况下单元格的边框线为浅灰色，在实际打印时是显示不出来的。可以为表格添加边框来加强表格的视觉效果。为表格添加边框的具体操作步骤如下。

（1）选中要设置边框的单元格区域，如选中合并后的 A2 单元格。

（2）在"开始"选项卡中单击"对齐方式"组右下角的对话框启动器按钮，打开"设置单元格格式"对话框，单击"边框"选项卡，如图 10-19 所示。

（3）在"样式"列表框中选择粗实线，在"颜色"下拉列表框中选择一种颜色，这里采用默认情况，在"边框"选项区域选择"下边线"选项。

图10-19　设置表格边框

（4）单击"确定"按钮，设置边框后的效果如图 10-20 所示。

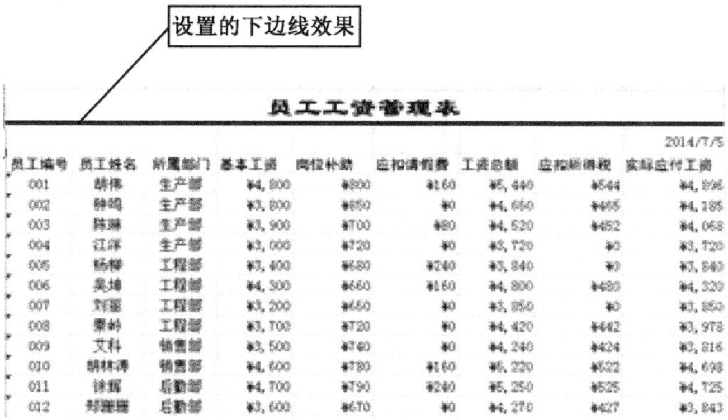

设置的下边线效果

图10-20　为选中区域添加下边线的效果

另外，也可以利用功能区的"边框"按钮为单元格或单元格区域添加简单的边框。选中要加边框的单元格或单元格区域，这里选中 A5：I17 单元格区域，在"开始"选项卡中单击"字体"组中的"边框"下拉按钮，在弹出的下拉列表框中选择"所有框线"选项，则添加的边框线效果如图 10-21 所示。

员工工资管理表

2014/7/5

员工编号	员工姓名	所属部门	基本工资	岗位补助	应扣请假费	工资总额	应扣所得税	实际应付工资
001	胡伟	生产部	¥4,800	¥800	¥160	¥5,440	¥544	¥4,896
002	钟鸣	生产部	¥3,800	¥850	¥0	¥4,650	¥465	¥4,185
003	陈琳	生产部	¥3,900	¥700	¥80	¥4,520	¥452	¥4,068
004	江洋	生产部	¥3,000	¥720	¥0	¥3,720	¥0	¥3,720
005	杨柳	工程部	¥3,400	¥680	¥240	¥3,840	¥0	¥3,840
006	吴坤	工程部	¥4,300	¥660	¥160	¥4,800	¥480	¥4,320
007	刘丽	工程部	¥3,200	¥650	¥0	¥3,850	¥0	¥3,850
008	秦岭	工程部	¥3,700	¥720	¥0	¥4,420	¥442	¥3,978
009	文科	销售部	¥3,500	¥740	¥0	¥4,240	¥424	¥3,816
010	胡林涛	销售部	¥4,600	¥780	¥160	¥5,220	¥522	¥4,698
011	徐辉	后勤部	¥4,700	¥790	¥240	¥5,250	¥525	¥4,725
012	郑珊珊	后勤部	¥3,600	¥670	¥0	¥4,270	¥427	¥3,843

图10-21　为选中区域添加所有边框线的效果

10.5　在工作表中添加批注

为了让别的用户更加方便、快速地了解自己建立的工作表内容，可以使用 Excel 2010 提供的添加批注功能，对工作表中一些复杂公式或者特殊的单元格数据添加批注。当在某个单元格中添加了批注之后，会在该单元格的右下角出现一个小红三角，只要将鼠标指针移到该单元格之中，就会显示出添加批注的内容。

10.5.1　为单元格添加批注

批注是附加在单元格中，与其他单元格内容分开的注释。批注是十分有用的提醒方式，如注释复杂的公式，或为其他用户提供反馈。在进行多用户协作时具有非常重要的作用。例如，为资金筹集工作表 B11 单元格添加批注，具体操作步骤如下。

（1）选中 B11 单元格。

（2）切换到"审阅"选项卡，在"批注"组中单击"新建批注"按钮，在该单元格的旁边出现一个批注框。

（3）在批注框中输入内容"该员工原来在生产部"，如图 10-22 所示。

10.5.2　显示、隐藏、删除或编辑批注

批注可以一直显示在工作表上，也可以将其隐藏起来。如果批注被隐藏，当鼠标指针指向单元格时，批注才会自动显示出来。如果对添加的批注不满意，可以将其删除或重新进行编辑修改。

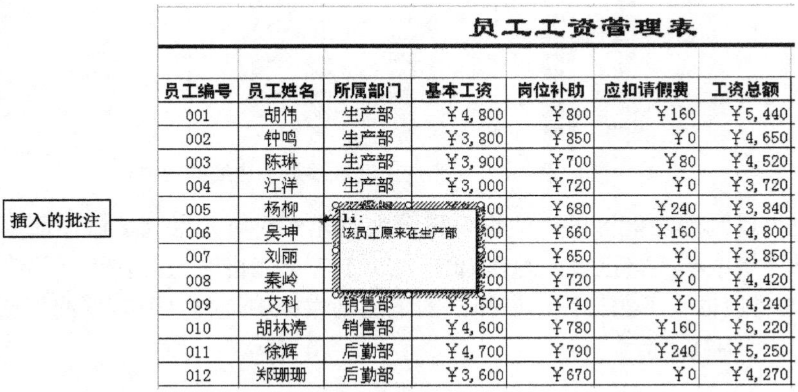

图 10-22　插入批注

1．显示或隐藏批注

插入批注后，在有批注的单元格的右上角会有一个小红三角的标志，当鼠标指针移至该单元格时，批注自动显示。

要显示或隐藏工作表中的所有批注，在"开始"选项卡中单击"批注"组中的"显示所有批注"按钮，即可显示所有批注，再次单击"显示所有批注"按钮，即可将所有批注隐藏。

2．编辑批注

对已经存在的批注，可以对其进行修改和编辑，具体操作步骤如下。

（1）单击要编辑批注的单元格。

（2）在"开始"选项卡中单击"批注"组中的"编辑批注"按钮。此时批注框处于可编辑状态，此时可对批注内容进行编辑，单击工作表中任意一个单元格结束编辑。

3．删除批注

如果要删除某个单元格中的批注，单击包含批注的单元格，在"开始"选项卡中单击"批注"组中的"删除"按钮，则该单元格右上角的小红三角消失，表明此单元格批注已被删除。

举一反三　制作产品目录及价格表

下面我们制作一个产品目录及价格表，通过该表能够了解产品的信息，制作完成的效果如图 10-23 所示。

在制作产品目录及价格表之前，首先打开"案例与素材\第 10 章素材"文件夹中的"产品目录及价格表（初始）"文件。

产品目录及价格表

序号	产品编号	产品名称	规格	单位	产品简介	出厂价	零售价	备注
					公司名称：　　　　　　　　电话： 公司地址：　　　　　　　　邮编：			
1	Z44022406	速效止泻胶囊	03g*10粒	盒	清热利湿, 收敛止泻	6.2	7.8	
2	Z44023530	保和丸	0.9g*10丸	盒	消食, 导滞, 和胃。	3.3	4.3	
3	Z45020532	健肝灵胶囊	0.5g*60粒	盒	益气健脾, 活血化瘀	15	17.6	
4	Z51020616	胃康灵胶囊	12粒*3板	盒	柔肝和胃, 散瘀止血	13	14.5	
5	Z44020652	咳特灵胶囊	0.3g*30片	盒	镇咳, 祛痰, 平喘, 消炎	2.5	3.2	
6	Z44020683	乙肝灵颗粒	17g*10袋	盒	调气健脾, 滋肾养肝	13	14.9	

图 10-23　产品目录及价格表

制作产品目录及价格表的具体操作步骤如下。

Excel 2010 内部提供的工作表格式都是在财务和办公领域流行的格式，使用自动套用格式功能既可节省大量时间，又可以使表格美观大方，并具有专业水准。

（1）选中需要使用自动套用格式的单元格区域，这里选中 A4：I10 单元格区域。

（2）在"开始"选项卡中单击"样式"组中的"套用表格格式"下拉按钮，弹出下拉列表框，如图 10-24 所示。

（3）在下拉列表框中选择合适的样式，这里选择"表格样式中等深浅 3"选项，打开"套用表格式"对话框，选中"表包含标题"复选框，如图 10-25 所示。

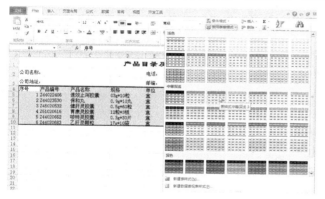

图10-24　选择表样式

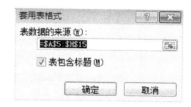

图10-25　"套用表格式"对话框

（4）单击"确定"按钮，设置套用表格式后的效果如图 10-26 所示。

产品目录及价格表

序号	产品编号	产品名称	规格	单位	产品简介	出厂价	零售价	备注
					公司名称：　　　　　　　　电话： 公司地址：　　　　　　　　邮编：			
1	Z44022406	速效止泻胶囊	03g*10粒	盒	清热利湿, 收敛止泻	6.2	7.8	
2	Z44023530	保和丸	0.9g*10丸	盒	消食, 导滞, 和胃。	3.3	4.3	
3	Z45020532	健肝灵胶囊	0.5g*60粒	盒	益气健脾, 活血化瘀	15	17.6	
4	Z51020616	胃康灵胶囊	12粒*3板	盒	柔肝和胃, 散瘀止血	13	14.5	
5	Z44020652	咳特灵胶囊	0.3g*30片	盒	镇咳, 祛痰, 平喘, 消炎	2.5	3.2	
6	Z44020683	乙肝灵颗粒	17g*10袋	盒	调气健脾, 滋肾养肝	13	14.9	

图 10-26　设置自动套用格式的效果

（5）选中套用格式区域的任意一个单元格，切换到"设计"选项卡，在"工具"组中单击"转换为区域"按钮，打开"是否将表转换为普通区域"提示对话框，单击"是"按钮，则表被转换为普通区域，效果如图 10-27 所示。

产品目录及价格表

公司名称：　　　　　　　　　　　　　电话：
公司地址：　　　　　　　　　　　　　邮编：

序号	产品编号	产品名称	规格	单位	产品简介	出厂价	零售价	备注
1	Z44022406	速效止泻胶囊	03g*10粒	盒	清热利湿，收敛止泻	6.2	7.8	
2	Z44023530	保和丸	0.9g*10丸	盒	消食，导滞，和胃。	3.3	4.3	
3	Z45020532	健肝灵胶囊	0.5g*60粒	盒	益气健脾，活血化瘀	15	17.6	
4	Z51020616	胃康灵胶囊	12粒*3板	盒	柔肝和胃，散瘀止血	13	14.5	
5	Z44020652	咳特灵胶囊	0.3g*30片	盒	镇咳，祛痰，平喘，消炎	2.5	3.2	
6	Z44020683	乙肝灵颗粒	17g*10袋	盒	调气健脾，滋肾养肝	13	14.9	

图 10-27　转换为普通区域的效果

在工作表的应用过程中，可能需要将某些满足条件的单元格以指定的样式进行显示。Excel 2010 提供了条件格式的功能，可以设置单元格的条件并设置这些单元格的格式。系统会在选中的区域中搜索符合条件的单元格，并将设定的格式应用到符合条件的单元格中。这里设置"出厂价"列中大于 10 元的单元格用红色显示。

（6）选中要设置条件格式的 G5：G10 单元格区域。

（7）在"开始"选项卡中单击"样式"组中的"条件格式"下拉按钮，弹出下拉列表框，如图 10-28 所示。

（8）选择"突出显示单元格规则"→"大于"选项，打开"大于选项"对话框，如图 10-29 所示。

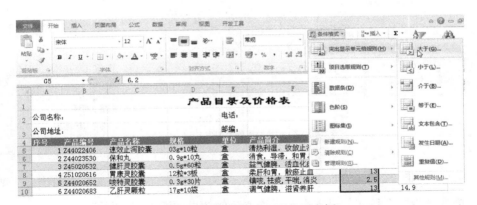

图 10-28　"条件格式"下拉列表框

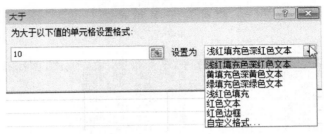

图 10-29　"大于"对话框

（9）在数值文本框中输入"10"，单击"设置为"下拉按钮，在弹出的下拉列表框中选择"自定义格式"选项，打开"设置单元格格式"对话框。

（10）单击"填充"选项卡，设置填充颜色为红色，如图 10-30 所示。

图 10-30　设置填充样式

（11）依次单击"确定"按钮，设置后的效果如图 10-31 所示。

产品目录及价格表

公司名称：　　　　　　　　　　　　　电话：
公司地址：　　　　　　　　　　　　　邮编：

序号	产品编号	产品名称	规格	单位	产品简介	出厂价	零售价	备注
1	Z44022406	速效止泻胶囊	03g*10粒	盒	清热利湿，收敛止泻	6.2	7.8	
2	Z44023530	保和丸	0.9g*10丸	盒	消食，导滞，和胃。	3.3	4.3	
3	Z45020532	健肝灵胶囊	0.5g*60粒	盒	益气健脾，活血化瘀	15	17.6	
4	Z51020616	胃康灵胶囊	12粒*3板	盒	柔肝和胃，散瘀止血	13	14.5	
5	Z44020652	咳特灵胶囊	0.3g*30片	盒	镇咳，祛痰,平喘,消炎	2.5	3.2	
6	Z44020683	乙肝灵颗粒	17g*10袋	盒	调气健脾，滋肾养肝	13	14.9	

图 10-31　设置条件格式的效果

回头看

　　通过案例"员工工资管理表"及举一反三"产品目录及价格表"的制作过程，主要学习了 Excel 2010 提供的插入行或列、设置单元格格式、调整行高与列宽、设置边框、添加批注、自动套用格式及条件格式等操作的方法和技巧。利用 Excel 2010 格式化工作表的功能可以使本来凌乱不堪的工作表变得美观大方，重点突出，方便用户查看。

知识拓展

1. 隐藏行与列

　　在建立工作表的时候，有些数据可能是保密的。为了不让其他人看到或编辑这些数据，可以利用隐藏行或列的方法将它们隐藏起来。具体操作步骤如下。

　　（1）在"开始"选项卡中单击"单元格"组中的"格式"下拉按钮，弹出"格式"下拉列表框。

　　（2）在"格式"下拉列表框的"可见性"选择区域选择"隐藏和取消隐藏"→"隐藏行"（列）选项即可，如图 10-32 所示。

图10-32　"隐藏和取消隐藏"选项

2．设置底纹

在美化工作表时，为了使部分单元格中的数据重点显示，可以对单元格进行图案设置。单元格的图案包括底色、底纹。

选中要设置图案的单元格区域，在"开始"选项卡中单击"对齐方式"组右下角的对话框启动器按钮，打开"设置单元格格式"对话框，单击"填充"选项卡。在"背景色"选项区域用户可以设置背景颜色，在"图案颜色"和"图案样式"选项区域用户可以为单元格设置图案底纹。

3．为工作表添加背景

为工作表添加背景的具体操作步骤如下。

图10-33　"工作表背景"对话框

（1）打开要添加背景图片的工作表。

（2）在"页面布局"选项卡中单击"页面设置"组中的"背景"按钮，打开"工作表背景"对话框，如图10-33所示。

（3）在查找范围列表框中选择背景文件的位置，选中背景文件。

（4）单击"打开"按钮。

如果不再需要工作表背景图案，可将其从工作表中删除，在"页面布局"选项卡中单击"页面设置"组中的"删除背景"按钮即可。

4．删除条件格式

用户在设置条件格式时，可以设置多个条件格式。如果单元格中的条件格式不再需要，可将其删除，删除条件格式的方法与建立条件格式的过程正好相反。

选中设置条件格式的单元格区域，在"开始"选项卡中单击"样式"组中的"条件格式"下拉按钮，在弹出的下拉列表框中选择"清除规则"选项，则会出现"清除所选单元格的规则"和"清除整个工作表的规则"两个选项，用户可以根据需要选择相应的选项。

在"条件格式"下拉列表框中选择"管理规则"选项，则会打开"条件格式规则管理器"对话框，如图10-34所示。在对话框中用户可以对设置的规则进行编辑、删除等操作。

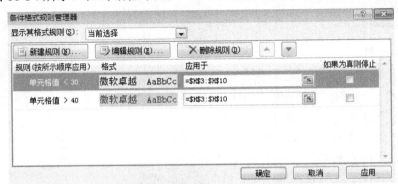

图 10-34　"条件格式规则管理器"对话框

习题10

填空题

1. "开始"选项卡中"数字"组中设置数字格式的工具按钮有"＿＿＿＿"、"＿＿＿＿"、"＿＿＿＿"、"＿＿＿＿"和"＿＿＿＿"5个。

2. "开始"选项卡中"对齐方式"组中用于设置对齐方式的按钮有"＿＿＿＿"、"＿＿＿＿"、"＿＿＿＿"、"＿＿＿＿"、"＿＿＿＿"和"＿＿＿＿"6个。

3. 在"开始"选项卡中单击"＿＿＿＿"组中的"＿＿＿＿"按钮可以将选中的单元格合并为一个单元格。

4. 在"开始"选项卡中单击"＿＿＿＿"组中的"＿＿＿＿"下拉按钮，在弹出的下拉列表框中用户可以为选中的单元格区域自动套用格式。

5. 在"开始"选项卡中单击"＿＿＿＿"组中的"＿＿＿＿"下拉按钮，在弹出的下拉列表框中用户可以设置条件格式。

6. 在"＿＿＿＿"选项卡中单击"＿＿＿＿"组中的"新建批注"按钮，则可以为单元格添加批注。

7. 在"页面布局"选项卡中单击"＿＿＿＿"组中的"＿＿＿＿"按钮，可以打开"工作表背景"对话框。

选择题

1. 下面不属于"设置单元格格式"对话框中的选项卡是＿＿＿＿。
   （A）"数字"选项卡，"对齐"选项卡　（B）"字体"选项卡，"边框"选项卡
   （C）"填充"选项卡，"保护"选项卡　（D）"图表"选项卡，"常规"选项卡

2. 下面关于插入或删除行（列）的说法，正确的是＿＿＿＿。
   （A）插入的空白行出现在选中行的上方　（B）插入的空白列出现在选中列的右侧
   （C）用户不可以在工作表中插入一个单元格　（D）用户不可以删除工作表中的一个单元格

3. 关于工作表的行高和列宽下列说法，正确的是＿＿＿＿。
   （A）行高不会自动随单元格中的字体变化而变化
   （B）列宽会根据输入数字型数据的长短而自动调整
   （C）在单元格中输入文本型数据超出单元格的宽度时，则会显示一串"#"符号
   （D）利用鼠标拖动调整行高时可以确定行的具体高度

4. 下面关于边框和底纹的说法，正确的是＿＿＿＿。
   （A）利用"边框"按钮设置边框也可以选择边框的线型
   （B）利用"设置单元格格式"对话框设置边框无法设置斜线
   （C）利用"设置单元格格式"对话框可以为单元格设置图案底纹
   （D）无法为单元格的某一个边单独设置边框

操作题

打开"案例与素材\第10章素材"文件夹中的"出货单（初始）"文件，然后按照下面的要求进行操作。

（1）使用自动套用格式功能对表格应用"表样式浅色一"的格式。

（2）为应用自动套用格式的区域手动添加边框，外边框为粗实线，内边框为细实线。

（3）对"单价"一列应用条件格式，设置单价大于2000元的单元格为浅红填充色深红色文本，单价小于1300元的单元格为绿色填充深绿色文本。

最终效果如图 10-35 所示。

<table>
<tr><th colspan="10">出货单</th></tr>
<tr><td colspan="10">买方公司
地址
出货日期</td></tr>
<tr><th>序号</th><th>货品名称</th><th>货品号码</th><th>规格</th><th>数量</th><th>单位</th><th>单价</th><th>总价</th><th>备注</th></tr>
<tr><td>1</td><td>显示器</td><td>GB/T1393</td><td>飞利浦105E</td><td>2</td><td>台</td><td>2100</td><td>4200</td><td></td></tr>
<tr><td>2</td><td>显示器</td><td>GB/F1059</td><td>飞利浦107F5</td><td>6</td><td>台</td><td>1100</td><td>6600</td><td></td></tr>
<tr><td>3</td><td>显示器</td><td>GB/T1428</td><td>飞利浦107P4</td><td>4</td><td>台</td><td>1200</td><td>4800</td><td></td></tr>
<tr><td>4</td><td>显示器</td><td>GB/T1547</td><td>飞利浦107T</td><td>2</td><td>台</td><td>1350</td><td>2700</td><td></td></tr>
<tr><td>5</td><td>显示器</td><td>GB/F1064</td><td>飞利浦107X4</td><td>1</td><td>台</td><td>1280</td><td>1280</td><td></td></tr>
<tr><td>6</td><td>显示器</td><td>GB/F1081</td><td>飞利浦107B4</td><td>2</td><td>台</td><td>1680</td><td>3360</td><td></td></tr>
</table>

图 10-35　出货单

第 11 章　工作表与工作表间的操作与编辑——制作考勤表和活动节目单

在 Excel 2010 中，同一工作簿的不同工作表之间，以及不同的工作簿之间都可以进行数据相互传递。

知识要点

- 操作工作表
- 工作表间的操作
- 冻结工作表窗口
- 保护工作簿或工作表
- 打印工作表

任务描述

公司的考勤制度能够督促公司员工自觉遵守工作规章制度，考勤表能够记录工作时间，与薪酬有着密切的关系，也是薪酬发放的依据。这里利用 Excel 2010 为公司制作一个考勤表，如图 11-1 所示。

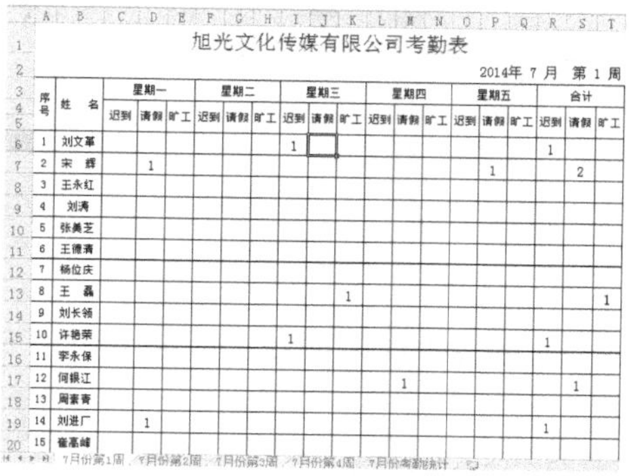

旭光文化传媒有限公司考勤表

2014年 7 月　第 1 周

序号	姓　名	星期一			星期二			星期三			星期四			星期五			合计		
		迟到	请假	旷工	迟到	请假	旷工	迟到	请假	旷工	迟到	请假	旷工	迟到	请假	旷工	迟到	请假	旷工
1	刘文革							1									1		
2	宋　辉		1												1			2	
3	王永红																		
4	刘涛																		
5	张美芝																		
6	王德清																		
7	杨位庆																		
8	王　磊									1									1
9	刘长领																		
10	许艳荣							1									1		
11	李永保																		
12	何银江											1						1	
13	周素青																		
14	刘进厂		1														1		
15	崔嘉峰																		

图 11-1　考勤表

案例分析

完成考勤表的制作要用到重命名工作表、插入工作表、工作表组的操作、不同工作表间单元格的复制、不同工作表间单元格的引用、冻结工作表窗口、保护工作簿、保护工作表，以及工作表的打印等功能。

本章所涉及案例的素材和最终效果文件请登录华信教育资源网下载，相关内容在下载后的“案例与素材\第 11 章素材”和“案例与素材\第 11 章案例效果”文件夹中。

11.1　操作工作表

在 Excel 2010 中，一个工作簿可以包含多张工作表。可以根据任务需要随时插入、删除、移动或复制工作表，还可以给工作表重新命名或将其隐藏。

11.1.1 重命名工作表

创建新的工作簿后，系统会将工作表自动命名为 Sheet1、Sheet2、Sheet3……在实际应用中，系统默认的这种命名既不便于使用也不便于管理和记忆。因此需要给工作表重新命名一个既有特点又便于记忆的名称。

为工作表 Sheet1 重命名的具体操作步骤如下。

（1）单击 Sheet1 工作表标签，使其成为当前工作表。

（2）在工作表标签上右击，在弹出的快捷菜单中执行"重命名"命令；或在"开始"选项卡中单击"单元格"组中的"格式"下拉按钮，在弹出的下拉列表框中选择"重命名工作表"选项，则此时工作表标签呈反白显示。

（3）输入工作表的名称"7 月份第 1 周"，重命名后的工作表如图 11-2 所示。

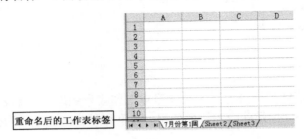

图 11-2　重命名后的工作表

11.1.2 插入或删除工作表

启动 Excel 2010 时，系统默认会打开 3 张工作表，如果还需要使用更多的工作表，可以在原有工作表的基础上插入新的工作表，还可以根据需要删除多余的工作表。

1．插入工作表

例如，在"7 月份第 1 周"工作表的前面插入一个新的工作表，具体操作步骤如下。

（1）单击"7 月份第 1 周"工作表标签。

（2）在"开始"选项卡中单击"单元格"组中的"插入"下拉按钮，在弹出的下拉列表框中选择"插入工作表"选项，在选中的工作表前插入一个新的工作表，系统根据活动工作簿中工作表的数量自动为插入的新工作表命名为 Sheet4，如图 11-3 所示。

图 11-3　插入新的工作表

2．删除工作表

在工作簿中还可以删除一些不需要的工作表。假如在插入工作表时插入了多余的工作表，此时可以将其删除，删除工作表的具体操作步骤如下。

（1）选中要删除的工作表。

（2）在"开始"选项卡中单击"单元格"组中的"删除"下拉按钮，弹出"删除"下拉列表框。

（3）在"删除"下拉列表框中选择"删除工作表"选项。此时如果工作表中有数据内容，系统将打开如图 11-4 所示的提示对话框，询问是否要删除工作表。

（4）单击"删除"按钮即可将工作表删除，单击"取消"按钮返回到编辑状态。

图 11-4　系统提示对话框

11.1.3　移动或复制工作表

在 Excel 2010 中移动或复制工作表有两种方法：一是使用鼠标拖动操作，二是利用菜单命令。既可以在同一工作簿中移动或复制工作表，也可以将工作表移动或复制到其他工作簿中。

1. 利用鼠标移动或复制工作表

利用鼠标移动或复制工作表只能在同一工作簿中进行，如将工作表"7 月份考勤统计"移动到工作簿的最后，具体操作步骤如下。

（1）选中要移动的工作表"7 月份考勤统计"。

（2）在该工作表标签上按住鼠标左键，鼠标指针所在位置会出现一个 　 形状的图标，且在该工作表标签的左上方出现一个黑色倒三角标志，如图 11-5 所示。

（3）按住鼠标左键，在工作表标签间移动，　 图标和黑色倒三角会随鼠标指针移动，将鼠标指针移到工作簿的最后，松开鼠标左键即可。

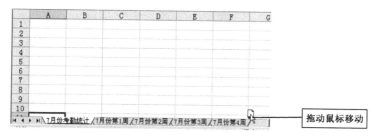

图 11-5　利用鼠标移动工作表

提示： 如果要复制工作表，也可以先按住【Ctrl】键然后拖动要复制的工作表，并在达到目标位置处松开鼠标左键后，再松开【Ctrl】键即可。

2. 利用菜单命令移动或复制工作表

利用菜单命令可以实现工作表在不同的工作簿间移动或复制，具体操作步骤如下。

（1）分别打开目标工作簿和源工作簿，在源工作簿中选中要移动的工作表标签。

（2）在工作表标签上右击，在弹出的快捷菜单中执行"移动或复制"命令，打开"移动或复制工作表"对话框，如图 11-6 所示。

（3）在"将选中工作表移至"选项区域的"工作簿"下拉列表框中选中要移动的工作簿，在"下列选中工作表之前"列表框中选择插入的位置。如果选中"建立副本"复选框，则可以进行工作表复制的操作。

（4）单击"确定"按钮即可将工作表移动到目标位置。

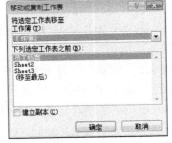

图11-6　"移动或复制工作表"对话框

11.2　工作表间的操作

工作表间的操作包括不同工作表间单元格的复制与引用、设置工作表组等。熟悉这些操作，可以方便而快捷地创建多个工作表。

11.2.1　工作表组的操作

利用 Excel 2010 提供的工作表组功能，可以快捷地在同一个工作簿中创建或编辑一批相同或格式类似的工作表。

1．设置或取消工作表组

要采用工作表组操作，首先必须将要处理的多个工作表设置为工作表组。设置工作表组的方式有以下几种。

（1）选择一组相邻的工作表，先单击要成组的第一个工作表标签，然后按住 Shift 键，再单击要成组的最后一个工作表标签。

（2）选择不相邻的一组工作表，按住【Ctrl】键，依次单击要成组的每个工作表标签。

（3）选择工作簿中的全部工作表，右击任意一个工作表标签，在弹出的快捷菜单中执行"选中全部工作表"命令。

设置完工作表组后，成组的工作表标签均呈高亮显示，同时在工作簿的标题栏上会出现"工作组"字样，提示已设定了工作表组，如图 11-7 所示。

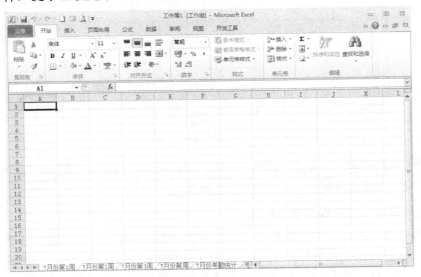

图 11-7　设置工作组

如果想取消工作表组，只要单击删除当前工作表以外的任意工作表的标签即可；另外，右击任意一个工作表标签，在弹出的快捷菜单中执行"取消成组工作表"命令，也可取消工作表组。

2．工作表组的编辑

对工作表组中的工作表的编辑方法与单个工作表的编辑方法相同，当编辑某一个工作表时，工作表组中的其他工作表同时也得到相应的编辑。即用户操作的结果不仅作用于当前工作表，还作用于工作表组中的其他工作表。

例如，利用工作表组的方法同时建立工作表"7 月份第 1 周"、"7 月份第 2 周"、"7 月份第 3 周"和"7 月份第 4 周"中的数据。

首先将 4 个工作表设置为工作表组，然后在工作表中直接编辑数据，则工作表组中的所有工作表都被编辑了相同的数据，如图 11-8 所示。

图11-8　利用工作表组编辑数据

> **提示：** 大多数编辑操作都可以同时作用到同组的所有工作表上，但查找和替换操作仅对当前工作表起作用。

3．工作表组的填充

如果要建立的多个工作表与现有的某个工作表相同或类似，则可以采用工作表组填充的方法快速完成。

例如，在编辑 7 月份 4 个周考勤表的表头时，没有采用工作表组的方法，而是只在工作表"7 月份第 1 周"中进行了编辑，可以利用填充的方法将表头的数据填充到其他 3 个周的工作表中，具体操作步骤如下。

（1）选中"7 月份第 1 周"为当前工作表，并把"7 月份第 1 周"、"7 月份第 2 周"、"7 月份第 3 周"和"7 月份第 4 周"设置为工作表组。

（2）在当前工作表中选中要填充到其他几个工作表的单元格或单元格区域。

（3）在"开始"选项卡中单击"编辑"组中的"填充"下拉按钮，在弹出的下拉列表框中选择"成组工作表"选项，打开"填充成组工作表"对话框，如图 11-9 所示。

（4）在"填充"选项区域用户根据需要进行选择，这里选中"全部"单选按钮，单击"确定"按钮。

图11-9　"填充成组工作表"对话框

11.2.2 不同工作表间的单元格复制

在不同工作表之间也可以复制单元格或单元格区域，操作步骤与在同一工作表中复制单元格类似。

例如，在"7月份考勤统计"工作表中编辑数据时，也需要输入序号和姓名的数据，如图 11-10 所示。而这些数据和前面 4 个工作表的数据一致，此时可以将"序号"和"姓名"列的数据复制过来，具体操作步骤如下。

（1）选中"7月份第 4 周"工作表中"序号"和"姓名"列的数据。

（2）在"开始"选项卡中单击"剪切板"组中的"复制"按钮。

（3）切换到"7月份考勤统计"工作表中选中，目的单元格 A5。

（4）在"开始"选项卡中单击"剪切板"组中的"粘贴"按钮，粘贴数据的效果如图 11-11 所示。

图11-10 编辑"7月份考勤统计"工作表

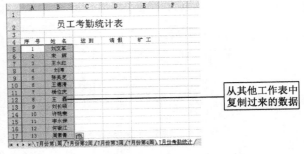

图11-11 在不同工作表间复制数据

11.2.3 不同工作表间的单元格引用

同一工作表中的单元格的引用，为创建和使用公式提供了极大的方便。Excel 2010 还允许在公式中引用不同工作表中的单元格或单元格区域。

1. 同一工作簿中工作表间的引用

在相同工作簿中，引用其他工作表中的单元格或单元格区域的方法是：在单元格或单元格区域引用前加上相应工作表引用（即源工作表名称），并用感叹号"！"将工作表引用和单元格或单元格区域引用分开，格式是：源工作表名称！单元格或单元格区域引用。例如，要引用"7月份第 1 周"工作表中的 R6 单元格，则在公式中应输入"7月份第 1 周！R6"。

在计算 7月份员工"刘文革"的迟到总次数时就是"7月份第 1 周"工作表中的 R6 单元格中的数据与"7月份第 2 周"工作表中的 R6 单元格中的数据、"7月份第 3 周"工作表中的 R6 单元格中的数据、"7月份第 4 周"工作表中的 R6 单元格中的数据相加的和。这里可以利用单元格引用的方式来计算迟到的总次数，具体操作步骤如下。

（1）在"7月份考勤"工作表中选中 C5 单元格。

（2）输入公式"=7月份第 1 周!R6+7月份第 2 周!R6+7月份第 3 周!R6+7月份第 4 周!R6"。

（3）单击编辑栏上的"输入"按钮，则可以计算出结果，如图 11-12 所示。

（4）利用公式填充的方法将公式填充到其他的单元格中，如图 11-13 所示。

> **提示：** 引用另一个工作表单元格或区域的数据时大多数都采用绝对引用。如果工作表名称中包含空格，则必须用单引号将工作表引用括起来。

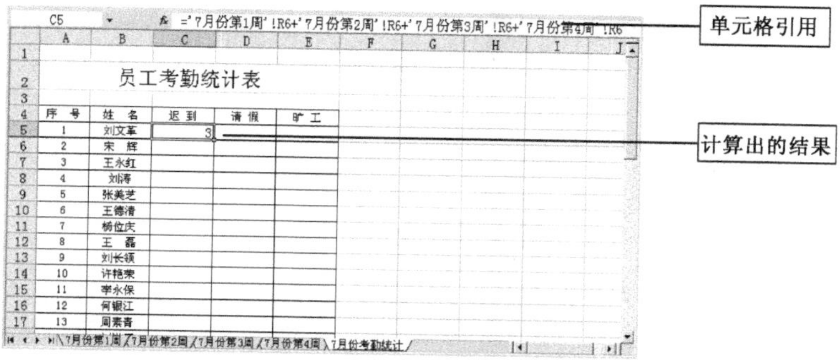

图11-12　利用单元格引用计算

图11-13　考勤统计的最终效果

2．不同工作簿中工作表间的引用

当需要引用其他工作簿中的单元格或单元格区域时，其格式是：【源工作簿名称】源工作表名称！单元格或单元格区域引用。例如，要引用 Book2 中的"6 月份第 1 周"工作表中的 R6 单元格，则在公式中应输入"【Book2】6 月份第 1 周！R6"。

11.3　冻结工作表窗口

使用冻结窗口功能，可在滚动工作表时使冻结区域内的行和列的标题保持不动，但不影响打印效果。例如，将"7 月份第 1 周"工作表中"序号"所在的行进行冻结，具体操作步骤如下。

（1）在工作表中选中"序号"所在行下面的一行。

（2）在"视图"选项卡中单击"窗口"组中的"冻结窗口"下拉按钮，弹出"冻结窗口"下拉列表框，如图 11-14 所示。

图 11-14　"冻结窗口"下拉列表框

（3）在"冻结窗口"下拉列表框中选择"冻结拆分窗格"选项，系统将以选中行的上边框线为分界线，将窗口分割成两个窗口，分割条为细实线，如图 11-15 所示。

（4）此时移动工作表中的垂直滚动条，可以将发现水平分割线上边的窗格不动，下边的窗格可以移动。

图 11-15　冻结窗口

> **提示**：在"冻结窗口"下拉列表框中，如果选择"冻结首行"选项，则将工作表首行冻结，如果选择"冻结首列"选项，则将工作表首列冻结。在冻结时如果选择的是列，则以选中列左侧为分界线冻结窗格。在冻结时如果选择的是单元格，则以选中单元格的左上角为交点对窗格进行垂直和水平冻结。如果要取消冻结窗格，在"冻结窗口"下拉列表框中选择"取消冻结窗格"选项即可。

11.4　保护工作簿或工作表

Excel 2010 提供了多种方式对用户如何查看或改变工作簿和工作表中的数据进行限定，限定的作用如下。

（1）可以防止他人更改个人工作表中的部分或全部内容，查看隐藏的数据行或列，查阅公式、改变图形对象或更改保存的方案。

（2）可以防止他人添加或删除工作簿中的工作表，或者查看其中的隐藏工作表。还可以防止他人改变工作簿窗口的大小和位置、取消共享工作簿设置或关闭冲突日志。

（3）通过在打开或保存工作簿时输入密码，可以对打开和使用工作簿数据的人员进行限定。还可以建议他人以只读方式打开工作簿。

11.4.1　设置打开权限

为了防止他人打开修改一个包括有重要数据的工作簿，用户可以为这个工作簿设置一个密码，防止他人访问文件，这里为考勤表工作簿设置打开权限密码，具体操作步骤如下。

（1）在"文件"选项卡中单击"信息"→"保护工作簿"下拉按钮，打开"保护工作簿"下拉列表框，如图 11-16 所示。

（2）在"保护工作簿"下拉列表框中选择"用密码进行加密"选项，打开"加密文档"对话框，在"密码"文本框中输入密码，如图 11-17 所示。

（3）单击"确定"按钮，打开"确认密码"对话框，再次输入密码，单击"确定"按钮。

（4）单击"保存"按钮，将所做的设置保存。

进行了保存设置后，再次打开此文档时打开如图 11-18 所示的"密码"对话框。在对话框中输入正确的密码才能打开文件，否则将无法打开文档。

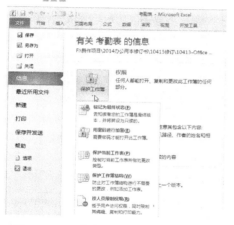

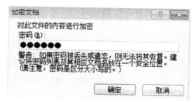

图 11-16　"保护工作簿"下拉列表框　　　　　　图 11-17　"加密文档"对话框

图 11-18　输入打开文件密码

11.4.2　保护工作簿

对工作簿进行保护可以防止他人对工作簿的结构或窗口进行改动，保护工作簿的具体操作步骤如下。

（1）将鼠标指针定位在要保护的工作簿中的任意工作表中。

（2）在"审阅"选项卡中单击"更改"组中的"保护工作簿"下拉按钮，在弹出的下拉列表框中选择"保护结构和窗口"选项，打开"保护结构和窗口"对话框，如图 11-19 所示。

（3）在"保护工作簿"选项区域设置具体的保护对象，如果选中"结构"复选框，可以防止修改工作簿的结构，如可以防止删除、重新命名、复制、移动工作表等，此时"格式"下拉列表框中"组织工作表"选项区域的选项为不可用状态，如图 11-20 所示。

图11-19　"保护工作簿"对话框　　　　　　图11-20　保护工作簿结构后的效果

（4）如果选中"窗口"复选框，可以使工作簿的窗口保持当前的形式，窗口控制按钮变为隐藏。并且多数窗口功能如移动、缩放、恢复、最小化、新建、关闭、拆分和冻结窗格将不起作用。

（5）在"密码"文本框中输入密码后，单击"确定"按钮打开"确认密码"对话框，在对话框中的"重新输入密码"文本框中再次输入密码，单击"确定"按钮，工作簿保护成功。

> **提示：** 如果要撤销工作簿的保护，在"审阅"选项卡中单击"更改"组中的"保护工作簿"下拉按钮，在弹出的下拉列表框中选择"保护结构和窗口"选项，打开"撤销保护工作簿"对话框，在对话框中的"密码"文本框中输入密码，单击"确定"按钮。

11.4.3　保护工作表

对工作簿进行了保护，虽然不能对工作表进行删除、移动等操作，但是在查看工作表时工作表中的数据及工作表的结构还是可以被编辑修改的。为了防止他人修改工作表用户可以对工作表进行保护，具体操作方法如下。

（1）选中要保护的工作表为当前工作表。

（2）在"审阅"选项卡中的单击"更改"组中的"保护工作表"按钮，打开"保护工作表"对话框，如图 11-21 所示。

图11-21　"保护工作表"对话框

（3）选中"保护工作表及锁定的单元格内容"复选框。

（4）在"允许此工作表的所有用户进行"列表框中选择用户在保护工作表后可以在工作表中进行的操作。

（5）如果在"取消工作表保护时使用的密码"文本框中输入了密码，单击"确定"按钮，打开，"确认密码"对话框。

（6）在对话框中的"重新输入密码"文本框中再次输入密码，单击"确定"按钮，工作表保护成功。

工作表保护成功后，在"允许此工作表的所有用户进行"列表框中未被选中的操作，则在工作表中不能进行操作。如未选中"插入行"和"插入列"复选框，则在保护的工作表中不能进行插入行和插入列的操作。

> **提示：** 如果要撤销工作表的保护，在"审阅"选项卡中单击"更改"组中的"撤销保护工作表"按钮，打开"撤销工作表保护"对话框，在对话框中的"密码"文本框中输入密码，单击"确定"按钮。

11.4.4　保护单元格

如果单元格中的数据是公式计算出来的，选中该单元格后，在编辑栏上将会显示出该数据的公式。如果工作表中的数据比较重要，可以将工作表中单元格中的公式隐藏，这样可以防止其他用户看出该数据是如何计算出来的。

例如，对"7月份考勤统计"工作表中的公式进行保护，具体操作步骤如下。

（1）选中要保护的单元格或单元格区域。

（2）在"开始"选项卡中单击"单元格"组中的"格式"下拉按钮，在弹出的下拉列表框中选择"设置单元格格式"选项，打开"设置单元格格式"对话框，单击"保护"选项卡，如图 11-22 所示。

（3）在对话框中如果选中了"锁定"复选框，则工作表受保护后，单元格中的数据不能被修改；如果选中了"隐藏"复选框，则工作表受保护后，单元格中的公式被隐藏。

（4）单击"确定"按钮。

（5）在"审阅"选项卡中单击"更改"组中的"保护工作表"按钮，打开"保护工作表"

对话框。选中"保护工作表及锁定的单元格内容"复选框，单击"确定"按钮，对工作表设置保护。

设置了隐藏功能后，再选中含有公式的单元格，则不显示公式。

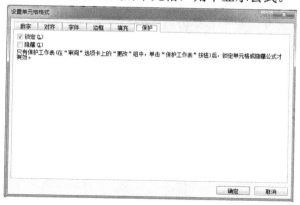

图11-22　保护单元格

> **提示**：只有在工作表被保护时，锁定单元格或隐藏公式才有效。因此，对单元格设置保护后，还应对工作表设置保护，这样设置的单元格保护才有效，否则设置的单元格保护功能是无效的。

11.5　打印工作表

日常工作中，很多情况下需要将数据报表打印在纸张上，以供他人查看和使用。因此，用户还需要对建立和编辑好的工作表以报表的形式打印出来。Excel 2010 为用户提供了非常强大的打印功能，充分利用这些功能用户可以打印出符合要求的工作表。

11.5.1　页面设置

在打印之前需要对工作表进行必要的设置，如设置打印范围、打印纸尺寸等。

1. 设置页面选项

页面选项主要包括纸张的大小、打印方向、缩放、起始页码等选项，通过对这些选项的选择，可以完成纸张大小、起始页码、打印方向等的设置工作。

例如，用户要将"7 月份第 1 周"工作表纵向打印到 A4 纸张上，具体操作步骤如下。

（1）切换到"页面布局"选项卡，单击"页面设置"组右下角的对话框启动器按钮，打开"页面设置"对话框，如图 11-23 所示。

（2）在"方向"选项区域选中"纵向"单选按钮，"纵向"则是指打印纸垂直放置，即纸张高度大于宽度。"横向"是指打印纸水平放置，即纸张宽度大于高度。

图11-23　"页面"选项卡

（3）在"纸张大小"下拉列表框中选择"A4"选项。

（4）在"起始页码"文本框中输入要打印的工作表起始页号，如果使用默认的"自动"

设置，则是从当前页开始打印。

（5）设置完毕后单击"确定"按钮。

2．设置页边距

所谓页边距，就是指在纸张上开始打印内容的边界与纸张边缘之间的距离。设置页边距的具体操作步骤如下。

（1）切换到"页面布局"选项卡，单击"页面设置"组右下角的对话框启动器按钮，打开"页面设置"对话框，单击"页边距"选项卡，如图 11-24 所示。

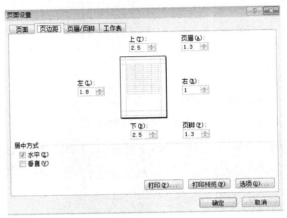

图 11-24　"页边距"选项卡

（2）在"上"、"下"、"左"、"右"文本框中输入或选择各边距的具体值，在"页眉"和"页脚"文本框中输入或选择页眉和页脚距页边的距离。

（3）在"居中方式"选项区域选中"水平"复选框。

（4）设置完毕后单击"确定"按钮。

3．设置页眉和页脚

例如，要给"7 月份第 1 周"工作表设置页眉和页脚，具体操作步骤如下。

（1）切换到"插入"选项卡，单击"文本"组中的"页眉和页脚"按钮，则进入页眉和页脚编辑模式，鼠标指针自动定位在页眉编辑区，如图 11-25 所示。

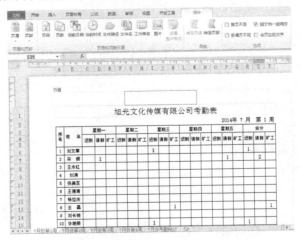

图 11-25　页眉和页脚编辑模式

（2）在页眉区域共分为 3 个单元格，用户可以在各个单元格中分别进行编辑。默认情况下，在中间单元格输入的页眉文字位于页面顶端居中位置，在左侧单元格输入的页眉文字位于页面顶端居左位置，在右侧单元格输入的页眉文字位于页面顶端居右位置。

（3）将鼠标指针定位在中间的单元格中，然后输入文本"7月份第 1 周考勤情况"。

（4）选中"7月份第 1 周考勤情况"文本，切换到"开始"选项卡，在"字体"组的"字体"下拉列表框中选择"楷体"选项，在"字号"下拉列表框中选择"16"选项，插入页眉的效果如图 11-26 所示。

（5）在"设计"选项卡中单击"导航"组中的"转至页脚"按钮，则进入页脚编辑区，如图 11-27 所示。

图11-26　插入页眉的效果 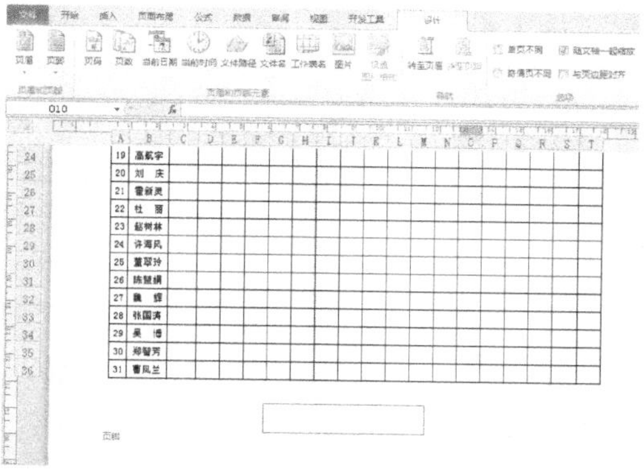　　　　　　图11-27　页脚编辑区

（6）在页脚区域共分为 3 个单元格，用户可以在各个单元格中分别进行编辑。默认情况下，在中间单元格输入的页脚文字位于页面底端居中位置，在左侧单元格输入的页脚文字位于页面底端居左位置，在右侧单元格输入的页脚文字位于页面底端居右位置。

（7）将鼠标指针定位在中间的单元格中，在"设计"选项卡中单击在"页眉和页脚"组中的"页脚"下拉按钮，弹出"页脚"下拉列表框，如图 11-28 所示。

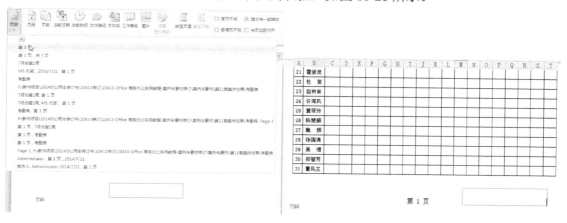

图11-28　"页脚"下拉列表框　　　　　　图11-29　插入页脚的效果

（8）在下拉列表框中选择"第 1 页"选项，则插入页脚的效果如图 11-29 所示。

4．设置工作表选项

工作表选项主要包括打印顺序、打印标题行、打印网格线、打印行号列标等选项，通过这些选项可以控制打印的标题行、打印的先后顺序等。切换到"页面布局"选项卡，单击"页面设置"组右下角的对话框启动器按钮，打开"页面设置"对话框，在对话框中单击"工作表"选项卡，如图 11-30 所示。

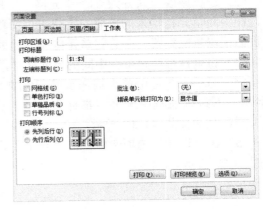

图11-30　"工作表"选项卡

在打印工作表时，使用"打印"选项，用户可以设置出一些特殊的打印效果，主要有下面一些。

（1）"网格线"复选框：可以设置是否显示描绘每个单元格轮廓的线。

（2）"单色打印"复选框：可以指定在打印中忽略工作表的颜色。

（3）"草稿品质"复选框：一种快速的打印方法，打印过程中不打印网格线、图形和边界。

（4）"行号列标"复选框：可以设置是否打印窗口中的行号列标，通常情况下这些信息是不打印的。

（5）"批注"文本框：可以设置是否对批注进行打印，并且还可以设置批注打印的位置。

当用户需要打印的工作表太大无法在一页中放下时，可以选择打印顺序。

（1）选中"先列后行"单选按钮，表示先打印每一页的左边部分，再打印右边部分。

（2）选中"先行后列"单选按钮，表示在打印下一页的左边部分之前，先打印本页的右边部分。

在一般情况下"打印区域"默认为打印整个工作表，此时"打印区域"文本框内为空。如果想要打印工作表中某一区域的数据，可以在"打印区域"文本框中输入要打印的区域，也可单击文本框右侧的 按钮，然后引用单元格区域。

当打印一个较长的工作表时，常常需要在每一页上打印行或列标题，这样可以使打印后每一页上都包含行或列标题。在"打印标题"选项区域的"顶端标题行"文本框中可以将某行区域设置为顶端标题行。当某个区域设置为标题行后，在打印时每页顶端都会打印标题行内容。可以在"顶端标题行"文本框单击 按钮，进行单元格区域引用，以确定指定的标题行，也可以直接输入作为标题行的行号。在"左端标题列"文本框中可以将某列区域设置为左端标题列。当某个区域设置为标题列后，在打印时每页左端都会打印标题列内容。还可以在"左端标题列"文本框单击 按钮，进行单元格区域引用，以确定指定的标题列，也可以直接输入作为标题列的标。

例如，在打印"7 月份第 1 周"工作表时要在每页打印第 1～5 行，在"顶端标题行"文本框单击 按钮，然后在"7 月份第 1 周"工作表中引用第 1～5 行即可。

11.5.2　打印工作表

对工作表设置完毕后，就可以将工作表打印出来了，Excel 2010 提供了多种打印方式，包括打印多份文档、选择打印范围、快速打印文档等。

1．一般打印

一般情况下，默认的打印设置不一定能够满足用户的要求，此时可以对打印的具体方式进行设置。

例如，要将制作的工作表打印 20 份，具体操作步骤如下。

（1）在"文件"选项卡中单击"打印"按钮，显示打印窗口。在该窗口的左侧是打印设置选项，在右侧则是打印预览效果，如图 11-31 所示。

（2）单击"打印机"右侧的下拉按钮，选择要使用的打印机。

（3）在"份数"文本框中选择或者输入"20"。

（4）在预览区域预览打印效果，确定无误后单击"打印"按钮正式打印。

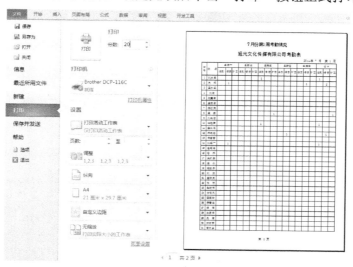

图 11-31　打印文档

提示：如果文档的页数比较多，用户可以选择一页页地打印或是一份份地打印。单击"调整"下拉按钮，在弹出的下拉列表框中选择"调整"选项，将完整打印第 1 份后再打印后续几份；选择"取消排序"选项，则完成第一页打印后再打印后续页码。

2. 选择打印的范围

Excel 2010 打印文档时，既可以打印全部的工作表，也可以打印工作表的一部分。用户可以在打印窗口中的"打印活动工作表"选项区域设置打印的范围。

在打印窗口中单击"打印活动工作表"下拉按钮，弹出下拉列表框，如图 11-32 所示，在下拉列表框中选择下面几种打印范围。

（1）选择"打印活动工作表"选项，就是打印当前工作表。

（2）选择"打印整个工作簿"选项，就是打印工作簿中的所有工作表。

（3）选择"打印选定区域"选项，则只打印当前工作表中选中的内容，但事先必须在工作表中选中了一部分内容才能使用该选项。

如果打印的范围包含多页，则用户还可以在页数文本框中输入要打印的页数，如图 11-33 所示。

图11-32　选择打印的范围

图11-33　输入要打印的页码

举一反三　制作活动节目单

某公司要在成立 10 周年纪念日举办一次大规模的庆典活动，为了方便主持人报幕，同时能让大家大致了解节目内容，就要有一份节目单。制作节目单的最终效果如图 11-34 所示。

图 11-34　节目单

在制作节目单之前，首先打开"案例与素材\第 11 章素材"文件夹中的"节目单（初始）"文件。

制作节目单的具体操作步骤如下。

用户可以为节目单插入一些图形、图片艺术字等来美化页面。

（1）将鼠标指针定位在工作表中，在"插入"选项卡中单击"文本"组中的"艺术字"下拉按钮，弹出"艺术字样式"下拉列表框，如图 11-35 所示。

（2）在"艺术字样式"下拉列表框中选择第一行第一列的艺术字样式后，在文档中会出现一个"请在此放置您的文字"文本框，如图 11-36 所示。

图11-35　"艺术字"下拉列表框

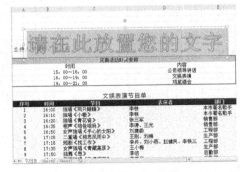

图11-36　"请在此放置您的文字"文本框

（3）在文本框中输入文字"旭光公司 10 周年庆典"。

（4）选中输入的文字，切换到"开始"选项卡，然后在"字体"下拉列表框中选择"楷体"选项，在"字号"下拉列表框中选择"36"选项，插入艺术字的效果如图 11-37 所示。

（5）将鼠标指针移动至艺术字文本框边框上，当鼠标指针呈 形状时，按住鼠标左键拖动，移动艺术字文本框。

（6）文本框到达合适位置后，松开鼠标左键，移动艺术字的效果如图 11-38 所示。

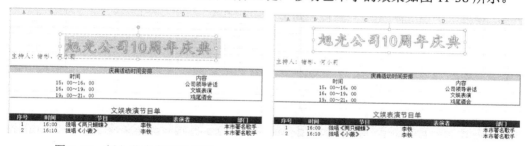

图11-37　插入艺术字的效果图　　　　　　11-38　调整艺术字位置的效果

（7）选中艺术字文本框中的艺术字，切换到"格式"选项卡。

（8）单击"艺术字样式"组中的"文本填充"下拉按钮，在弹出的下拉列表框中选择"渐变"→"其他渐变"选项，打开"设置文本效果格式"对话框，如图 11-39 所示。

（9）在"文本填充"选项区域选中"渐变填充"单选按钮，在"预设颜色"下拉列表框中选择"红日西斜"选项，在"类型"下拉列表框中选择"线性"选项，在"方向"下拉列表框中选择"线性向上"选项，在"角度"文本框中选择或输入"270°"，单击"关闭"按钮。

（10）单击"艺术字样式"组中的"文本轮廓"下拉按钮，在弹出的下拉列表框中选择"无轮廓"选项。

（11）单击"艺术字样式"组中的"文本效果"下拉按钮，在弹出的下拉列表框中选择"映像"→"全映像，接触"选项，如图 11-40 所示。

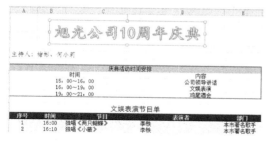

图11-39　设置艺术字渐变填充　　　　　　图11-40　设置艺术字影像效果

（12）单击"艺术字样式"组中的"文本效果"下拉按钮，在弹出的下拉列表框中选择"棱台"→"艺术装饰"选项，如图 11-41 所示。

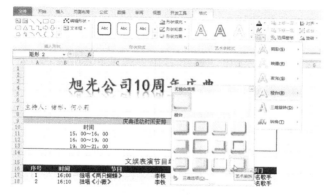

图11-41　设置棱台效果

（13）在"插入"选项卡中单击"插图"组中的"形状"下拉按钮，在弹出的下拉列表框中的"基本形状"选项区域中选择"新月形"选项，此时鼠标指针变为 十 字形状，在文档中拖动，即可绘制出"新月形"图形，如图 11-42 所示。

（14）在"新月形"图形上单击将其选中，切换到"格式"选项卡，在"形状样式"组中单击"形状轮廓"下拉按钮，在弹出的下拉列表框中选择"无轮廓"选项；在"形状样式"组中单击"形状填充"下拉按钮，在弹出的下拉列表框的"标准色"选项区域选择"橙色"选项。

（15）按照相同的方法，绘制"十字星"及"新月形"图形到工作表中，并为它们填充橙色，无轮廓，利用鼠标拖动调整图形的位置，使它们围绕在艺术字的周围，效果如图 11-43 所示。

图11-42 绘制的"新月形"图形

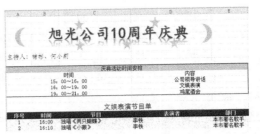

图11-43 添加自选图形

回头看

通过案例"考勤表"及举一反三"活动节目单"的制作过程，主要学习了 Excel 2010 提供的工作表的操作、工作表组的操作、冻结工作表、工作表的保护及工作表的打印等操作的方法和技巧。通过上面的学习，可以掌握以工作簿或工作表为具体对象的操作步骤与技巧。

知识拓展

1．隐藏或取消隐藏工作表

Excel 2010 还提供了隐藏工作表的功能，如果用户不想让其他人看到工作簿中的某一个工作表，可以将其隐藏。

在工作簿中切换要隐藏的工作表为当前工作表，在"开始"选项卡的"单元格"组中的"格式"下拉按钮，在弹出的下拉列表框的"可见性"选项区域选择"隐藏和取消隐藏"→"隐藏工作表"选项，则工作表被隐藏。

如果要取消工作表的隐藏，在"开始"选项卡中单击"单元格"组中的"格式"下拉按钮，在弹出的下拉列表框的"可见性"区域选择"隐藏和取消隐藏"→"取消隐藏工作表"选项，打开"取消隐藏"对话框，在"取消隐藏工作表"列表框中选择要取消隐藏的工作表，单击"确定"按钮。

2．在工作表中插入图片

用户可以很方便地在 Excel 2010 中插入图片，图片可以是一个剪贴画、一张照片或一幅图画。在 Excel 2010 中可以插入多种格式的外部图片，如*.bmp、*.pcx、*.tif 和*.pic 等。

在田径运动会竞赛日程表中插入图片的具体操作步骤如下。

（1）将鼠标指针定位在工作表中。

（2）在"插入"选项卡中单击"插图"组中的"图片"按钮，打开"插入图片"对话框，如图 11-44 所示。

（3）在对话框中找到要插入图片所在的位置，然后选中图片文件。

（4）单击"插入"按钮，被选中的图片插入到工作表中。

图11-44　"插入图片"对话框

3.在页面布局视图中调整工作表

在 Excel 2010 中含 3 种视图模式，即普通视图、页面布局视图和分页预览。普通视图是 Excel 的默认视图，适用于对表格进行设计和编辑。但在该视图中无法查看页边距、页眉和页脚，仅在打印预览或切换到其他视图后各页面之间会出现一条虚线来分隔各页。而页面布局视图兼有打印预览和普通视图的优点。打印预览时，虽然可以看到页边距、页眉和页脚，但无法对表格进行编辑。而在页面布局视图中，既能对表格进行编辑修改，也能查看和修改页边距、页眉和页脚。同时页面布局视图中还会显示水平和垂直标尺，这对于测量和对齐对象十分有用。

切换到"视图"选项卡，单击"工作簿视图"组中的"页面布局"按钮，进入"页面布局"视图，如图 11-45 所示。

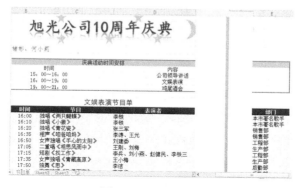

图11-45　页面布局视图

在页面布局视图中用户可以发现节目单不在一页中，此时用户可以对节目单的行高和列宽进行微调，使节目单显示在一页中。

将鼠标指针移至 A 列的列标右侧的边框线处，当鼠标指针变成 ✛ 形状时向左拖动，适当减少列宽，按照相同的方法对节目单各列的列宽进行调整，使节目单显示在一页中。

习题11

选择题

1．插入工作表时可以在"_____"选项卡中进行。

（A）开始　　　　（B）插入　　　（C）视图　　　　（D）工作表

2．关于冻结窗口，下列说法错误的是_____。

（A）冻结窗口时可以选择只冻结首行

（B）冻结窗口时可以选择只冻结首列

（C）在冻结时如果选择的是单元格，则以选中单元格的左上角为交点对窗格进行冻结

（D）在冻结时如果选择的是行，则以选中行的下边线作为分割点进行冻结

3．关于保护工作簿和工作表，下列说法正确的是_____。

（A）对工作簿保护可以设置在工作表中不能设置单元格格式

（B）对工作表保护可以设置在工作表中不能插入行

（C）对工作表保护可以设置不能重命名工作表

（D）用户可以对工作表中的某些区域设置保护选项

4．关于工作表的打印，下列说法错误的是_____。

（A）用户可以将工作表中的数据压缩打印到一页中

（B）页面的上边距就是页眉的边距

（C）在打印时可以在每页都显示左端标题列

（D）在打印时用户可以一次打印工作簿中的所有工作表

填空题

1．在"_____"选项卡中单击"_____"组中的"删除"下拉按钮，弹出"删除"下拉列表框，在下拉列表框中用户可以选择删除工作表。

2．在"_____"选项卡中单击"_____"组中的"_____"按钮，打开"保护结构和窗口"对话框。

3．在"_____"选项卡中单击"_____"组中的"_____"按钮，打开"保护工作表"对话框。

4．在"格式"选项卡中单击"_____"组中的"_____"下拉按钮，在弹出的下拉列表框中用户可以设置艺术字的填充效果。

5．在"格式"选项卡中单击"_____"组中的"_____"下拉按钮，在弹出的下拉列表框中用户可以设置艺术字的文字效果。

6．在 Excel 2010 中含 3 种视图模式，分别为_____、_____和_____。

简答题

1．如何在不同的工作簿之间复制工作表？

2．怎样将几个工作表设置为工作组？

3．在同一工作簿中引用其他工作表中的单元格或单元格区域的方法是什么？

4．将工作表的首行冻结有几种方法？

5．如何设置工作簿的打开权限？

6．如何隐藏工作表？

第 12 章　数据的分析与处理
——制作公司日常费用表和现金流量表

Excel 2010 为用户提供了极强的数据查询、排序、筛选及分类汇总等功能。使用这些功能，可以很方便地管理、分析数据，从而为企业的决策管理提供可靠依据。

 知识要点

- 建立数据清单
- 排序数据
- 筛选数据
- 分类汇总

 任务描述

公司的财务部门通常会在各个季度的开始之前进行日常费用预算，估计下个季度公司各个部门的日常耗费，因此公司需要制作日常费用表。公司日常费用表应详细记录费用的发生时间、报销人员及相关内容。利用 Excel 2010 的数据管理功能制作的日常费用表并按照"费用类别"和"金额"两列进行升序排序的效果如图 12-1 所示。

公司日常费用表

序号	时间	员工姓名	所属部门	费用类别	金额	备注
004	2014/1/29	张小美	办公室	办公费	60.00	办公用笔
002	2014/1/4	刘小莉	办公室	办公费	250.00	打印纸
001	2014/1/3	刘小莉	办公室	办公费	350.00	打印机墨盒
010	2014/3/5	张小美	办公室	办公费	350.00	打印机墨盒
011	2014/3/10	刘小莉	办公室	办公费	350.00	打印纸
016	2014/3/21	杨　晨	后勤部	办公费	700.00	打扫卫生工具
008	2014/2/27	杨　晨	后勤部	办公费	800.00	办公书柜
015	2014/3/20	胡林清	研发部	差旅费	1,200.00	西安
005	2014/2/1	王　庆	销售部	差旅费	1,300.00	江苏
020	2014/3/22	王　庆	销售部	差旅费	1,600.00	北京
018	2014/3/20	李　丽	销售部	差旅费	2,000.00	郑州
003	2014/1/14	王　庆	销售部	差旅费	2,100.00	广州
013	2014/3/3	李　映	销售部	差旅费	2,100.00	湖北
006	2014/2/18	章子明	销售部	差旅费	2,500.00	上海
009	2014/2/19	李　丽	销售部	差旅费	2,500.00	北京
014	2014/3/15	李梓鸣	研发部	差旅费	2,500.00	深圳
012	2014/3/1	许　可	宣传部	广告费	1,300.00	广告费
017	2014/3/1	张　磊	办公室	招待费	500.00	中州宾馆
019	2014/3/19	许　可	办公室	招待费	900.00	开源商务宾馆
007	2014/2/27	杜　帆	销售部	招待费	1,000.00	中州宾馆

图 12-1　公司日常费用表

 案例分析

完成公司日常费用清单的制作，首先要在工作表中创建一个数据清单，然后利用排序、筛选和分类汇总等功能对数据清单中的数据进行分析处理。

本章所涉及案例的素材和最终效果文件请登录华信教育资源网下载，相关内容在下载后的"案例与素材\第 12 章素材"和"案例与素材\第 12 章案例效果"文件夹中。

12.1　建立数据清单

在 Excel 2010 中，数据清单是包含相关数据的一系列工作表数据行，它与数据库之间的差异不大，只是范围更广，它主要用于管理数据的结构。当对工作表中的数据进行排序、分类汇总等操作时，Excel 2010 会将数据清单看成数据库来处理。数据清单中的行被当成数据库中的记录，列被看作对应数据库中的字段，数据清单中列名称作为数据库中的字段名称。

12.1.1　创建数据清单的准则

在创建数据清单之前，首先来了解一下数据清单中的两个重要元素：字段和记录。字段，即工作表中的列，每一列中包含一种信息类型，该列的列标题就叫字段名，它必须由文字表示。记录，即工作表中的行，每一行都包含着相关的信息。

在创建数据清单时还要遵守以下几条准则。

（1）每张工作表仅使用一个数据清单：避免在一张工作表中建立多个数据清单，因为某些清单管理功能一次只能在一个数据清单中使用。

（2）将相似项置于同一列：在设计数据清单时，应使同一列中的各行具有相似的数据项。

（3）使清单独立：在数据清单与其他数据之间，至少留出一个空白列和一个空白行，这样在执行排序、筛选、自动汇总等操作时，便于 Excel 2010 检测和选中数据清单。

（4）将关键数据置于清单的顶部或底部：避免将关键数据放到数据清单的左、右两侧，因为这些数据在筛选数据清单时可能会被隐藏。

（5）显示行和列：在更改数据清单之前，确保隐藏的行或列也被显示。如果清单中的行或列未被显示，那么数据有能会被删除。

（6）使用带格式的列标：在数据清单的第一行建立标志，利用这些标志，Excel 2010 可以创建报告并查找和组织数据。对于列标志，应使用与清单中数据不同的字体、对齐方式、格式、图案、边框或大小写样式等。

（7）避免空行和空列：在数据清单中可以有少量的空白单元格，但不可有空行或空列。

（8）不要在前面或后面输入空格：单元格中，各数据项前不要加多余空格，以免影响数据处理。

12.1.2　创建数据清单

在创建数据清单时，应首先完成数据清单的结构设计，首先在工作表中依次输入各个字段，如图 12-2 所示。

输入各字段后，就可以按照记录输入数据了。在规定的数据清单中输入数据有两种方法，一种是直接在单元格内输入数据，一种是使用"记录单"输入数据。一般情况下，用户应直接输入数据，以后在需要时可以利用记录单添加数据，创建的数据清单如图 12-3 所示。

图 12-2　在工作表中依次输入各个字段

公司日常费用表

序号	时间	员工姓名	所属部门	费用类别	金额	备注
001	2014/1/3	刘小莉	办公室	办公费	350.00	打印机墨盒
002	2014/1/4	刘小莉	办公室	办公费	250.00	打印纸
003	2014/1/14	王　庆	销售部	差旅费	2,100.00	广州
004	2014/1/29	张小麦	办公室	办公费	60.00	办公用笔
005	2014/2/1	王　庆	销售部	差旅费	1,300.00	江苏
006	2014/2/18	章子明	销售部	差旅费	2,500.00	上海
007	2014/2/27	杜　帆	销售部	招待费	1,000.00	中州宾馆
008	2014/2/27	杨　晨	后勤部	办公费	800.00	办公书柜
009	2014/2/19	李　丽	销售部	差旅费	2,500.00	北京
010	2014/3/5	张小麦	办公室	办公费	350.00	打印机墨盒
011	2014/3/10	刘小莉	办公室	办公费	350.00	打印纸
012	2014/3/1	许　可	办公室	宣传费	1,300.00	广告费
013	2014/3/3	李　映	销售部	差旅费	2,100.00	湖北
014	2014/3/15	李梓鸣	研发部	差旅费	2,500.00	深圳
015	2014/3/20	胡林涛	研发部	差旅费	1,200.00	西安
016	2014/3/21	杨　晨	后勤部	办公费	700.00	打扫卫生工具
017	2014/3/1	张　磊	办公室	招待费	500.00	中州宾馆
018	2014/3/20	李　丽	办公室	差旅费	2,000.00	郑州
019	2014/3/19	许　可	办公室	招待费	900.00	开源商务宾馆

图12-3　根据记录直接在单元格中输入数据

12.1.3　利用数据清单管理数据

在 Excel 2010 的数据清单中，主要有两种管理数据的方法，一种是直接在单元格中对其进行编辑，另一种是利用记录单的功能来查找、添加、修改、删除记录。

1．增加记录

当需要在数据清单中增加一条记录时，可以直接在工作表中增加一个空行，然后在相应的单元格中输入数据，另外也可以利用记录单来增加记录。

在 Excel 2010 中记录单命令没有被显示在功能区中，用户可以将其添加。这里将记录单命令添加到快速访问工具栏中，具体操作步骤如下。

（1）单击快速访问栏右侧的下拉按钮，在弹出的下拉列表框中选择"其他命令"选项，打开"Excel 选项"对话框。

（2）在"从下列位置选择命令"下拉列表框中选择"所有命令"选项，然后在列表框中选择"记录单"选项，单击"添加"按钮，将其添加到快速访问工具栏中，如图 12-4 所示。

（3）单击"确定"按钮。

图12-4　添加记录单命令

例如，利用记录单在"公司日常费用表"数据清单中增加一条"王庆"的差旅费记录，具体操作步骤如下。

（1）单击数据清单区域中的任一单元格。

（2）在快速访问工具栏中单击"记录单"按钮，打开记录单对话框，如图 12-5 所示。

（3）在记录单对话框中，左边显示了该数据清单的字段名，并显示了当前的记录。单击"新建"按钮，打开一个空白的记录单，用户可以在相应的字段中输入新的数据，如图 12-6 所示。

（4）输入完数据后，单击"新建"按钮可以继续添加其他的记录。

（5）单击"关闭"按钮，新添加的数据将显示在数据清单的底部。

图12-5　记录单对话框

图12-6　增加记录

2．查找记录

当数据清单比较大时，要找到数据清单中的某一记录就非常麻烦。在 Excel 2010 中用户可以利用记录单的功能快速地查找数据，使用记录单可以对数据清单中的数据设置查找条件，在记录单中所设置的条件就是比较条件。

例如，利用记录单功能查找购买打印纸的记录，具体操作步骤如下。

（1）单击数据清单区域中的任一单元格。

（2）在快速访问工具栏中单击"记录单"按钮，打开记录单对话框。

（3）单击"条件"按钮，打开一空白记录单，此时"条件"按钮变成了"表单"按钮。

（4）在对话框中的"备注"文本框中输入"打印纸"，如图 12-7 所示。

（5）单击"表单"按钮，即可打开符合查找条件的记录。单击"上一条"按钮或者"下一条"按钮进行查找，可以依次找到满足查找条件的记录，如图 12-8 所示。

（6）单击"关闭"按钮。

图12-7　设置查找条件

图12-8　显示符合条件的记录

3．修改记录

用户不但可以利用记录单输入记录内容，还可以修改记录，具体方法如下。

（1）单击数据清单区域中的任一单元格。

（2）在快速访问工具栏上单击"记录单"选项，打开"记录单"对话框。

（3）利用查找记录的方式找到需要修改的记录，用户也可以直接单击"下一条"或"上一条"按钮，或用鼠标拖动垂直滚动条找到需要修改的记录。

（4）对记录进行修改。

（5）单击"关闭"按钮。

4．删除记录

（1）单击数据清单区域中的任一单元格。

（2）在快速访问工具栏中单击"记录单"按钮，打开记录单对话框。

（3）利用查找记录的方式找到需要删除的记录，用户也可以直接单击"下一条"或"上一条"按钮，或用鼠标拖动垂直滚动条找到需要删除的记录。

（4）单击"删除"按钮，此时打开警告对话框，提醒用户该记录将被删除。

（5）单击"确定"按钮，记录就被删除。

（6）单击"关闭"按钮，完成删除操作。

> **提示：** 如果某个字段的内容是公式，则记录单上相应的字段没有字段值框，显示的是公式的计算结果，因而该数值不能直接在此进行编辑。

12.2　排序数据

在实际应用中，建立数据清单输入数据时，人们一般是按照数据到来的先后顺序输入的。但是，当用户要直接从数据清单中查找所需的信息时，很不直观。为了提高查找效率，需要重新整理数据，对此最有效的方法就是对数据进行排序。对数据清单中的数据进行排序是 Excel 2010 最常见的应用之一。

排序是指按照一定的顺序重新排列数据清单中的数据，通过排序可以根据某特定列的内容来重新排列数据清单中的行。排序并不改变行的内容，当两行中有完全相同的数据或内容时，Excel 2010 会保持它们的原始顺序。

对数据清单中的数据进行排序时，Excel 2010 会遵循以下排序原则。

（1）如果按某一列进行排序，则在该列上完全相同的行将保持它们的原始次序。

（2）被隐藏起来的行不会被排序，除非它们是分级显示的一部分。

（3）如果按多列进行排序，则在主要列中如果有完全相同的记录行会根据指定的第二列进行排序，如果第二列中有完全相同的记录行时，则会根据指定的第三列进行排序。

（4）在排序列中有空白单元格的行会被放置在排序的数据清单的最后。

（5）排序选项中如果包含选中的列、顺序和方向等，则在最后列次排序后会被保存下来，直到修改它们或修改选中区域或列标记为止。

12.2.1　按一列排序

在对数据清单中的数据进行排序时，Excel 2010 也有其默认的排列顺序。其默认的排序是使用特定的排列顺序，根据单元格中的数值而不是格式来排列数据。

在按升序排序时，Excel 2010 将使用如下顺序（在按降序排序时，除了空格总是在最后外，其他的排序顺序反之）。

（1）数字从最小的负数到最大的正数排序。

（2）文本及包含数字的文本，按下列顺序排序：先是数字 0～9，然后是字符"'-(空格)!"#＄％＆()*,．/:;?@ " \ " ^_`{|}~+<=>"，最后是字母 A～Z。

（3）在逻辑值中，FALSE 排在 TRUE 之前。

（4）所有错误值的优先级等效。

（5）空格排在最后。

对数据记录进行排序时，主要利用排序按钮和"排序"对话框来进行排序。如果用户想快速地根据某一列的数据进行排序，则可使用功能区的排序按钮。

（6）"升序"按钮 ：单击此按钮后，系统将按字母表顺序、数据由小到大、日期由前到后等默认的排列顺序进行排序。

（7）"降序"按钮 ：单击此按钮后，系统将反字母表顺序、数据由大到小、日期由后到前等顺序进行排序。

例如，利用功能区中的按钮将"公司日常费用表"中的"费用类别"列的数据按升序进行排列，具体操作步骤如下。

（1）在"费用类别"列单击任一个单元格。

（2）单击"升序"按钮，则"费用类别"列的数据按升序排序，排序后的结果如图 12-9 所示。

公司日常费用表

序号	时间	员工姓名	所属部门	费用类别	金额	备注
001	2014/1/3	刘小涵	办公室	办公费	350.00	打印机墨盒
002	2014/1/4	刘小涵	办公室	办公费	250.00	打印纸
004	2014/1/29	张小寒	办公室	办公费	60.00	办公用笔
008	2014/2/27	杨晨	后勤部	办公费	800.00	办公书柜
010	2014/3/5	张小寒	办公室	办公费	350.00	打印机墨盒
011	2014/3/10	刘小涵	办公室	办公费	350.00	打印纸
016	2014/3/21	杨晨	销售部	办公费	700.00	打扫卫生工具
003	2014/1/14	王庆	销售部	差旅费	2,100.00	广州
005	2014/2/1	王庆	销售部	差旅费	1,300.00	江苏
006	2014/2/18	章宇明	销售部	差旅费	2,500.00	上海
009	2014/2/19	李丽	销售部	差旅费	2,500.00	北京
013	2014/3/3	李映	研发部	差旅费	2,100.00	湖北
014	2014/3/15	李梓鸣	研发部	差旅费	2,500.00	深圳
015	2014/3/20	胡林清	研发部	差旅费	1,200.00	西安
018	2014/3/20	李丽	销售部	差旅费	2,000.00	郑州
020	2014/3/22	王庆	销售部	差旅费	1,600.00	北京
012	2014/3/1	许可	办公室	宣传费	1,300.00	广告费
007	2014/2/27	杜帆	销售部	招待费		中州宾馆
017	2014/3/1	张磊	办公室	招待费		中州宾馆
019	2014/3/19	许可	办公室	招待费	900.00	开源商务宾馆

图 12-9 将"费用类别"列升序排列后的结果

12.2.2 按多列排序

利用功能区中的排序按钮进行排序虽然方便快捷，但是只能按某一字段名的内容进行排序，如果要按两个或两个以上字段名的内容进行排序，可以在"排序"对话框中进行。例如，将"公司日常费用表"先按"费用类别"升序排列，再按"金额"升序排列，具体操作步骤如下。

（1）在数据清单区域单击任一个单元格。

（2）在"数据"选项卡中单击"排序和筛选"组中的"排序"按钮，打开"排序"对话框。

（3）在"主要关键字"下拉列表框中选择"费用类别"选项，在"排序依据"下拉列表框中选择"数值"选项，在"次序"下拉列表框中选择"升序"选项。

（4）单击"添加条件"按钮，在"次要关键字"下拉列表框中选择"金额"选项，在"排序依据"下拉列表框中选择"数值"选项，在"次序"下拉列表框中选择"升序"选项，如图 12-10 所示。

（5）单击"确定"按钮，按多列进行排序后的结果如图 12-11 所示。

提示：在"排序"对话框中选中"数据包含标题"复选框，则表示在排序时保留数据清单的字段名称行，字段名称行不参与排序。取消选中"数据包含标题"复选框，则表示在排序时删除数据清单中的字段名称行，字段名称行中的数据也参与排序。

图12-10　"排序"对话框　　　　　　　　　　图12-11　按多列进行排序的效果

12.3　数据筛选

筛选是查找和处理数据清单中数据子集的快捷方法，筛选清单仅显示满足条件的行，该条件由用户针对某列指定。筛选与排序不同，它并不重排数据清单，而只是将不必显示的行暂时隐藏。用户可以使用自动筛选或高级筛选功能将那些符合条件的数据显示在工作表中。Excel 2010 在筛选行时，可以对清单子集进行编辑、设置格式、制作图表和打印，而不必重新排列或移动。

12.3.1　自动筛选

自动筛选是一种快速的筛选方法，用户可以通过它快速地访问大量数据，从中选出满足条件的记录并将其显示出来，隐藏那些不满足条件的数据，此种方法只适用于条件较简单的筛选。例如，利用自动筛选功能将"费用类别"中"差旅费"的记录显示出来，具体操作步骤如下。

（1）选中"费用类别"列。

（2）在"数据"选项卡中单击"排序和筛选"组中的"筛选"按钮，则在选中单元格区域的标题行中文本的右侧出现一个下拉按钮。

（3）单击"费用类别"下拉按钮，弹出下拉列表框，在"文本筛选"下面的列表框中取消选中"全选"复选框，然后选中"差旅费"复选框，如图 12-12 所示。

（4）单击"确定"按钮，自动筛选后的结果如图 12-13 所示。

图12-12　筛选下拉列表框　　　　　　　　图12-13　按"差旅费"字段自动筛选的结果

12.3.2 自定义筛选

在使用自动筛选功能筛选数据时，还可以利用自定义的功能来限定一个或两个筛选条件，以便于将更接近条件的数据显示出来。

例如，将"公司日常费用表"中"费用类别"为"差旅费"和"招待费"的数据显示出来，具体操作步骤如下。

（1）单击"排序和筛选"组中的"清除"按钮，清除刚才的筛选结果。

（2）单击"费用类别"下拉按钮，在弹出的下拉列表框中选择"文本筛选"→"自定义筛选"选项，如图 12-14 所示，打开"自定义自动筛选方式"对话框，如图 12-15 所示。

图12-14 "自定义筛选"选项   图12-15 "自定义自动筛选方式"对话框

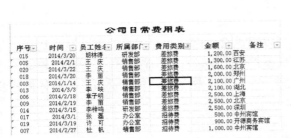

图12-16 按"费用类别"字段自定义筛选的效果

（3）在左上部的比较操作符下拉列表框中选择"等于"选项，在其右边的文本框中输入"差旅费"，选中"或"单选按钮，在左下部的比较操作符下拉列表框中选择"等于"选项，在其右边的文本框中输入"招待费"。

（4）单击"确定"按钮，按"费用类别"字段自定义筛选后的结果如图 12-16 所示。

12.3.3 筛选前 10 个

如果用户要筛选出最大或最小的几项，可以在筛选列表中使用"前 10 个"命令来完成。

例如，在上面筛选出的结果中再筛选出"金额"最大的 5 项，具体操作步骤如下。

（1）单击"金额"下拉按钮，在弹出的下拉列表框中选择"数字筛选"→"10 个最大的项"选项，打开"自动筛选前 10 个"对话框，如图 12-17 所示。

（2）在对话框中的最左边的下拉列表框中选择"最大"选项，在中间的文本框中选择或输入"5"，在最后边的下拉列表框中选择"项"。

图12-17 "自动筛选前10个"对话框

（3）单击"确定"按钮，按"金额"字段筛选出排在前 5 名后的效果如图 12-18 所示。

公司日常费用表

序号	时间	员工姓名	所属部门	费用类别	金额	备注
003	2014/1/14	王 庆	销售部	差旅费	2,100.00	广州
013	2014/3/3	李 映	销售部	差旅费	2,100.00	湖北
006	2014/2/18	章子明	销售部	差旅费	2,500.00	上海
009	2014/2/19	李 丽	销售部	差旅费	2,500.00	北京
014	2014/3/15	李梓鸣	研发部	差旅费	2,500.00	深圳

图 12-18　"自动筛选前 10 个"中排在前 5 名的选项

12.4　利用分类汇总统计数据

分类汇总是对数据清单上的数据进行分析的一种常用方法，Excel 2010 可以使用函数实现分类和汇总值计算，汇总函数有求和、计算、求平均值等多种。使用汇总功能，可以按照用户选择的方式对数据进行汇总，自动建立分级显示，并在数据清单中插入汇总行和分类汇总行。在插入分类汇总时，Excel 2010 会自动在数据清单的底部插入一个总计行。

12.4.1　分类汇总

分类汇总是将数据清单中的某个关键字段进行分类，相同值的分为一类，然后对各类进行汇总。在进行自动分类汇总之前，应对数据清单进行排序，将要分类字段相同的记录集中在一起，并且数据清单的第一行里必须有列标记。利用自动分类汇总功能可以对一项或多项指标进行汇总。

例如，在"公司日常费用表"中，按"费用类别"的"金额"对工作表中的各项进行求和汇总，具体操作步骤如下。

（1）首先将"费用类别"字段按升序进行排列，使相同费用类别的记录集中在一起。

（2）在"数据"选项卡中单击"分级显示"组中的"分类汇总"按钮，打开"分类汇总"对话框。

（3）在"分类字段"下拉列表框中选择"费用类别"选项；在"汇总方式"下拉列表框中选择"求和"选项；在"选定汇总项"列表框中选中"金额"复选框，如图 12-19 所示。

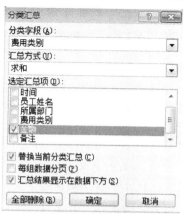

图 12-19　"分类汇总"对话框

（4）选中"汇总结果显示在数据下方"复选框，则将分类汇总的结果放在本类数据的最后一行。

（5）单击"确定"按钮，对销售量进行分类汇总后的结果如图 12-20 所示。

> **提示：** 如果选中"替换当前分类汇总"复选框，则表示按本次要求进行汇总；如果选中"每组数据分页"复选框，则将每一类分页显示。

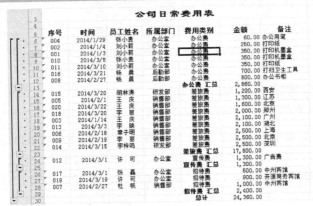

图 12-20　进行分类汇总后的结果

12.4.2　分级显示数据

工作表中的数据进行分类汇总后，将会使原来的工作表显得有些庞大，如果用户想要单独查看汇总数据或查看数据清单中的明细数据，最简单的方法就是利用 Excel 2010 提供的分级显示功能。

在对工作表数据进行分类汇总后，汇总后的工作表在窗口处将出现"1"、"2"、"3"的数字，还有"-"、大括号等，这些符号在 Excel 2010 中称为分级显示符号。

符号 **−** 是"隐藏明细数据"按钮，**+** 是"显示明细数据"按钮。

单击"隐藏明细数据"按钮，可以隐藏该级及以下各级的明细数据。

单击"显示明细数据"按钮，则可以展开该级明细数据。

例如，现在只需要显示"求和"的各项记录，则可以将其他内容都隐藏，效果如图 12-21 所示。

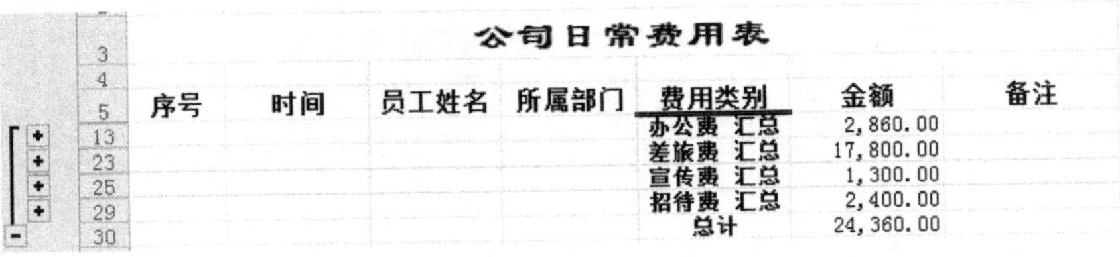

图12-21　隐藏数据的结果

12.4.3　消除分级显示数据

如果要取消部分分级显示，可先选中有关的行或列，然后在"数据"选项卡中单击"分级显示"组中的"取消组合"下拉按钮，在弹出的下拉列表框中选择"清除分级显示"选项即可，如图 12-22 所示。

当创建了分类汇总后，如果不再需要了，用户还可以将其删除。首先在分类汇总数据清单区域单击任一单

图12-22　"取消组合"下拉列表框

元格，在"数据"选项卡中单击"分级显示"组中的"分类汇总"按钮，打开"分类汇总"对话框。在"分类汇总"对话框中单击"全部删除"按钮，最后单击"确定"按钮，关闭对话框。

举一反三　制作现金流量表

公司的现金流量表最能反映现金流入和流出的原因、公司的负债能力、未来获利能力，在一定程度上能提高会计信息的可比性。制作现金流量表的最终效果如图 12-23 所示。

在制作现金流量表之前，首先打开"案例与素材\第 12 章素材"文件夹中的"现金流量表（初始）"文件。

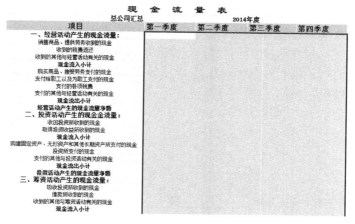

图 12-23　现金流量表

打开现金流量表工作簿后，发现"第一分公司现金流量表"工作表是第一分公司的现金流量表，"第二分公司现金流量表"工作表是第二分公司的现金流量表，我们需要做的工作就是在"公司汇总现金流量表"工作表中计算出两个公司汇总的现金流量表。仔细观察后发现两个分公司的现金流量表在相同的位置上具有相同的数据项，此时可以利用按合并计算的功能对两个统计表进行汇总，具体操作步骤如下。

（1）切换到"公司汇总现金流量表"工作表中，输入如图 12-24 所示的数据，并在工作表中选中 B4：E34 单元格区域。

图 12-24　合并计算的目标区域

（2）切换到"数据"选项卡，在"数据工具"组中单击"合并计算"按钮，打开"合并计算"对话框，如图 12-25 所示。

（3）在"函数"下拉列表框中选择"求和"选项。

（4）在"引用位置"文本框中输入源引用位置，或单击源工作表选中源区域。这里单击"引用位置"文本框右边的 🔳 按钮，弹出区域引用的对话框，在"第一分公司现金流量表"工作表中选中 B4：E34 单元格区域，在区域引用对话框中单击 🔳 图标，回到"合并计算"对话框中，单击"添加"按钮。

（5）按照相同的方法添加"第二分公司现金流量表"工作表中的 B4：E34 单元格区域作为合并计算区域。

（6）在"标签位置"选项区域不要选中"首行"和"最左列"复选框，单击"确定"按钮，即可得到合并计算的结果。

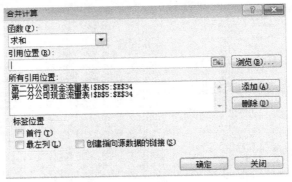

图 12-25　"合并计算"对话框

提示： 在合并计算时，用户还可以分类合并计算数据，分类合并是指当多重来源区域包含相似的数据却以不同的方式排列时，可以不同分类进行数据的合并计算。在"合并计算"对话框的"标签位置"选项区域选中"首行"复选框，则以引用区域的首行进行分类合并计算，如果选中"最左列"复选框，则以引用区域的最左列进行分类合并计算。如果用户希望当数据改变时，Excel 会自动更新合并计算表，这时用户只要在"合并计算"对话框中选中"创建指向源数据的链接"复选框。这样，当源数据改变时合并计算的结果将自动更新。

📹 回头看

通过案例"公司日常费用表"及举一反三"现金流量表"的制作过程，主要学习了 Excel 2010 提供的数据清单、排序数据、筛选数据、分类汇总数据及合并计算等操作的方法和技巧。通过上面的学习，可以掌握利用 Excel 2010 提供的工具对数据进行有效的分析和处理，最终汇总出自己需要的结果。

习题12

填空题

1. 数据清单中包含两个重要元素，_____和_____。

2. 在对数据进行升序排序时数字从_____到_____排序，在逻辑值中，_____排在_____之前，_____排在最后。

3. 分类汇总是将数据清单中的某个关键字段进行_____，然后对各类进行_____。在进行自动分类汇总之前，应对数据清单进行排序将要分类字段_____，并且数据清单的第一行里必须有_____。

4. 如果用户要筛选出最大或最小的 3 项，可以在筛选下拉列表框中使用_____选项来完成。

简答题

1. 创建数据清单有哪些准则？

2. 如果要按两个或两个以上字段的内容进行排序应该如何操作？

3. 如果要限定两个筛选条件来筛选数据应该如何操作？

4. 如何利用记录单管理数据？

5. 如何删除分类汇总？

6. 在对数据进行排序时会遵循哪些原则？

操作题

打开"案例与素材\第 12 章素材"文件夹中的"工资表（初始）"文件，按照下面的要求进行操作。

（1）在"姓名"和"性别"之间增加一列"部门"，工号以 A 开头的为人事部，工号以 B 开头的为财务部，工号以 C 开头的为发行部，工号以 D 开头的为技术部。

（2）计算实发工资和应发工资。应发工资＝基本工资－代扣保险款＋补助，实发工资为应发工资保留整数。（注：手动计算无效，必须设置公式自动计算）

（3）在原有数据清单中生成嵌套式分类汇总，首先生成各"部门"里"实发工资"的和，然后在汇总结果的基础上添加各"部门"里"实发金额"的最大值。

工资表的最终效果如图 12-26 所示。

工　号	姓名	部门	性别	基本工资	代扣保险款	补助	应发工资	实发工资
			旭光公司2014年1月工资表					
A001	肖珊	人事部	女	2600	90.39	100	2609.61	2610
A002	孙欢	人事部	男	5000	142.56	50	4907.44	4907
A003	潘文	人事部	女	2700	90.39	100	2709.61	2710
A004	李云云	人事部	男	2650	142.56	200	2707.44	2707
A005	田旭	人事部	女	2000	142.56	100	1957.44	1957
A006	李蕃	人事部	男	2600	90.39	200	2709.61	2710
A007	安利莎	人事部	男	1500	142.56	100	1457.44	1457
A008	张洁怡	人事部	女	1400	142.56	150	1407.44	1407
A009	梁策	人事部	男	3000	90.39	250	3159.61	3160
A010	潘丽文	人事部	女	2580	142.56	150	2587.44	2587
		人事部　最大值						4907
		人事部　汇总						26213
		财务部　最大值						3707
		财务部　汇总						16094
		发行部　最大值						2610
		发行部　汇总						12399
		技术部　最大值						3210
		技术部　汇总						20620
		总计最大值						4907
		总计						75326

图 12-26　工资表

第 13 章　Excel 2010 图表的应用
——制作销售分析统计表和商品销售情况数据透视表

Excel 2010 提供的图表功能，可以将系列数据以图表的方式表达出来，使数据更加清晰易懂，使数据表示的含义更形象、更直观，并且用户可以通过图表直接了解到数据之间的关系和变化的趋势。

 知识要点

- 创建图表
- 调整图表
- 编辑图表中的数据
- 格式化图表

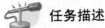 **任务描述**

在公司的日常经营活动中，随时要了解公司的产品销售情况，并分析地区性差异等各种因素，为公司决策者制定政策和决策提供依据。如果将这些数据制作成图表，就可以直观地表达所要说明数据的变化和差异。这里利用 Excel 2010 的图表功能制作一个销售分析统计图表，效果如图 13-1 所示。

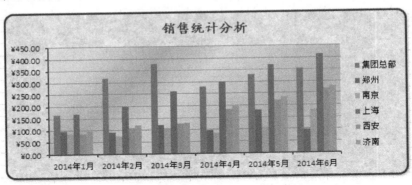

图13-1　销售分析统计图表

 案例分析

完成销售分析统计图表的制作，首先要创建一个图表，然后对应用调整图表的大小、调整图表的位置、向图表中添加数据、格式化图表及图表对象的组合叠放等功能对图表进行设置，使图表表示的含义更形象、直观。

本章所涉及案例的素材和最终效果文件请登录华信教育资源网下载，相关内容在下载后的"案例与素材\第 13 章素材"和"案例与素材\第 13 章案例效果"文件夹中。

13.1　创建图表

对于一些结构复杂的表格，用户往往要花费相当长的时间才能对表格中要说明的问题理出个头绪来，既费时又费力。而如果使用 Excel 2010 的图表功能，则可以将枯燥乏味的数字转化为图表，从而使数据之间的关系更一目了然。

根据图表显示位置的不同，建立图表的方式有嵌入式图表和图表工作表两种。

嵌入式图表是置于工作表中用于补充工作数据的图表，当要在一个工作表中查看或打印图表及其源数据或其他信息时，可使用嵌入式图表。

图表工作表是工作簿中具有特定工作表名称的独立工作表，当要独立于工作表数据查看或编辑大而复杂的图表，或希望节省工作表的屏幕空间时，可以使用图表工作表。

无论是以何种方式建立的图表，都与生成它们的工作表上的源数据建立了链接，这就意味着当更新工作表数据时，同时也会更新图表。利用图表向导创建图表的操作步骤如下。

（1）在工作表中选中要绘制图表的数据区域 A3：F9。

（2）在"插入"选项卡中单击"图表"组中的"柱形图"下拉按钮，弹出下拉列表框，如图 13-2 所示。

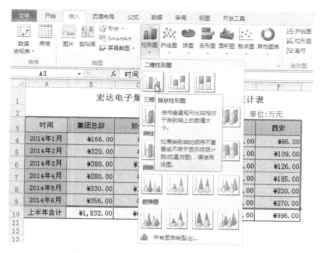

图 13-2　"柱形图"下拉列表框

（3）在下拉列表框中选择"二维柱形图"选项区域的"簇状柱形图"选项即可插入图表。创建图表的效果如图 13-3 所示。

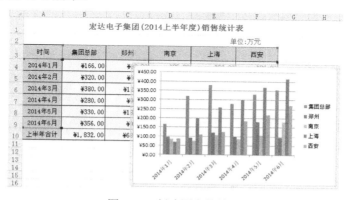

图 13-3　创建图表的效果

提示： 如果"插入"选项卡中"图表"组中的各个图表按钮，不能满足用户要求，用户可以单击"图表"组右下角的对话框启动器按钮，打开"插入图表"对话框，如图 13-4 所示。用户可以在对话框中挑选合适的图表，然后单击"确定"按钮。

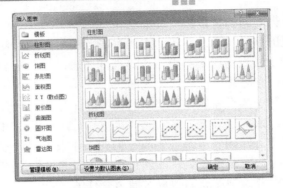

图13-4 "插入图表"对话框

13.2　调整图表

建立的图表在插入到工作表中之后，可以将图表的大小及位置进行适当调整，以便看起来更整洁美观，方便用户查阅数据。

13.2.1　调整图表的大小

通过对图表的大小进行调整，可以使图表中的数据更清晰、图表更美观，调整图表大小的具体操作步骤如下。

（1）单击选中图表，此时图表四周将出现 8 个尺寸控制柄。

（2）将鼠标指针移至图表各边中间的控制柄上，鼠标指针变成 ⬌ 形状或 ⬍ 形状，当拖动时鼠标指针变成 ＋ 形状，即可以改变图表的宽度和高度，虚线框表示图表的大小，调整到合适大小后松开鼠标左键。

（3）将鼠标指针移至四角的控制柄上，当鼠标指针变成 ⬈ 形状或 ⬉ 形状时拖动，可以将图表等比放缩，虚线框表示图表的大小，调整到合适大小后松开鼠标左键，如图 13-5 所示。

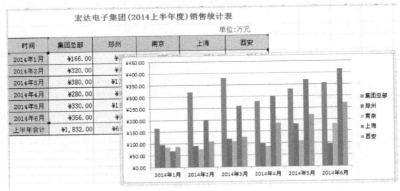

图 13-5　调整图表大小的效果

13.2.2　调整图表的位置

移动图表的位置非常简单，只需将鼠标指针移动到图表区的空白处，按住鼠标左键，当鼠标指针变成 ✛ 形状时拖动，虚线框表示图表的位置，如图 13-6 所示，当到达合适位置后松开鼠标左键即可。

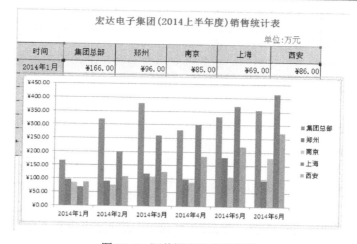

图 13-6　调整图表位置的效果

13.3　编辑图表中的数据

图表建立后，根据需要还可以对图表中的数据进行添加、删除、修改等操作。由于图表中的数据和工作表中的数据是互相关联的，所以在修改工作表中的数据时，Excel 2010 会自动在图表中做相应的更新。

13.3.1　向图表中添加数据

用户可以利用鼠标拖动直接向嵌入式的图表中添加数据，这种方式适用于要添加的新数据区域与源数据区域相邻的情况。

例如，要在"统计分析表"图表中添加"济南"的销售记录，具体操作步骤如下。

（1）在"统计分析表"的源数据区域输入"济南"的销售记录。

（2）单击插入的图表选中图表，在创建图表的数据周围出现蓝色、绿色、紫色框。

（3）将鼠标指针移到选定框右下角的选定柄上，当鼠标指针变为双向箭头时，拖动选定柄使源数据区域包含要添加的数据，选定后，新增加的数据就自动加入到图表中，如图 13-7 所示。

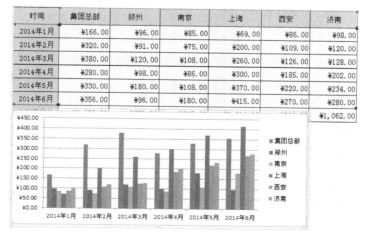

图 13-7　用鼠标拖动向图表中添加数据

用户也可以首先将要添加的数据先进行复制，然后选中图表，在图表上右击，在弹出的快捷菜单中执行"粘贴"命令，则数据被添加到图表中。这种方法对于添加任何数据区域的数据都是通用的，特别适用于要添加的新数据区域与源数据区域是不相邻的情况。

13.3.2 更改图表中的数值

图表中的数值是链接在创建该图表的工作表上的，当更改其中一个数值时，另一个也会改变，更改图表中的数据可以直接在工作表单元格中更改数值。

例如，将"上海"1月份的销售数据"69"改为"169"，具体操作步骤如下。

（1）选中"上海"列中1月份的销售数据"69"。

（2）将原数据修改为"169"。

（3）按回车键，或单击编辑栏中的"输入"按钮，即可更改单元格内容。此时图表中的数值也随之发生变化，效果如图 13-8 所示。

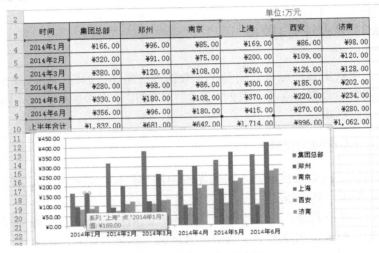

图 13-8　更改数值后的效果

> **提示：** 如果数据标志的数值是由公式生成的，只能通过调整公式引用的一个数值来更改该数值。若要实现此项操作。

13.3.3 删除图表中的数据

对于一些不必要在图表中出现的数据，用户可以将其从图表中删除。在删除图表中的数据时可以同时删除工作表中对应的数据，也可以保留工作表中的数据。

如果要同时删除图表和工作表中的数据，可以在工作表中直接删除不需要的数据，则图表中的数据会自动更新。

如果只删除图表中的数据，而保留工作表中的数据，只要先单击要清除的数据系列，在选中的数据系列上右击，在弹出的快捷菜单中执行"删除"命令，则所选的数据系列将被清除掉。

用户也可以在选中图表后切换到"格式"选项卡，在"数据"组中单击"选择数据"按钮，打开"选择数据源"对话框，如图 13-9 所示。在"图例项（系列）"列表框中选中要删除的系列，然后单击"删除"按钮。

图 13-9　"选择数据源"对话框

13.4　格式化图表

在 Excel 2010 中建立图表后，还可以通过修改图表的图表区格式、绘图区格式、图表的坐标轴格式等来美化图表。

13.4.1　图表对象的选取

在对图表及图表中的各个对象进行操作时，用户首先应将其选中，然后才能对其进行编辑操作。

在选中整个图表时，只需将鼠标指针指向图表中的空白区域，当出现"图表区"的屏幕提示时单击，即可将其选中。选中后整个图表四周出现 8 个控制柄，此时就表示图表被选中。被选中之后用户就可以对整个图表进行移动、缩放等编辑操作了。

在选中图表中的对象时，用户可以将鼠标指针指向图表中的对象，如将鼠标指针指向绘图区，当出现"绘图区"字样时单击鼠标即可选中绘图区，此时图表的绘图区四周出现 8 个控制柄，如图 13-10 所示。

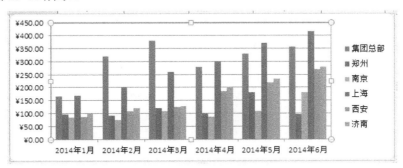

图 13-10　选中图表对象

13.4.2　设置图表标题

这里为创建的图表添加标题，并对标题设置格式，具体操作步骤如下。

（1）选中图表，切换到"布局"选项卡，在"标签"组中单击"图表标题"下拉按钮，在弹出的下拉列表框中选择"图表上方"选项，则在图表中出现"图表标题"字样，如图 13-11 所示。

（2）将鼠标指针指向图表标题，当出现"图表标题"字样时单击，即可选中图表标题。然后将鼠标指针定位在标题中，删除原来的标题"图表标题"，然后输入新的标题"销售统计分析"。

（3）按住鼠标左键拖动选中标题文本。

（4）在"开始"选项卡中的"字体"组中设置字体为"楷体"，字号为"16"，颜色为"深红"，设置图表标题的效果如图 13-12 所示。

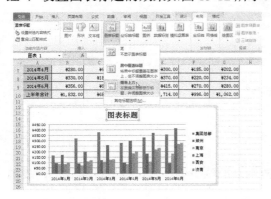

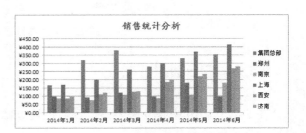

图13-11　添加图表标题　　　　　图13-12　设置图表标题的效果

13.4.3　设置图表区格式

可以通过为图表区添加边框、设置图表中的字体、填充图案等来修饰图表。

例如，设置"销售统计分析"图表区的格式，具体操作步骤如下。

（1）将鼠标指针指向图表的图表区，出现"图表区"的屏幕提示时单击，即可选中图表区。

（2）切换到"格式"选项卡，在"当前所选内容"组中单击"设置所选内容格式"按钮，打开"设置图表区格式"对话框。

（3）在对话框左侧列表框中选择"填充"选项，在右侧的"填充"选项区域选中"图片或纹理填充"单选按钮。

（4）单击"纹理"下拉按钮，弹出下拉列表框，这里选择"花束"选项，如图 13-13 所示。

（5）在对话框左侧列表框中选择"边框颜色"选项，在右侧的"边框颜色"选项区域选中"实线"单选按钮，然后在"颜色"下拉列表框中选择合适的颜色，这里选择"深蓝"选项，如图 13-14 所示。

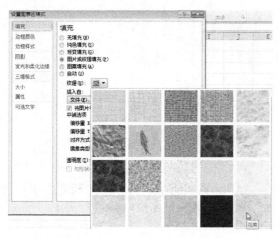

图 13-13　"设置图表区格式"对话框　　　　图 13-14　设置边框颜色

（6）在对话框左侧列表框中选择"边框样式"选项，在右侧的"边框样式"选项区域的

"宽度"文本框中设置宽度为"2 磅",选中"圆角"复选框,如图 13-15 所示。

(7)在对话框左侧列表框中选择"阴影"选项,在右侧的"阴影"选项区域单击"预设"下拉按钮,在弹出的下拉列表框中选择"右下斜偏移"选项,如图 13-16 所示。

图 13-15　设置边框样式

图 13-16　设置阴影

(8)单击"关闭"按钮,关闭"设置图表区格式"对话框。设置图表格式后的效果如图 13-17 所示。

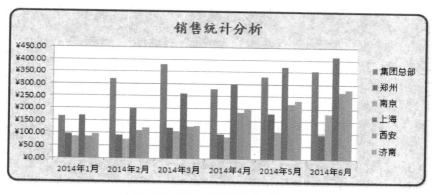

图 13-17　设置图表区格式后的效果

13.4.4　设置绘图区格式

在绘图区中,底纹在默认情况下为白色,可以根据需要对其进行更改。例如,为"销售统计分析"图表中绘图区设置填充效果,具体操作步骤如下。

(1)将鼠标指针指向图表的绘图区,当出现"绘图区"的屏幕提示时单击,即可选中图表绘图区。

(2)在"布局"选项卡中单击"当前所选内容"组中的"设置所选内容格式"按钮,或在绘图区上右击,在弹出的快捷菜单中执行"设置绘图区格式"命令,均可打开"设置绘图区格式"对话框。

(3)在对话框左侧列表框中选择"填充"选项,在右侧的"填充"选项区域选中"渐变填充"单选按钮,显示出渐变填充的一些设置按钮。

(4)单击"预设颜色"下拉按钮,弹出"预设颜色"下拉列表框,这里选择"金色年华"选项,如图 13-18 所示。

（5）在"类型"下拉列表框中选择"线性"选项；在"方向"下拉列表框中选择"线性对角"选项；在"角度"文本框中设置角度为"45°"。

（6）单击"关闭"按钮，关闭"设置绘图区格式"对话框。设置绘图区格式的效果如图 13-19 所示。

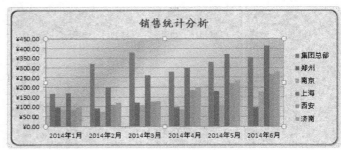

图13-18　"设置绘图区格式"对话框　　　　图13-19　设置绘图区格式后的效果

13.4.5　格式化图表坐标轴

除对图表中的字体、边框、颜色等格式进行设置外，用户还可以对图表中坐标轴的样式、粗细、颜色等进行设置。

例如，格式化"销售统计分析"图表的坐标轴，具体操作步骤如下。

（1）将鼠标指针指向图表的水平坐标轴，当出现"水平（类别）轴"的屏幕提示时单击，即可选中水平坐标轴。

（2）切换到"格式"选项卡，在"形状样式"组中单击"形状轮廓"下拉按钮，在弹出的下拉列表框中"标准色"选项区域选择"红色"选项，选择"粗细"→"1.5 磅"选项，如图 13-20 所示。

按照相同的方法格式化垂直坐标轴，设置坐标轴后的效果如图 13-21 所示。

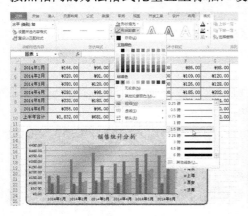
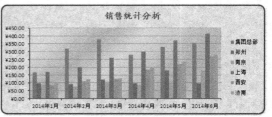

图13-20　设置坐标轴样式　　　　图13-21　格式化坐标轴后的效果

提示：用户可以利用"图表工具"下的"格式"选项卡设置图表中各个对象的形状样式。在图表中选中哪个对象，即可对哪个对象进行格式设置。例如，若要设置绘图区，只要先单击绘图区，然后在"格式"选项卡中单击"形状样式"组中的各个按钮即可设置其填充、轮廓及效果，如图 13-22 所示。

图13-22　利用"格式"选项卡设置形状样式

举一反三　制作商品销售情况数据透视表

商品在市场的销售情况可以为公司的销售、进货等一系列活动提供指引，这里利用数据透视表来分析商品的销售情况。商品销售情况数据透视表的最终效果如图 13-23 所示。

求和项:数量	列标签							
行标签	海尔洗衣机	美的洗衣机	荣事达洗衣机	松下洗衣机	西门子洗衣机	小天鹅洗衣机	小鸭洗衣机	总计
滨河路家电城	980	680	560			650	850	3720
荷花家电城	680		700	280	540	340	566	3106
佳海家电城	500	650	566			280	550	2546
交通家电城	280		320	450	566	255	450	2321
蓝翔家电城	860	850	540			560	650	3460
郑家桥家电桥	240		650	300	260	550	380	2380
总计	3540	2180	3336	1030	1366	2635	3446	17533

图13-23　商品销售情况数据透视表

数据透视表是一种对大量的数据快速汇总和建立交叉列表的交互式表格,通过数据透视表,用户可以更加容易地对数据进行分类汇总和数据的筛选，可以有效、灵活地将各种以流水方式记录的数据，在重新进行组合与添加算法的过程中，快速地进行各种目标的统计和分析。

数据透视表的功能很强大，但创建过程非常简单，基本上是由 Excel 2010 自动完成的，用户只需在"创建数据透视表"中指定用于创建的原始数据区域、数据透视表的存放位置，并指定页字段、行字段、列字段和数据字段即可。

在制作商品销售情况表数据透视表之前先打开"案例与素材\第 13 章素材"文件夹中的"商品销售情况表"文件。制作商品销售情况表数据透视表的步骤如下。

（1）选中 B6：D39 单元格区域。

（2）在"插入"选项卡中单击"表"组中的"数据透视表"下拉按钮，在弹出的下拉列表框中选择"数据透视表"选项，打开"创建数据透视表"对话框，如图 13-24 所示。

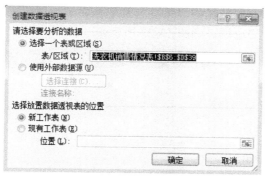

图13-24　"创建数据透视表"对话框

（3）在"选择一个表或区域"选项区域中查看创建数据透视表的区域是否正确，如果

不正确单击右侧的 按钮，在工作表中选择要建立数据透视表的数据源区域，在"选择放置数据透视表的位置"选项区域选中"新工作表"单选按钮，单击"确定"按钮，打开如图 13-25 所示的新工作表。

图13-25 创建的新工作表

（4）在右侧的"数据透视表字段列表"任务窗格中选中"经销商"字段，然后在"经销商"字段上右击，在弹出快捷菜单中执行"添加到行标签"命令。

（5）在右侧的"数据透视表字段列表"任务窗格中选中"品牌"字段，然后在"品牌"字段上右击，在弹出的快捷菜单中执行"添加到列标签"命令。

（6）在右侧的"数据透视表字段列表"任务窗格中选中"数量"字段，然后在"数量"字段上右击，在弹出的快捷菜单中执行"添加到值"命令。创建的数据透视表如图 13-26 所示。

求和项:数量	列标签							
行标签	海尔洗衣机	美的洗衣机	荣事达洗衣机	松下洗衣机	西门子洗衣机	小天鹅洗衣机	小鸭洗衣机	总计
滨河路家电城	980	680	560			650	850	3720
荷花家电城	680		700	280	540	340	566	3106
佳海家电城	500	650	566			280	550	2546
交通家电城	280		320	450	566	255	450	2321
蓝翔家电城	860	850	540			560	650	3460
郑家桥家电桥	240		650	300	260	550	380	2380
总计	3540	2180	3336	1030	1366	2635	3446	17533

图13-26 创建数据透视表的效果

（7）在数据透视表中单击"列标签"下拉按钮，弹出下拉列表框。

（8）在下拉列表框中，取消选中"全选"复选框，然后仅选中"海尔洗衣机"、"美的洗衣机"和"松下洗衣机"复选框，如图 13-27 所示。

图13-27 筛选品牌

（9）单击"确定"按钮，筛选后的效果如图 13-28 所示。

求和项：数量	列标签			
行标签	海尔洗衣机	美的洗衣机	松下洗衣机	总计
滨河路家电城	980	680		1660
荷花家电城	680		280	960
佳海家电城	500	650		1150
交通家电城	280		450	730
蓝翔家电城	860	850		1710
郑家桥家电桥	240		300	540
总计	3540	2180	1030	6750

图13-28　筛选后的效果

回头看

通过案例"销售分析统计表"及举一反三"商品销售情况数据透视表"的制作过程，主要学习了 Excel 2010 提供的创建图表和数据透视表的方法和技巧。这其中关键之处在于要选取合适的数据区域，才能对工作表进行有效的分析。

知识拓展

1．移动图表的位置

在创建图表后用户还可以移动图表的位置。首先选中图表，然后在"设计"选项卡中单击"位置"组中的"移动图表"按钮，则打开"移动图表"对话框，如图 13-29 所示。在对话框中用户可以选择将图表移动到的位置，选中"新工作表"单选按钮，则创建一个图表工作表；选中"对象位于"单选按钮，则可以移动到工作簿的现有工作表中。

图13-29　"移动图表"对话框

2．设置图表数据系列格式

选中图表数据系列，在"布局"选项卡中单击"当前所选内容"组中的"设置所选内容格式"按钮，或在图表数据系列上右击，在弹出的快捷菜单中执行"数据系列格式"命令，打开"设置数据系列格式"对话框，如图 13-30 所示。在对话框中用户可以对数据系列的格式进行设置。

3．更改透视表中的数据

创建好数据透视表，用户还可以对数据透视表中的数据进行更改。由于数据透视表是基于数据清单的，它与数据清单是链接关系，所以在改变透视表中的数据时，必须要在数据清单中进行，而不能直接在

图 13-30　"设置数据系列格式"对话框

数据透视表中进行更改。

在工作表中直接对单元格中的数据进行修改，修改完成后切换到需要更新的数据透视表中，在"数据透视表工具"的"选项"选项卡中单击"数据"组中的"刷新"下拉按钮，在弹出的下拉列表框中选择"全部刷新"选项，此时可看到当前数据透视表闪动一下，数据透视表中的数据将自动被更新。

4．添加和删除数据字段

当数据透视表建立完成后，由于有的数据项没有被添加到数据透视表中，或者数据透视表中的某些数据项无用，还需要再次向数据透视表中添加或删除一些数据记录。此时用户可以根据需要随时向数据透视表中添加或删除字段，步骤如下。

（1）单击数据透视表中数据区域的任意单元格，在工作表的右侧将打开"数据透视表字段列表"任务窗格。

（2）在"数据透视表字段列表"任务窗格中选择要添加的字段，然后直接将字段拖到"在以下区域间拖动字段"选项区域中需要添加到的选项区域。

（3）如果用户要删除数据透视表中的数据记录，可在"在以下区域间拖动字段"选项区域中先选中要删除的数据记录，然后拖动到"数据透视表字段列表"任务窗格的空白区域中。

5．更改汇总方式

在 Excel 2010 的数据透视表中，系统提供了多种汇总方式，包括求和、计数、平均值、最大值、最小值、乘积、数值计数等，用户可以根据需要选择不同的汇总方式来进行数据的汇总。在数据透视表中选中数据区域的任意单元格，然后在"选项"选项卡中单击"活动字段"组中的"字段设置"按钮，打开"值字段设置"对话框，在"计算类型"列表框中选择计算方式，如图 13-31 所示。

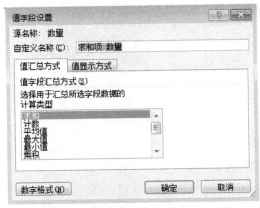

图13-31　"值字段设置"对话框

习题13

填空题

1．利用工作表中的数据创建的图表有_____和_____两种。_____图表是置于工作表中用于补充工作数据的图表，当要在一个工作表中查看或打印图表及其源数据或其他信息时，可使用这种类型的图表。

2．在"_____"选项卡中单击"图表"组右下角的对话框启动器按钮，打开"_____"对话框。

3．无论是以何种方式建立的图表，都与生成它们的工作表上的源数据建立了_____，这就意味着当更新工作表数据时，同时也会_____。

4．用户在选中图表区域后，在"_____"选项卡中单击"_____"组中的"设置所选内容格式"按钮，可打开"设置图表区域格式"对话框。

5．数据透视表是一种对大量的_____和_____的交互式表格。

6．在数据透视表中选中数据区域的任意单元格，然后在"_____"选项卡中单击"_____"组中的"_____"按钮，打开"字段设置"对话框，在"计算类型"列表框中用户可以选择汇总方式。

问答题

1．如何调整图表的大小和位置？

2．向图表中添加数据有哪几种方法？

3．如何选中图表中的对象？

4．如何更新数据透视表中的数据？

操作题

打开"案例与素材\第 13 章素材"文件夹中的"损益分析表"文件，然后按照下面的要求进行操作。

（1）利用 A4：G4 和 A18：G18 数据区域创建一个分离型圆环图。

（2）设置"图表标题"为"上半年净利润"，"图表标题"的填充效果为"纹理"中的"水滴"，字体为"楷体"，字号为"16"，字形为"加粗"。

（3）设置"绘图区"的填充效果为"纹理"中的"蓝色面纸巾"。

（4）设置"图例"的填充效果为"纹理"中的"花束"。

（5）设置"图表区"的形状样式为"彩色轮廓-紫色，强调颜色 4"。

（6）在图例中显示数据标签。

（7）将图表移到"Chart1"工作表中。

最终效果如图 13-32 所示。

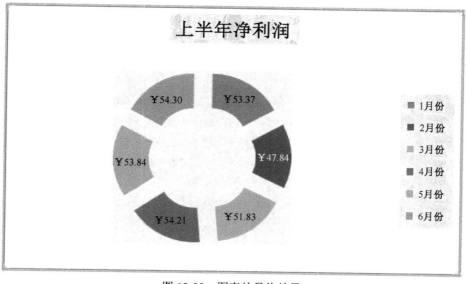

图 13-32　图表的最终效果

第 14 章　幻灯片的制作
——制作市场推广计划和公司年终总结

PowerPoint 2010 是制作演示文稿的软件，能够把所要表达的信息组织在一组图文并茂的画面中。利用 PowerPoint 2010 创建的演示文稿可以通过不同的方式播放，可以将演示文稿打印、制作成幻灯胶片，使用投影仪播放；也可以在计算机上直接连接投影仪进行演示，并且可以加上动画、特技效果和声音等多媒体效果，使人们的创意发挥得更加淋漓尽致。

知识要点

● 创建演示文稿
● 编辑幻灯片中的文本
● 丰富幻灯片页面效果
● 幻灯片的编辑
● 演示文稿的视图方式
● 保存与关闭演示文稿

任务描述

为了使产品能更好地适应市场需求，企业在市场运作中通常都需要经常为自己的产品制订市场推广计划，它不仅可以指导本公司市场部门工作人员的工作，还有助于使更多的客户了解产品和公司。这里就利用 PowerPoint 2010 制作一个如图 14-1 所示的市场推广计划。

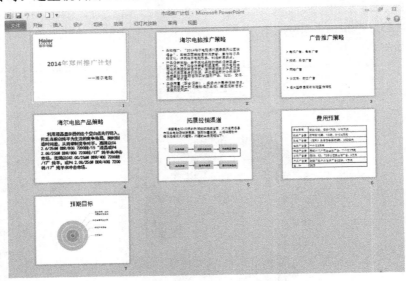

图 14-1　市场推广计划

案例分析

完成市场推广计划的制作，首先要创建一个演示文稿，然后在幻灯片中添加文本、设置文本格式、添加艺术字、插入图片、应用自选图形、应用表格及插入图示等，对幻灯片进行编辑制作。

本章所涉及案例的素材和最终效果文件请登录华信教育资源网下载，相关知识在下载后的"案例与素材\第 14 章素材"和"案例与素材\第 14 章案例效果"文件夹中。

14.1　创建演示文稿

当启动 PowerPoint 2010 时，系统会自动创建一个空白演示文稿。执行"开始"→"Microsoft Office"→"Microsoft Office PowerPoint 2010"命令，即可启动 PowerPoint 2010。

启动 PowerPoint 2010 以后，会自动生成一个新的空白演示文稿，并自动命名为"演示文稿 1"，如图 14-2 所示。

在演示文稿工作环境中，如果用户要创建新的空白演示文稿，最简单的方法就是直接单击快速访问工具栏中的"新建"按钮，则新建的工作簿依次被暂时命名为"演示文稿 2"、"演示文稿 3"、"演示文稿 4"……

图 14-2　新创建的演示文稿

PowerPoint 2010 的工作界面主要包括快速访问工具栏、标题栏、选项卡、功能区、"幻灯片编辑"窗口、"备注"任务窗格、"大纲/幻灯片"任务窗格、状态栏和视图栏。在 PowerPoint 2010 的工作界面中除了增加"幻灯片编辑"窗口、"备注"任务窗格、"大纲/幻灯片"任务窗格以外，其他的组成部分与 Word 2010 的相同。

1. "幻灯片编辑"窗口

"幻灯片编辑"窗口位于工作界面的中间，在"幻灯片编辑"窗口可以对幻灯片进行编辑修改，幻灯片是演示文稿的核心部分。可以在幻灯片区域对幻灯片进行详细的设置，如编辑幻灯片的标题和文本、插入图片、绘制图形及插入组织结构图等。

2. "大纲/幻灯片"任务窗格

"大纲/幻灯片"任务窗格位于窗口的左侧，用于显示演示文稿的幻灯片数量及播放位置，通过它便于查看演示文稿的结构，包括"大纲"和"幻灯片"两个选项卡。

单击"大纲"选项卡，则会显示大纲区域，在该区域显示了幻灯片的标题和主要的文本信息。大纲文本是由每张幻灯片的标题和正文组成的，每张幻灯片的标题都出现在数字编号和图标的旁边，每一级标题都左对齐，下一级标题自动缩进。在大纲区域中，可以使用"大纲"工具栏中的按钮来控制演示文稿的结构，在大纲区域适合组织和创建演示文稿的文本内容。

单击"幻灯片"选项卡，则会在此区域显示所有幻灯片的缩略图，单击某一个缩略图，在"幻灯片编辑"窗口将会显示相应的幻灯片。

3．"备注"任务窗格

"备注"任务窗格位于窗口的下方，可以在该区域编辑幻灯片的说明，一般由演示文稿的报告人提供。

14.2　编辑幻灯片中的文本

文本对象是幻灯片的基本组成部分，也是演示文稿中最重要的组成部分。用户可以根据需要对幻灯片中的文本进行编辑，合理地组织文本对象，使幻灯片能清楚地说明问题，增强幻灯片的可读性。

14.2.1　添加文本

在幻灯片中添加文本有两种方法，可以直接在幻灯片的文本占位符中输入文本，也可以在幻灯片中先插入文本框，再在文本框中输入文本。

1．在占位符中输入文本

占位符是指在新创建的幻灯片中出现的虚线方框，这些方框代表着一些待确定的对象，占位符是对待确定对象的说明。

例如，创建一个新的空白演示文稿，新演示文稿的第 1 张幻灯片为标题幻灯片，在该幻灯片中有标题占位符和副标题占位符两个文本占位符。用户可以在标题占位符中输入该演示文稿的标题文本，可以在副标题占位符中输入演示文稿的副标题文本。

在标题幻灯片中的文本占位符中输入文本的具体操作步骤如下。

（1）在"单击此处添加标题"占位符的任意位置处单击，将鼠标指针定位在标题占位符中。

（2）输入文本"2014 年郑州推广计划"。

（3）在幻灯片的任意空白处单击，结束文本的添加。

（4）在"单击此处添加副标题"占位符的任意位置处单击，输入文本"海尔电脑"。添加标题文本和副标题文本的标题幻灯片如图 14-3 所示。

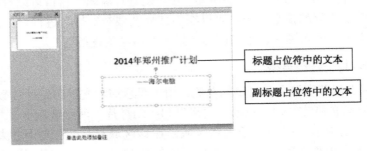

图 14-3　在标题占位符中输入文本

演示文稿的第 1 张幻灯片内容输入完成后，用户可以继续创建新的幻灯片并输入相应内容。在"开始"选项卡中单击"幻灯片"组中单击"新建幻灯片"下拉按钮，弹出下拉列表框，如图 14-4 所示。在下拉列表框中用户选择不同版式，即可在当前幻灯片的下方插入一张新的幻灯片。例如，这里选择"标题和内容"选项，则在第 1 张幻灯片下插入一张含有"标题"和"内容"占位符的幻灯片。在"开始"选项卡中单击"幻灯片"组中的"新建幻灯片"按钮，也可插入一张"标题和内容"幻灯片。

图 14-4　"新建幻灯片"下拉列表框

在第 2 张幻灯片中，则有标题占位符和文本占位符两个占位符，在标题占位符中可以输入幻灯片的标题，在文本占位符中则可以输入幻灯片的文本，如图 14-5 所示。

按照相同的方法，插入第 3 张幻灯片，并输入相应的标题和文本，如图 14-6 所示。

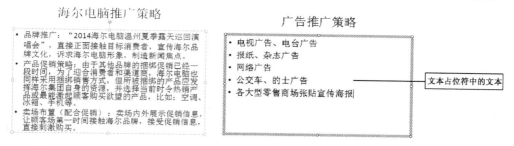

图14-5　第2张幻灯片文本　　　　　　图14-6　第3张幻灯片文本

2．在文本框中输入文本

如果要在文本占位符以外的位置处添加文本，可以利用文本框进行添加。

例如，要在第 3 张幻灯片的后面插入一个新的幻灯片，并在文本占位符以外的位置输入文本，具体操作步骤如下。

（1）选中第 3 张幻灯片，在"开始"选项卡中单击"幻灯片"组中的"新建幻灯片"按钮，在当前幻灯片的后面插入一张"标题和内容"幻灯片。

（2）在"单击此处添加标题"占位符中输入幻灯片的标题"海尔电脑产品策略"。

（3）在"单击此处添加文本"占位符的边框线上单击将占位符选中，按【Delete】键将其删除。

（4）在"插入"选项卡中单击"文本"组中的"文本框"下拉按钮，在弹出的下拉列表框中选择"横排文本框"选项，此时鼠标指针变成 ↓ 形状，拖动在幻灯片中绘制出文本框。

（5）在文本框中输入相应的文本，调整文本框位置和大小，效果如图 14-7 所示。

图 14-7　利用文本框输入文本

14.2.2　设置文本格式

PowerPoint 2010 提供了强大的文本效果处理功能，可以对演示文稿中的文本进行各种格式的设置。

1．设置字体格式

如果要设置的字体格式比较简单，可以利用"开始"选项卡中"字体"组中的按钮进行设置，对于复杂的字体格式设置可以使用"字体"对话框进行设置。

例如，设置第 4 张幻灯片文本框中的字体格式，具体操作步骤如下。

（1）在"幻灯片"任务窗格中单击第 4 张幻灯片的缩略图，切换第 4 张幻灯片为当前幻灯片，选中文本框中的文本。

（2）在"开始"选项卡中单击"字体"组中的"字体"下拉按钮，在弹出的下拉列表框中选择"黑体"选项；单击"字号"下拉按钮，在弹出的下拉列表框中选择"32"字号选项；单击"加粗"按钮，加粗文本。

设置字体格式的效果如图 14-8 所示。

读者可以按照相同的方法设置其他幻灯片中的字体格式。

提示：如果用户设置的字体格式比较复杂，可以在对话框中进行设置，在"开始"选项卡中单击"字体"组右下角的对话框启动器按钮，打开"字体"对话框，在对话框中用户可以对字体进行详细的设置，如图 14-9 所示。

图14-8　设置字体格式的效果　　　　　　　　图14-9　"字体"对话框

2．段落水平对齐

在默认情况下，在占位符中输入的文本会根据情况自动设置对齐方式。在标题和副标题占位符中输入的文本会自动居中对齐，在插入的文本框中输入的文本会自动左对齐。

用户可以利用"段落"组中的按钮设置段落的水平对齐方式。首先选中要设置水平对齐的段落，然后根据版式需要利用"段落"组中的"左对齐"、"居中对齐"和"右对齐"按钮设置段落的水平对齐即可。

例如，将第 1 张幻灯片中的副标题设置为"右对齐"，先将鼠标指针定位在副标题段落中，然后在"开始"选项卡中单击"段落"组中的"右对齐"按钮即可，效果如图 14-10 所示。

图 14-10　副标题设置右对齐

3．设置行距和段间距

可以更改段落的行距或者段落之间的距离来增强文本对象的可读性。例如，要设置第 3 张幻灯片中文本占位符中的行距和段落之间的距离，具体操作步骤如下。

（1）切换第 3 张幻灯片为当前幻灯片。

（2）在"开始"选项卡中单击"段落"组右下角的对话框启动器按钮，打开"段落"对话框，如图 14-11 所示。

（3）在"行距"下拉列表框中选择"双倍行距"选项。

（4）单击"间距"选项区域中的"段前"和"段后"增减按钮，设置为"6 磅"。

（5）单击"确定"按钮，设置行距和段间距的效果如图 14-12 所示。

图14-11　"段落"对话框

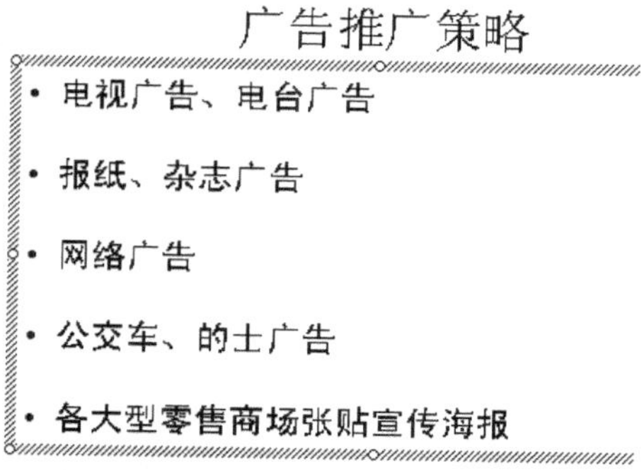

图14-12　设置行距和段间距的效果

4．设置项目符号

默认情况下，在正文文本占位符中输入的文本会自动添加项目符号。为了使项目符号更加新颖，用户可以在"项目符号和编号"对话框中根据需要对其进行更改。

例如，对第 3 张幻灯片正文文本的项目符号进行修改，具体操作步骤如下。

（1）切换第 3 张幻灯片为当前幻灯片。

（2）选中含有项目符号的段落。

（3）在"开始"选项卡中单击"段落"组中的"项目符号"下拉按钮，弹出下拉列表框，如图 14-13 所示。

（4）在下拉列表框中选择箭头样式的项目符号，设置项目符号后的效果如图 14-13

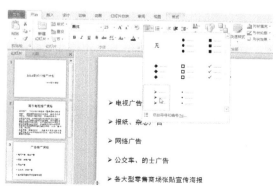

图14-13　设置项目符号样式及效果

所示。

14.3　丰富幻灯片页面效果

为了使演示文稿获得丰富的页面效果，还可以采用在幻灯片中插入艺术字、插入图片、绘制自选图形、插入表格或者插入组织结构图等方法来修饰页面。

14.3.1　在幻灯片中应用艺术字

艺术字用于突出某些文字，在幻灯片中应用艺术字能够使幻灯片更加美观，实现意想不到的效果。

例如，将第 1 张幻灯片中的标题更换为艺术字的效果，具体操作步骤如下。

（1）切换第 1 张幻灯片为当前幻灯片。

（2）选中标题占位符，按【Delete】键将其删除。

（3）在"插入"选项卡中单击"文本"组中的"艺术字"下拉按钮，弹出下拉列表框，如图 14-14 所示。

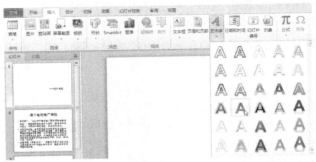

图 14-14　"艺术字"下拉列表框

（3）在下拉列表框中选择一种样式，这里选择第 4 行第 2 列的样式，在幻灯片中会打开一个艺术字文本框，提示用户输入艺术字文本。

（4）在艺术字文本框中输入"2014 年郑州推广计划"，选中插入的艺术字，在"开始"选项卡中单击"字体"按钮，在弹出的下拉列表框中选择"楷体"选项，单击"字体"组中的"加粗"和"文字阴影"按钮。

（5）选中艺术字中的"2014"，单击"字体"组中的"文字颜色"下拉按钮，在弹出的"文字颜色"下拉列表框中选择"红色"选项。

（6）在艺术字文本框上单击选中艺术字，然后利用鼠标拖动调整艺术字的位置，效果如图 14-15 所示。

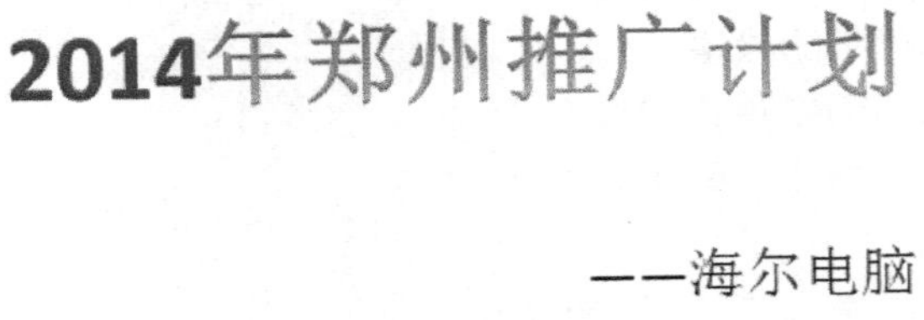

2014年郑州推广计划

——海尔电脑

图 14-15　插入艺术字的效果

14.3.2　在幻灯片中应用图片

在 PowerPoint 2010 中允许用户在文档中导入多种格式的图片文件，图片是一种视觉化的语言，对于一些抽象的东西，如果使用图片来表达，可以起到浅显易懂的效果，还可以避免观众因面对单调的文字和数据而产生厌烦的心理，丰富了幻灯片的演示效果。

例如，在第 1 张幻灯片中插入来自文件的图片，具体操作步骤如下。

（1）切换第 1 张幻灯片为当前幻灯片。

（2）在“插入”选项卡中单击“图像”组中的“图片”按钮，打开“插入图片”对话框，如图 14-16 所示。

（3）首先选择要插入图片的位置，然后选中要插入的图片，单击“插入”按钮，将图片插入到幻灯片中。

（4）用鼠标拖动适当调整图片的位置和大小，效果如图 14-17 所示。

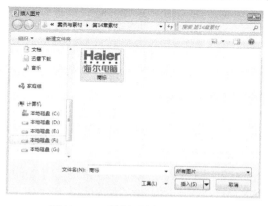

插入图片
组织
新建文件夹
文档
迅雷下载
音乐
家庭组
计算机
文件名(N):
商标
所有图片
工具(L)
插入(S)
取消

图14-16　“插入图片”对话框

Haier
海尔电脑
2014年郑州推广计划
——海尔电脑

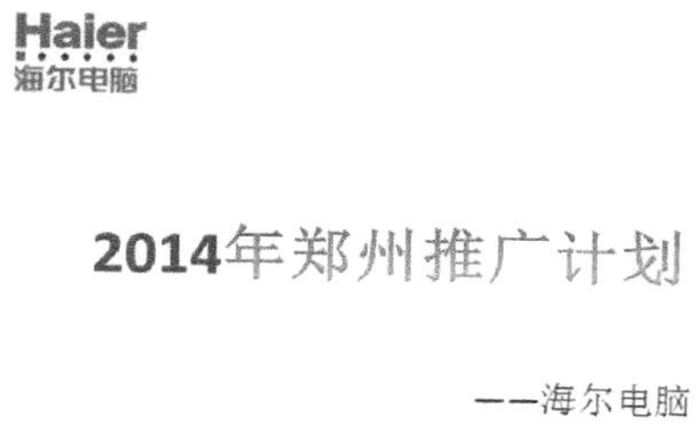

图14-17　插入图片的效果

14.3.3　在幻灯片中应用自选图形

用户可以利用绘图工具栏中的按钮方便地在指定的区域绘制不同的自选图形，这一绘图功能可以完成简单的原理示意图、流程图、组织结构图等。

利用绘图工具栏中的绘图工具，还可以在幻灯片中很轻松地、快速地绘制出各种外观专业、效果生动的图形。

例如，在“拓展经销渠道”幻灯片中绘制自选图形，具体操作步骤如下。

（1）在第 4 张幻灯片的后面插入 1 张新幻灯片，输入标题“拓展经销渠道”，并利用文本框输入适当的文本，如图 14-18 所示。

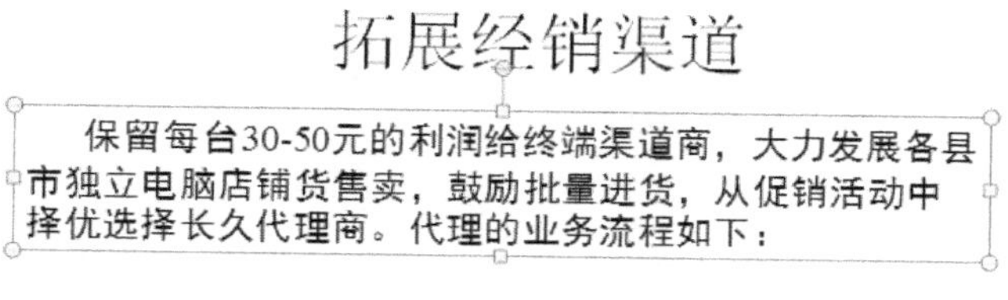

拓展经销渠道
保留每台30-50元的利润给终端渠道商，大力发展各县市独立电脑店铺货售卖，鼓励批量进货，从促销活动中择优选择长久代理商。代理的业务流程如下：

图 14-18　在新幻灯片中输入文本

（2）在“插入”选项卡中单击“插图”组中的“形状”下拉按钮，弹出下拉列表框。

（3）在下拉列表框的“基本形状”选项区域选择“立方体”选项，用鼠标拖动，在合适

的位置绘制出一个立方体自选图形，如图 14-19 所示。

（4）选中绘制的自选图形，切换到"格式"选项卡，在"形状样式"组中单击"形状填充"下拉按钮，在弹出的下拉列表框中选择"水绿色，强调文字颜色 5，淡色 40%"选项，如图 14-20 所示。

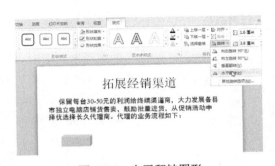

图14-19　绘制自选图形

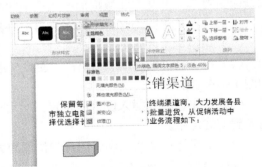

图14-20　设置图形的形状填充效果

（5）在"形状样式"组中单击"形状轮廓"下拉按钮，在弹出的下拉列表框中选择"无轮廓"选项。

（6）在"排列"组中单击"旋转"下拉按钮，在弹出的下拉列表框中选择"水平翻动"选项，如图 14-21 所示。

（7）利用鼠标拖动适当调整立方体的大小，拖动黄色控制点调整立方体的高度。

（8）在立方体上右击，在弹出的快捷菜单中执行"添加文字"命令，然后在立方体中输入文字"业务洽谈"。

图14-21　水平翻转图形

（9）选中"业务洽谈"，切换到"开始"选项卡，设置字体为"楷体"，颜色为"黑色"，"加粗"效果，如图 14-22 所示。

（10）选择立方体图形，按【Ctrl+D】组合键，或者使用复制、粘贴命令，创建立方体的多个副本，调整立方体的位置，为不同的立方体设置不同的填充颜色，并输入不同的文本，如图 14-23 所示。

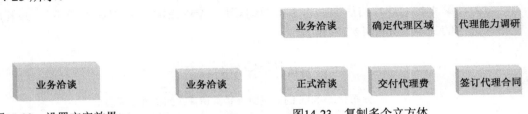

图14-22　设置文字效果　　　　　　　图14-23　复制多个立方体

（11）在"插入"选项卡中单击"插图"组中的"形状"下拉按钮，在弹出的下拉列表框中的"线条"选项区域选择"箭头"选项，在各立方体之间绘制连接线，如图 14-24 所示。

（12）在"插入"选项卡中单击"插图"组中的"形状"下拉按钮，在弹出的下拉列表框中的"线条"选项区域选择"肘形箭头连接符"选项，在上下两个立方体之间绘制连接线，如图 14-25 所示。

图14-24　绘制箭头连接线　　　　图14-25　添加肘形箭头连接符的效果

（13）按住【Ctrl】键，依次单击绘制的箭头，切换到"格式"选项卡，在"形状样式"组中单击"形状轮廓"下拉按钮，在弹出的下拉列表框的"主题颜色"选项区域中选择"黑色"选项，选择"粗细"→"2.25 磅"选项，绘制自选图形的最终效果如图 14-26 所示。

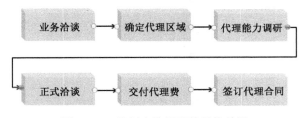

图 14-26　绘制自选图形的最终效果

14.3.4　在幻灯片中应用表格

在幻灯片中应用表格，用数据说明问题，可以增强幻灯片的说服力。幻灯片中的表格采用数字化的形式，更能体现内容的准确性。表格易于表达逻辑性、抽象性强的内容，并且可以使幻灯片的结构更加突出，使表达的主题一目了然。

在费用预算幻灯片中插入表格的具体操作步骤如下。

（1）在第 5 张幻灯片的后面插入 1 张新的幻灯片，输入标题"费用预算"。

（2）在"插入"选项卡中单击"表格"组中的"表格"下拉按钮，在弹出的下拉列表框中选择"插入表格"选项，打开"插入表格"对话框，如图 14-27 所示。

（3）在"列数"文本框中输入"2"，在"行数"文本框中输入"8"。单击"确定"按钮，在幻灯片中创建表格，如图 14-28 所示。

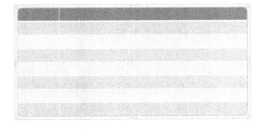

图14-27　"插入表格"对话框　　　　图14-28　在幻灯片中创建表格

（4）选中表格，切换到"设计"选项卡，在"表格样式"组中单击"选择表的外观样式"下拉按钮，在弹出的下拉列表框中选择"无样式，网络型"选项，如图 14-29 所示。

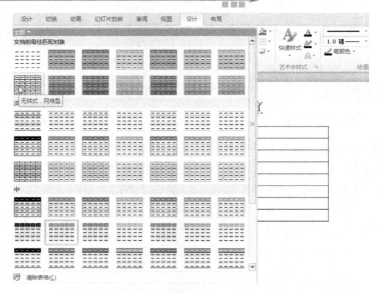

图 14-29　选择表格的外观样式

（5）利用鼠标拖动第 1 列右侧的边线，适当调整列宽。

（6）在表格中输入文本，利用鼠标拖动调整表格的大小和位置，在幻灯片中创建表格的最终效果如图 14-30 所示。

费用预算

演出费用	演出10场，每场1万元，计10万元
报纸广告费	都市报10期，1/8版，计10.4万元
杂志广告费	《便利》杂志彩色整版2期，计6000元
电视广告费	一个月3万元
网络广告费	在郑州门户网站上做广告，一个月1万元
公交广告费	在89、63、72路公交车上做广告，3万元
户外广告费	数码广场户外临时广告位2块，1万元
总　计	26万

图 14-30　在幻灯片中创建表格的最终效果

14.3.5　在幻灯片中插入图示

在 PowerPoint 2010 中有组织结构图、循环图、射线图、棱锥图、维恩图和目标图。不同图示的用途不同，这里为大家介绍目标图示的使用方法。

例如，在"预期目标"幻灯片中插入目标图示，具体操作步骤如下。

（1）在第 6 张幻灯片的后面插入 1 张新的幻灯片，输入标题"预期目标"。

（2）在"插入"选项卡中单击"插图"组中的"SmartArt"按钮，打开"选择 SmartArt 图形"对话框，如图 14-31 所示。

（3）在对话框中的左侧列表框中选择"关系"选项，在右侧的列表框中选择"基本目标图"选项，单击"确定"按钮，则在幻灯片中插入一个目标图图形，如图 14-32 所示。

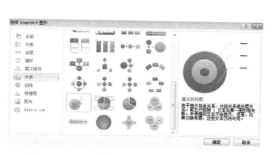

图14-31　"选择SmartArt图形"对话框

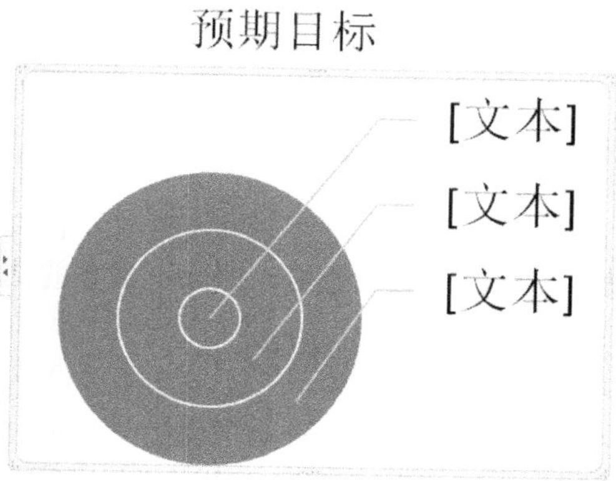

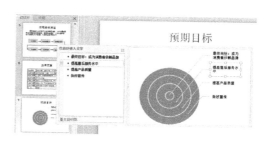

图14-32　插入图示

（4）选中插入的图示，切换到"设计"选项卡，在"创建图形"组中单击"添加形状"下拉按钮，在弹出的下拉列表框中选择"在后面添加形状"选项，则图示在最外围添加一个圆形，如图 14-33 所示。

（5）选中图示后，单击图示左侧的左（右）三角箭头，打开"在此处键入文字"任务窗格，为图示输入相应的文字，如图 14-34 所示。

图14-33　添加形状

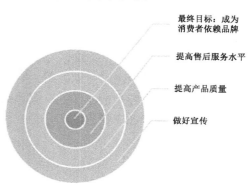

图14-34　为图示添加文本

（6）单击"在此处键入文字"任务窗格的"关闭"按钮，将"在此处键入文字"任务窗格关闭。切换到"格式"选项卡，在"SmartArt 样式"组中单击"更改颜色"下拉按钮，在弹出的下拉列表框中选择一种颜色，如图 14-35 所示。

（7）利用鼠标拖动适当调整图示形状的大小和位置，目标图最终效果如图 14-36 所示。

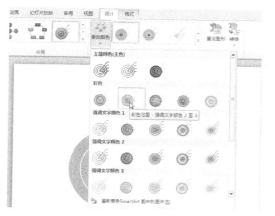

图14-35　更改图示的颜色

图14-36　目标图最终效果

> **提示：** 在向图示中输入文本时，用户可以直接单击图示中的"文本"字样，然后直接输入文本。

14.4 移动、删除幻灯片

在演示文稿中不但可以对幻灯片中的文本、占位符等对象进行编辑，还可以添加新的幻灯片、移动幻灯片的位置、删除不需要的幻灯片等。

14.4.1 移动幻灯片

用户可以根据需要适当调整幻灯片的位置，使演示文稿的条理性更强。

例如，移动第 4 张幻灯片"海尔电脑产品策略"到第 2 张幻灯片的前面，具体操作步骤如下。

（1）在"幻灯片"选项卡中单击选中序号为"4"的幻灯片，按住鼠标左键拖动，鼠标指针由箭头状变为 形状，同时显示一条虚线表示移动的目标位置。

（2）当虚线出现在第 2 张幻灯片的前面时松开鼠标左键完成幻灯片的移动。

14.4.2 删除幻灯片

在制作演示文稿的过程中还可以删除多余的幻灯片。在"幻灯片"选项卡中单击选中要删除的幻灯片，按【Delete】键即可将幻灯片删除。在"开始"选项卡中单击"幻灯片"组中的"删除幻灯片"按钮，也可删除当前幻灯片。

> **提示：** 在要删除的幻灯片上右击，在弹出的快捷菜单中执行"删除幻灯片"命令，也可将幻灯片删除。

技巧： 在制订市场推广计划前应进行市场调研，市场调研的目的是了解掌握市场信息，从而帮助解决产品推广上遇到的市场问题。进行全面翔实的市场调查是事业成功的基础。

市场推广计划应是通俗易懂的，为未来的市场工作提供努力的方向，并且使所有读者对公司有最直观的了解。不同的产品制订的推广计划所包含的要素是不一样的，一般情况下，市场推广计划应包含以下一些要素：①市场状况，这部分应包括当前市场状况的最理智的描述；②推广策略，推广策略应针对产品定位与目标消费群进行制定；③预算，无论做得好与坏，开展业务总是要花钱的，市场推广计划要有预算部分，说明对各种计划的事情所做的预算；④市场目标，通过这份计划要实现什么样的市场目标。

14.5 演示文稿的视图方式

视图是 PowerPoint 2010 中制作演示文稿的工作环境。PowerPoint 2010 能够以不同的视图方式显示演示文稿的内容，使演示文稿更易于浏览、编辑。PowerPoint 2010 提供了多种基本的视图方式，如普通视图、大纲视图、幻灯片浏览视图、幻灯片放映视图、备注页视图。

每种视图都包含特定的工作区、菜单命令、按钮和工具栏等组件。每种视图都有自己特定的显示方式和编辑加工特色，在一种视图中对演示文稿的修改和加工会自动反映在该演示文稿的其他视图中。

14.5.1　普通视图

普通视图是进入 PowerPoint 2010 后的默认视图，普通视图将窗口分为 3 个工作区，也可称为三区式显示。在窗口的左侧包括"大纲"选项卡和"幻灯片"选项卡，使用它们可以切换到大纲区和幻灯片缩略图区。普通视图将幻灯片、大纲和备注页 3 个工作区集成到一个视图中，大纲区用于显示幻灯片的大纲内容；幻灯片区用于显示幻灯片的效果，对单张幻灯片的编辑主要在这里进行；备注区用于输入演讲者的备注信息。

在普通视图中，只可看到一张幻灯片，如果要显示所需的幻灯片，可以选择下面几种方法之一进行操作。

（1）直接拖动垂直滚动条上的滚动块，移动到所需要的幻灯片时，松开鼠标左键即可切换到该幻灯片中。

（2）单击垂直滚动条中的 按钮，可切换到当前幻灯片的上一张；单击垂直滚动条中的 按钮，可切换到当前幻灯片的下一张。

（3）按【PageUp】键可切换到当前幻灯片的上一张；按【PageDown】键可切换到当前幻灯片的下一张；按【Home】键可切换到第一张幻灯片；按【End】键切换到最后一张幻灯片。

如果要切换到普通视图，在"视图"选项卡中单击"演示文稿视图"组中的"普通视图"按钮即可。

14.5.2　大纲视图

大纲视图其实是普通视图的一种。PowerPoint 2010 的大纲视图位于工作环境的左侧大纲编辑区，由一些不同级别的标题构成，还可以显示幻灯片文本的具体内容及文本的格式等。借助大纲视图，有利于理清演示文稿的结构，便于总体设计。在演示幻灯片时，也可以采用大纲视图，能帮助观众迅速抓住主题。

例如，显示市场推广计划的大纲视图，如图 14-37 所示，单击"大纲/幻灯片"任务窗格中的"大纲"选项卡即可。

用户可以利用大纲视图快速输入幻灯片的文本，在大纲视图中单击 图标右侧，输入文本，为一级大纲文本。按回车键，则新建了一张幻灯片，再次输入文本，仍为一级大纲文本。如果在输入一级大纲文本后需要输入下一级的文本，则可以按【Ctrl+回车】组合键，再输入文本。如果输入的不是一级标题文本，按回车键后则继续输入相同级别的文本。

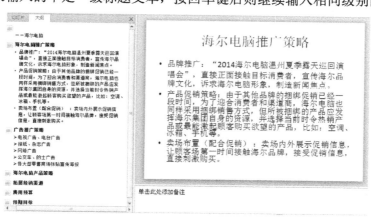

图 14-37　大纲视图

14.5.3　幻灯片浏览视图

在幻灯片浏览视图中，可以看到整个演示文稿的内容。在幻灯片浏览视图中不仅可以了解整个演示文稿的大致外观，还可以轻松地按顺序组织幻灯片，插入、删除或移动幻灯片，设置幻灯片放映方式，设置动画特效及设置排练时间等。

幻灯片浏览视图的效果如图 14-38 所示。如果要切换到幻灯片浏览视图，在"视图"选项卡中单击"演示文稿视图"组中的"幻灯片浏览"按钮。

图 14-38　幻灯片浏览视图

14.5.4　幻灯片放映视图

制作幻灯片的目的是放映幻灯片，在计算机上放映幻灯片时，幻灯片在计算机屏幕上呈现全屏外观。

如果用户制作幻灯片的目的是最终输出用于屏幕上演示幻灯片，使用幻灯片放映视图就特别有用。当然，在放映幻灯片时，还可以加入许多特效，使得演示过程更加有趣。要切换到幻灯片放映视图，在"幻灯片放映"选项卡中单击"开始放映幻灯片"组中的"从头开始"或"从当前幻灯片开始"按钮。

14.5.5　备注页视图

在"视图"选项卡中单击"演示文稿视图"组中的"备注页"按钮，进入备注页视图，在该模式下将以整页格式查看和使用备注，如图 14-39 所示。

图 14-39　备注页视图

14.6　保存与关闭演示文稿

在建立和编辑演示文稿的过程中，随时注意保存演示文稿是个很好的习惯。一旦计算机突然断电或者系统发生意外而不是正常退出 PowerPoint 2010，内存中的结果会丢失，所做的工作就白费了。如果经常执行保存操作，就可以避免成果丢失了。

14.6.1　保存演示文稿

如果是新创建的演示文稿或对已存在的演示文稿进行了编辑修改，用户都要将其进行保存。保存新建演示文稿的步骤如下。

（1）单击快速访问工具栏中的"保存"按钮，或者按【Ctrl+S】组合键，或者在"文件"选项卡中单击"保存"按钮，打开"另存为"对话框，如图 14-40 所示。

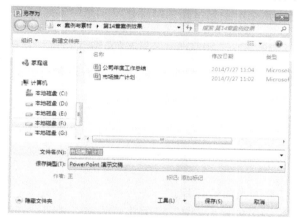

图 14-40　"另存为"对话框

（2）选择合适的文件保存位置，这里选择"案例与素材\第 14 章案例效果"。
（3）在"文件名"文本框中输入所要保存文件的文件名。这里输入"市场推广计划"。
（4）设置完毕后，单击"保存"按钮，即可将文件保存到所选的目录下。

提示： 对于保存过的演示文稿，进行修改后，若要保存，可直接单击快速访问栏工具中的"保存"按钮，或者按【Ctrl+S】组合键，此时不会打开"另存为"对话框，演示文稿会以用户第一次保存的位置进行保存，并且将覆盖掉原来演示文稿的内容。

14.6.2　关闭演示文稿

当用户同时打开了好几个演示文稿时，应注意将不使用的演示文稿及时关闭，这样可以加快系统的运行速度。

在 PowerPoint 2010 中用户可以通过以下两种方法关闭演示文稿。
（1）在"文件"选项卡中单击"退出"按钮。
（2）单击演示文稿窗口上的"关闭"按钮。

举一反三　制作公司年终总结

公司一般在年终都要对这一年的工作进行系统的回顾，找出成绩、教训、缺点和存在的问题，然后针对这些问题，扬长避短，制定来年的工作计划和工作策略。目前大部分公司都将工作总结制作成图文并茂的演示文稿，图 14-41 所示的就是公司年终总结的最终效果。

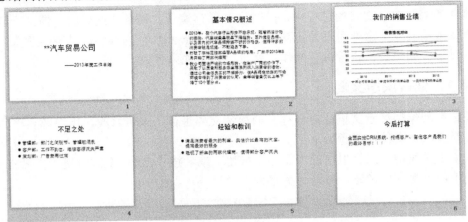

图14-41　公司年终总结

在制作公司年终总结之前先打开"案例与素材\第 14 章素材"文件夹中的"公司工作总结（初始）"文件。

图表往往比文字更具说服力，所以一份好的演示文稿应该尽可能用直观的图表去说明问题，而避免使用大量的文字说明。本例中为了说明 2014 年公司的销售业绩在逐年上升而对手的业绩在逐年下降，在这里利用图表来说明问题，为公司年终总结第 3 张幻灯片添加图表的具体操作步骤如下。

（1）切换第 3 张幻灯片为当前幻灯片。

（2）在"插入"选项卡中单击"插图"组中的"图表"按钮，打开"插入图表"对话框，如图 14-42 所示。

（3）在"折线图"选项区域中选择"带数据标记的折线图"选项，单击"确定"按钮，则会插入一个图表，并且会打开一个数据表，如图 14-43 所示。

（4）在数据表中输入表格的实际内容，在修改表格内容的同时，图表也发生相应的变化，如图 14-43 所示。

图14-42　"插入图表"对话框

图14-43　输入创建图表的数据

（5）关闭数据表，创建的图表如图 14-44 所示。

（6）选中创建的图表，切换到"设计"选项卡，在"图表样式"组中单击"更改图表的整体外观样式"下拉按钮，在弹出的下拉列表框中选择"样式 20"选项，如图 14-45 所示。

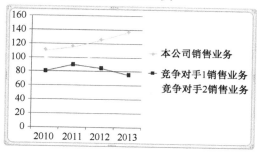

图14-44　创建图表

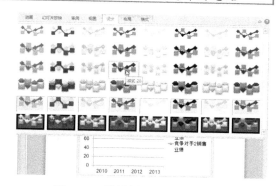

图14-45　设置图表的外观样式

（7）单击"图表布局"组中的"更改图表的整体布局"下拉按钮，在弹出的下拉列表框中选择"布局 3"选项，则图表如图 14-46 所示。

（8）输入图表的标题"销售情况对比"，利用鼠标拖动适当调整图表的大小和位置，图表的最终效果如图 14-47 所示。

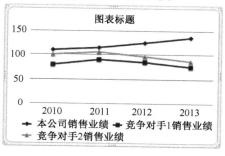

图14-46　改变图表布局

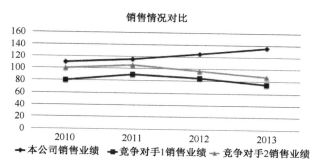

图14-47　图表的最终效果

回头看

　　通过案例"市场推广计划"及举一反三"公司年终总结"的制作过程，主要学习了幻灯片的编辑方法，包括在幻灯片中添加文本对象，并对文本进行设置；在幻灯片中绘制自选图形；利用图片、艺术字、表格及图示等对象来丰富幻灯片的页面效果。这些知识是制作演示文稿的基础，因此要全面掌握这部分内容。

知识拓展

1．根据模板创建演示文稿

　　初学者用户可以通过"模板"创建一个具有统一外观和一些内容的演示文稿，再对它进行简单的加工，即可得到一个演示文稿。根据模板创建演示文稿的具体步骤如下。

　　（1）在"文件"选项卡中单击"新建"按钮，打开新建窗口。在"可用的模板和主题"选项区域中选择"样本模板"选项，则打开样本模板列表框，如图 14-48 所示。

　　（2）在列表框中选中一个模板，然后单击"创建"按钮，则创建一个模板演示文稿。

　　（3）如果在"Office.com 模板"列表框中选择某一个分类，如"奖状、证书"，则进入"奖状、证书"分类，然后再单击"学院"，则进入"学院"分类，如图 14-49 所示。

图 14-48　"样本模板"列表　　　　　图 14-49　"奖状、证书"模板中的"学院"分类模板

（4）在列表框中选中一个模板，如选择"幼儿园毕业证书"模板，然后单击"下载"按钮，则开始下载模板，下载完毕自动创建一个模板演示文稿，如图 14-50 所示。

图 14-50　"幼儿园毕业证书"模板

2. 应用 SmartArt 图形

使用插图有助于我们去记忆或理解相关的内容，但对于非专业人员来说，在 PowerPoint 内创建具有设计师水准的插图是很困难的。PowerPoint2010 提供的插入 SmartArt 图形功能使我们只需轻点几下鼠标即可创建具有设计师水准的插图，前面介绍的图示就是 SmartArt 图形中的一种。

在幻灯片中插入 SmartArt 图形的具体操作步骤如下。

（1）切换要创建 SmartArt 图形的幻灯片为当前幻灯片。

（2）在"插入"选项卡中单击"插图"组中的"SmartArt"按钮，打开"选择 SmartArt 图形"对话框。

（3）在对话框中首先选择一个类别，然后选择需要的图形，单击"确定"按钮，即可在幻灯片上生成 SmartArt 图形。

（4）插入 SmartArt 图形后，用户还可以根据需要对 SmartArt 图形进行编辑。

习题14

填空题

1. 默认情况下新演示文稿的第一张幻灯片为标题幻灯片，在该幻灯片中有_____和_____两个文本占位符。

2. PowerPoint 2010 提供了多种基本的视图方式，如_____、_____、_____、_____、_____。

3. 在普通视图中，按【_____】键可切换到当前幻灯片的上一张；按【_____】键可切换到当前幻灯片的下一张；按【_____】键可切换到第一张幻灯片；按【_____】键切换到最后一张幻灯片。

4. 在"_____"选项卡中单击"演示文稿视图"组中的"_____"按钮可切换到幻灯片浏览视图。

5. 启动 PowerPoint 2010 时打开的是演示文稿的普通视图方式，在该视图中演示文稿窗口包含大纲区、_____和幻灯片区。

6. 在幻灯片中添加文本有两种方法，用户可以直接在幻灯片的_____中输入文本，也可以_____输入文本。

7. 使用 PowerPoint 2010 时，在大纲视图方式下，输入标题后，若要输入下一级文本则应按【_____】键，再输入文本。

8. 默认情况下，在占位符中输入的文本会根据情况自动设置对齐方式，如在标题和副标题占位符中输入的文本会自动_____对齐。在插入的文本框中输入的文本默认的是_____对齐方式。

简答题

1. 如何删除幻灯片中的占位符？

2. 如何为幻灯片中的文本设置项目符号？

3. 在幻灯片中插入文本有哪些方法？

4. 如何在幻灯片中插入图片？

操作题

1. 制作一个"公司业务流程"演示文稿。

（1）标题幻灯片的标题为"公司业务流程展示"。

（2）第 2 张幻灯片标题为"仓储流程"，并按图 14-51 所示创建自选图形，为创建的自选图形应用外观样式。

图14-51　仓储业务流程

（3）第 3 张幻灯片为"运输业务流程"，并按图 14-52 所示创建立方体和箭头，为立方体填充颜色。

运输业务流程

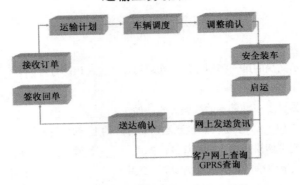

图14-52　运输业务流程

2．打开"案例与素材\第 14 章素材"文件夹中的"白领消费调查（初稿）"文件，然后按照下面的要求进行操作。

（1）在第 2 张幻灯片"置业型消费"中利用文本框输入文本并应用表格，效果如图 14-53 所示。

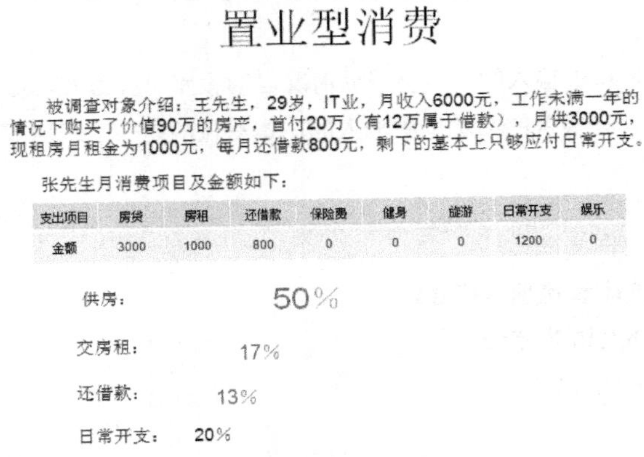

置业型消费

被调查对象介绍：王先生，29岁，IT业，月收入6000元，工作未满一年的情况下购买了价值90万的房产，首付20万（有12万属于借款），月供3000元，现租房月租金为1000元，每月还借款800元，剩下的基本上只够应付日常开支。

张先生月消费项目及金额如下：

支出项目	房贷	房租	还借款	保险费	健身	旅游	日常开支	娱乐
金额	3000	1000	800	0	0	0	1200	0

供房：　　50%

交房租：　17%

还借款：　13%

日常开支：20%

图 14-53　置业型消费

（2）在第 3 张幻灯片"月'光'型消费"中利用文本框输入文本并应用表格，效果如图 14-54 所示。

（3）在第 4 张幻灯片"调查结果"中应用图表，效果如图 14-55 所示。

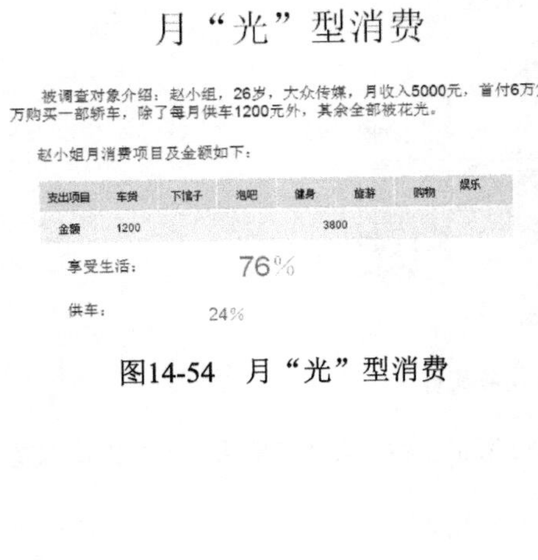

月"光"型消费

被调查对象介绍：赵小姐，26岁，大众传媒，月收入5000元，首付6万贷5万购买一部轿车，除了每月供车1200元外，其余全部被花光。

赵小姐月消费项目及金额如下：

支出项目	车贷	下馆子	泡吧	健身	旅游	购物	娱乐
金额	1200					3800	

享受生活：　76%

供车：　　　24%

图14-54　月"光"型消费

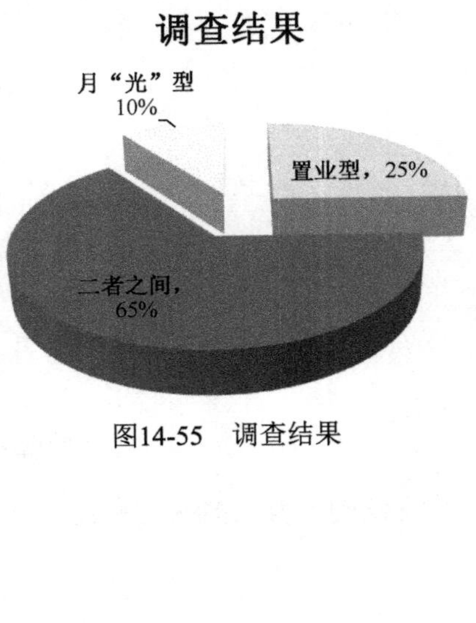

调查结果

月"光"型
10%

置业型，25%

二者之间，
65%

图14-55　调查结果

第15章　幻灯片的设计
——制作公司简介和职位竞聘演示报告

利用 PowerPoint 2010 的幻灯片设计功能，可以设计出声情并茂并能把自己的观点表达得淋漓尽致的幻灯片。例如，可以应用背景颜色使幻灯片的颜色更有美感；可以为对象设置动画效果让对象在放映时具有动态效果；还可以创建交互式演示文稿实现放映时的快速切换。

知识要点

- 使用 Word 大纲创建演示文稿
- 设置幻灯片外观
- 为幻灯片添加动画效果
- 创建交互式演示文稿

任务描述

公司简介是介绍公司基本情况，对外宣传的基本资料，因此公司简介的语言应简洁、明了，华丽但不夸张。如果对公司简介幻灯片的外观进行合理设计，则更能体现出公司的内涵。这里利用 PowerPoint 2010 制作一个公司简介，效果如图 15-1 所示。

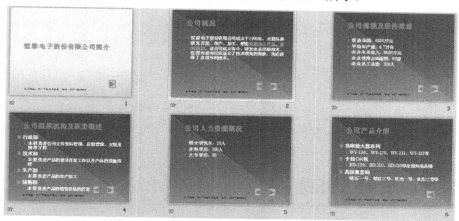

图15-1　公司简介

案例分析

完成公司简介演示文稿的制作，首先可以使用大纲文档创建演示文稿，然后应用设计模板、配色方案和设置背景功能对幻灯片的外观进行设置，最后为幻灯片设置切换效果，为幻灯片中的对象设置动画效果，使幻灯片在放映时具有动感。

本章所涉及案例的素材和最终效果文件请登录华信教育资源网下载，相关内容在下载后的"案例与素材\第 15 章素材"和"案例与素材\第 15 章案例效果"文件夹中。

15.1　使用Word大纲创建演示文稿

在 Word 2010 中，用户可以把应用了标题形式的大纲文档直接发送到 PowerPoint 中创建演示文稿。在 Word 2010 中，"发送到 Microsoft Office PowerPoint"按钮没有被显示在功能区中，用户可以将其添加，具体操作步骤如下。

（1）单击快速访问工具栏右侧的下拉按钮，在弹出的下拉列表框中选择"其他命令"选项，打开"Word 选项"对话框。

（2）在"从下列位置选择命令"下拉列表框中选择"所有命令"选项，然后在下面的列表框中选择"发送到 Microsoft Office Power Point"选项，单击"添加"按钮，将其添加到快速访问工具栏中。

使用 Word 大纲创建演示文稿的操作步骤如下。

（1）打开"案例与素材\第 15 章素材"文件夹中的"公司简介"文档，该文档已经在 Word 中制作完毕，并分别应用了内置标题样式。

（2）单击快速访问工具栏中的"发送到 Microsoft Office Power Point"按钮，此时系统会自动创建一个 PowerPoint 文档，如图 15-2 所示。在大纲文档中只有采用了"标题 1"、"标题 2"等样式的文本才能进入到 PowerPoint 中，其他文本被忽略。PowerPoint 2010 将依据 Word 文档中的标题层次决定其在 PowerPoint 大纲文件中的地位。例如，应用"标题 1"样式的文本将成为幻灯片主标题，应用"标题 2"样式的文本将成为副标题，依次类推。

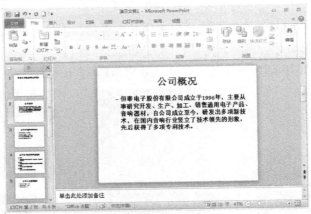

图15-2　创建的演示文稿

15.2　设置幻灯片外观

利用空白演示文稿制作幻灯片，则演示文稿中不包含任何外观设置，为了使幻灯片的整体效果美观、更加符合演示文稿的主题思想，用户可以在演示文稿中应用主题，也可以为幻灯片设置背景。

15.2.1　应用主题

幻灯片主题就是一组统一的设计元素，幻灯片主题决定了幻灯片的主要外观，包括背景、预制的配色方案、背景图形等。在应用主题时，系统会自动将当前幻灯片或所有幻灯片应用主题文件中包含的配色方案、文字样式、背景等外观，但不会更改应用文件的文字内容。

对利用 Word 文档制作的演示文稿"公司简介"应用主题，具体操作步骤如下。

（1）单击"公司简介"演示文稿中的任意一张幻灯片。

（2）在"设计"选项卡中单击"主题"组中的"主题"下拉按钮，弹出"选项"下拉列表框，如图 15-3 所示。

图15-3　选择主题

（3）在"内置"选项区域选择合适主题，默认情况下，将应用于所有的幻灯片。这里选择"活力"选项，应用主题后的效果如图 15-4 所示。

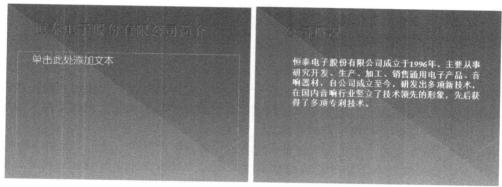

图15-4　应用主题的效果

15.2.2　应用主题颜色

主题颜色可以很得当地处理浅色背景和深色背景。主题中内置有可见性规则，因此用户可以随时切换颜色，并且用户的所有内容将仍然清晰可见且外观良好。

例如，对创建的"公司简介"演示文稿应用主题颜色，具体步骤如下。

（1）单击"公司简介"演示文稿中的任意一张幻灯片。

（2）在"设计"选项卡中单击"主题"组中的"颜色"下拉按钮，弹出"颜色"下拉列表框，如图 15-5 所示。

图15-5　"颜色"下拉列表框

（3）在"内置"选项区域选择合适颜色，默认情况下，将应用于所有的幻灯片。这里选择"穿越"选项，设置主题颜色后的效果如图15-6所示。

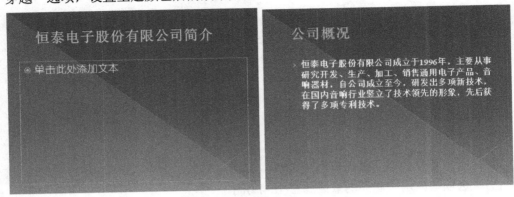

图15-6　应用主题颜色后的效果

15.2.3　设置幻灯片背景

用户可以为幻灯片添加背景，PowerPoint 2010 提供了多种幻灯片背景的填充方式，包括单色填充、渐变色填充、纹理、图片等。在一张幻灯片或者母版上只能使用一种背景类型。

为演示文稿"公司简介"的第1张标题幻灯片设置渐变颜色背景，具体操作步骤如下。

（1）切换第1张幻灯片为当前幻灯片。

（2）在"设计"选项卡中单击"背景"组中的"背景样式"下拉按钮，弹出下拉列表框。

（3）在下拉列表框中选择"设置背景格式"选项，打开"设置背景格式"对话框，如图 15-7 所示。

（4）在对话框的左侧列表框中选择"填充"选项，在"填充"选项区域选中"渐变填充"单选按钮，单击"预设颜色"下拉按钮，在弹出的下拉列表中选择"羊皮纸"选项。

（5）单击"类型"下拉按钮，在弹出的下拉列表中选择"线性"选项，单击"方向"下拉按钮，在弹出的下拉列表中选择"线性向下"选项，在"渐变光圈"上拖动各个渐变颜色块，适当调整渐变颜色的位置。

（6）单击"关闭"按钮，关闭"设置背景格式"对话框。设置标题幻灯片背景后的效果如图15-8所示。

图15-7　"设置背景格式"对话框

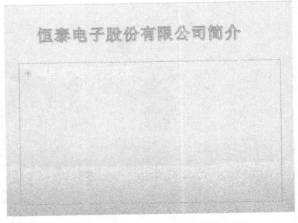

图15-8　设置标题幻灯片背景的效果

15.2.4　应用母版

母版可以控制演示文稿的外观，包括在幻灯片上所输入的标题和文本的格式与类型、颜色、放置位置、图形、背景等，在母版上进行的设置将应用到基于它的所有幻灯片。

母版分为 3 种：幻灯片母版、讲义母版、备注母版。

默认的幻灯片母板中有 5 个占位符：标题区、对象区、日期区、页脚区、数字区，修改它们可以影响基于该母版的所有幻灯片。

利用母版设置幻灯片标题文本格式，并为幻灯片设置页脚，具体操作步骤如下。

（1）在"视图"选项卡中单击"母版视图"组中的"幻灯片母版视图"按钮，进入幻灯片母版视图，如图 15-9 所示。

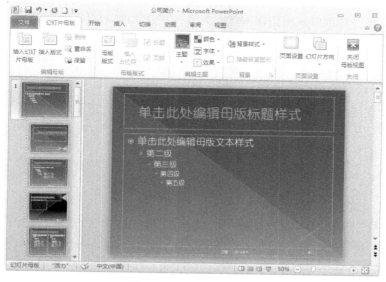

图15-9　幻灯片母版视图

（2）在母版列表框中选择"标题和文本版式"选项，在母版的页脚文本框中输入"公司地址：郑州市经济开发区　电话：0371-6829362"，并设置字体为"楷体"，字号为"16"，颜色为"黑色"。

（3）适当调整页脚文本框的大小和位置，单击"幻灯片母版"选项卡中的"关闭母版视图"按钮，则所有的幻灯片都被添加了页脚，如图 15-10 所示。

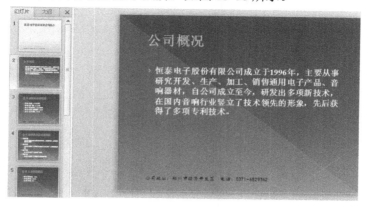

图15-10　利用母版设置幻灯片的效果

15.3　为幻灯片添加动画效果

在 PowerPoint 2010 中，幻灯片动画主要有两种类型。一种是幻灯片切换效果，即翻页动画，可以实现为单张或多张幻灯片设置整体动画；另一种是幻灯片的动画效果，是指为幻灯片内部的各个元素设置动画效果，包括项目动画与对象动画。其中项目动画是针对文本而言的，而对象动画针对的是幻灯片中的各种对象，对于一张幻灯片中的多个动画效果，还可以设置它们的先后顺序。

15.3.1　设置幻灯片的切换效果

幻灯片切换效果是加在连续的幻灯片之间的特殊效果。在幻灯片放映的过程中，一张幻灯片切换到另一张幻灯片时，可用不同的技巧将下一张幻灯片显示到屏幕上。

为幻灯片添加切换效果最好在幻灯片浏览视图中进行，因为在浏览视图中用户可以看到演示文稿中所有的幻灯片，并且可以非常方便地选择要添加切换效果的幻灯片。

1．设置单张幻灯片切换效果

为幻灯片设置切换效果时，用户可以为演示文稿中的每一张幻灯片设置不同的切换效果，或者为所有的幻灯片设置同样的切换效果。例如，为"公司简介"演示文稿中的第 1 张幻灯片设置"溶解"的切换效果，具体步骤如下。

（1）在"视图"选项卡中单击"演示文稿视图"组中的"幻灯片浏览"按钮，切换到幻灯片浏览视图。

（2）单击选中第 1 张幻灯片。

（3）在"切换"选项卡中单击"切换到此幻灯片"组中的"切换效果"下拉按钮，在弹出的下拉列表框中选择合适的切换效果，这里选择"华丽型"选项区域的"溶解"选项，如图 15-11 所示。

（4）在"切换"选项卡中单击"计时"组中的"声音"下拉按钮，在弹出的下拉列表中选择"风铃"选项。

（5）在"切换"选项卡的"计时"组中的"持续时间"文本框中选择"00.50"。

2．设置多张幻灯片切换效果

在为幻灯片设置切换效果时可以为演示文稿中的多张幻灯片设置相同的切换效果。例如，要为演示文稿"公司简介"中的第 2～6 张幻灯片设置"棋盘"切换效果，具体操作步骤如下。

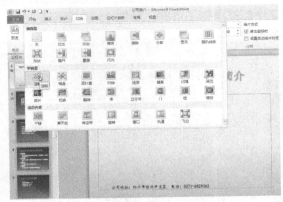

图 15-11　设置单张幻灯片的切换效果

（1）在"视图"选项卡中单击"演示文稿视图"组中的"幻灯片浏览"按钮，切换到幻灯片浏览视图中。

（2）先按住【Ctrl】键，然后单击第 2～6 张幻灯片，将它们选中。

（3）在"切换"选项卡的"切换到此幻灯片"组中的"切换效果"列表框中选择"棋盘式"选项。

（4）在"切换"选项卡中单击"计时"组中的"声音"下拉按钮，在弹出的下拉列表框中选择"风声"选项。

（5）在"切换"选项卡的"计时"组中的"持续时间"文本框中选择"0.50"。

（6）单击"切换到此幻灯片"组中的"效果选项"下拉按钮，在弹出的下拉列表框中选择"自顶部"选项，如图 15-12 所示。

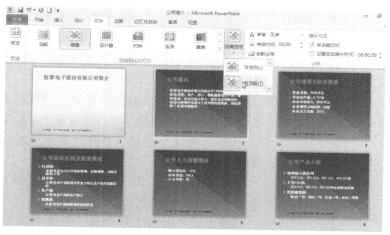

图 15-12　设置多张幻灯片切换效果

> **提示：** 如果用户要为演示文稿中的全部幻灯片设置切换效果，可以在选中一种效果后，单击"计时"组中的"全部应用"按钮。

15.3.2　设置动画效果

动画的功能是给文本或对象添加特殊视觉或声音效果，可以让文字以打字机的形式播放，让图片产生飞入效果等。用户可以自定义幻灯片中的元素和对象的动画效果，也可以利用系统提供的动画方案设置幻灯片的动画效果。

1. 自定义动画效果

用户可以使用 PowerPoint 2010 提供的自定义动画功能为幻灯片中的所有项目和对象添加动画效果。

例如，为第 3 张幻灯片中的文本对象添加自定义动画效果的步骤如下。

（1）切换第 3 张幻灯片为当前幻灯片，选中"公司规模及经济"文本。

（2）在"动画"选项卡中单击"动画"组中的"动画效果"下拉按钮，弹出"动画效果"下拉列表框，在"强调"选项区域选择"陀螺旋"选项，如图 15-13 所示。

（3）在"动画"组中单击"效果选项"下拉按钮，在弹出的下拉列表框中选择"逆时针"选项，在"计时"组中的"持续时间"文本框中选择"01.00"，如图 15-14 所示。

图15-13　设置动画效果

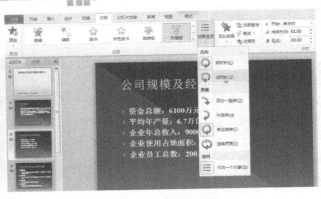

图15-14　设置效果选项

图15-15　"更改进入效果"对话框

（4）选中"公司规模及经济"下面所有的文本，或将鼠标指针定位在"公司规模及经济"下面文本的任意段落中。

（5）在"动画"选项卡中单击"动画"组中的"动画效果"下拉按钮，弹出"动画效果"下拉列表框，在选择"进入更多效果"选项，打开"更改进入效果"对话框，如图 15-15 所示。

（6）在"华丽型"选项区域选择"螺旋飞入"选项，单击"确定"按钮返回幻灯片。

（7）在"计时"组中的"持续时间"文本框中选择"00.50"。

设置动画效果后，在设置动画效果的对象前面会显示出动画编号，单击"高级动画"组中的"动画窗格"按钮，则打开"动画窗格"任务窗格，在"动画窗格"任务窗格中显示出设置的动画效果，如图 15-16 所示。

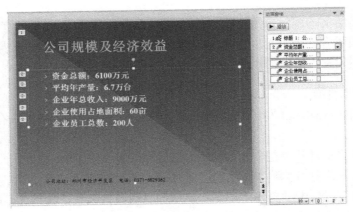

图 15-16　设置自定义动画效果

2．设置动画效果选项

为了使动画效果更加突出，可以通过该动画效果的对话框，更加详细地设置动画效果选项。例如，为"公司规模及经济效益"文本的动画效果增加声音效果，具体步骤如下。

（1）在"动画效果"列表框中选择第一个动画效果，在该效果的右端将会出现一个下拉按钮，单击该下拉按钮会弹出下拉列表框，如图15-17所示。

（2）在下拉列表框中选择"效果选项"选项，打开"陀螺旋"对话框，如图15-18所示。

（3）在"增强"选项区域的"声音"下拉列表框中，用户可以选择动画效果的伴随声音，这里设置为"风声"。

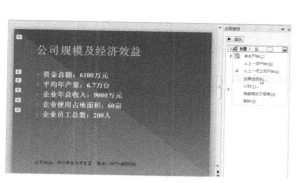

图15-17 设置自定义动画的效果选项

图15-18 "陀螺旋"对话框

（4）在"动画播放后"下拉列表框中，用户可以选择动画播放后要执行的操作，这里选择"不变暗"。

（5）在"动画文本"下拉列表框中有3种选择。

① 整批发送：文本框中的文本以段落作为一个整体。

② 按字词：如果文本框中的是英文，则按单个的词延伸；如果是中文，则按字或词延伸。

③ 按字母：如果文本框中的是英文，则按字母延伸；如果是中文，则按字延伸。

这里设置"动画文本"的效果为"按字母"，并设置"20%字母之间延迟"。

（6）单击"计时"选项卡，如图15-19所示。在"开始"下拉列表框中可以选择动画开始的方式。

① 选择"单击时"选项，则在鼠标单击时开始播放动画效果。

② 选择"与上一动画同时"选项，则与上一动画同时播放。

③ 选择"上一动画之后"选项，则在上一个效果播放后播放。

由于这里设置了动画开始时间为"上一动画之后"，因此用户还可以在"延迟"文本框中设置上一动画结束多长时间后开始该动画，这里设置为"0.5秒"。

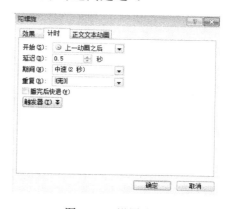

图15-19 设置动画计时

（7）在"期间"下拉列表框中，用户可以对动画的速度进行具体的设置，这里更改设置为"中速（2秒）"。

（8）单击"确定"按钮，用户可以发现在"陀螺旋"对话框中修改的"期间"显示在"计时"组的"持续时间"文本框中。

提示：不同的动画效果有不同的设置方法，文本对象动画效果和一般对象动画效果的最大区别在于文本对象可以设置动画文本，而对象动画效果则不能。

15.4　创建交互式演示文稿

交互式演示文稿可以通过事先设置好的动作按钮或超链接，在放映时跳转到指定的幻灯片。

15.4.1　动作按钮的应用

可以将某个动作按钮加到演示文稿中，然后定义如何在放映幻灯片时使用该按钮。

例如，为演示文稿"公司简介"中的第 2 张幻灯片中添加 2 个动作按钮，分别链接到前面 1 张幻灯片和后面 1 张幻灯片中，具体操作步骤如下。

（1）选择第 2 张幻灯片为当前幻灯片。

（2）在"插入"选项卡中单击"插图"组中的"形状"下拉按钮，弹出下拉列表框，如图 15-20 所示。

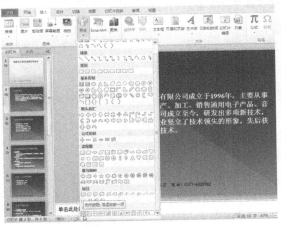

图15-20　"形状"下拉列表框

（3）在"动作按钮"选项区域选择要添加的按钮"后退或前一项按钮"。

（4）在幻灯片上通过鼠标拖动为该按钮绘制形状，绘制结束后会自动打开"动作设置"对话框，如图 15-21 所示。

（5）在"动作设置"对话框中，选中"超链接到"单选按钮，然后将超链接的目标设置为"上一张幻灯片"，单击"确定"按钮。

（6）用同样的方法，添加下一项按钮，效果如图 15-22 所示。

图15-21　"动作设置"对话框

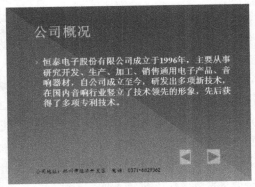

图15-22　设置动作按钮效果

设置好动作按钮后，在放映幻灯片时将鼠标指针移动到按钮上，鼠标指针将变为"手"形状，此时单击即可跳转到相应的幻灯片中。

15.4.2　设置超链接

可以利用超链接将某一段文本或图片链接到另一张幻灯片。例如，将演示文稿"公司简介"幻灯片中第 2 张幻灯片中文本占位符中的"通用电子产品、音响器材"文本与第 6 张幻灯片进行链接，具体操作步骤如下。

（1）切换第 2 张幻灯片为当前幻灯片。

（2）在幻灯片中选中文本占位符中的文本"电子产品、音响器材"。

（3）在"插入"选项卡中单击"链接"组中的"超链接"按钮，打开"插入超链接"对话框，如图 15-23 所示。

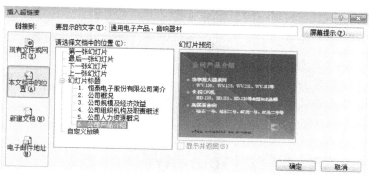

图 15-23　"插入超链接"对话框

（4）在"链接到"列表框中选择"本文档中的位置"选项，在"请选中文档中的位置"列表框中，选择要用作超链接目标"公司产品介绍"选项。

（5）单击"确定"按钮，设置超链接后的效果如图 15-24 所示。

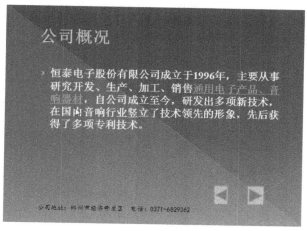

图 15-24　为文本设置链接的效果

在图中可以发现设置完超链接的文字不仅自动添加了下画线，而且超链接的文字颜色也发生了相应的变化。设置好超链接后，在放映幻灯片时将鼠标指针移动到超链接文本上，鼠标指针将变为"手"形状，单击该处即可跳转到相应的幻灯片中。

按照上面的方法为幻灯片添加动画效果，添加动作按钮，并且适当调整幻灯片中的文本，

"公司简介"幻灯片的最终效果如图 15-25 所示。

图 15-25　"公司简介"幻灯片效果

技巧：公司简介没有固定的形式，主要看这个简介希望达到的效果。公司简介是写给什么人的？例如，写给投资者、客户、应聘者等，对象不同重点也不一样。目标对象关注的重点是什么？例如，投资者关注公司资质、资金、项目的运营情况等，有时候也关心股权结构等；客户则关心公司业务领域的资质和信誉度；招聘者则更关心公司的人力资源规划和发展规划等。

举一反三　制作职位竞聘演示报告

如今职场竞争愈演愈烈，对于一个好的职位，一大群竞争者实力不相上下，如何才能使自己在这场竞争中胜出，除了自身的实力外，竞聘演讲稿的作用也不容忽视。这里就利用 PowerPoint 2010 制作一个职位竞聘演示报告，这样可以帮助展示自身实力。职位竞聘演示报告最终效果如图 15-26 所示。

在制作职位竞聘演示报告之前，先打开"案例与素材\第 15 章素材"文件夹中的"职位竞聘演示报告（初始）"文件。

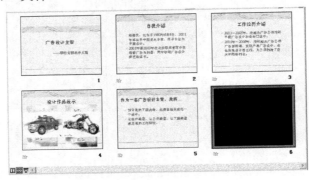

图 15-26　职位竞聘演示报告效果

对职位竞聘演示报告进行设计的具体操作步骤如下。

（1）单击"职位竞聘演示报告"演示文稿中的任意一张幻灯片。

（2）在"设计"选项卡中单击"主题"组中的"主题"下拉按钮，弹出"主题"列表框。

（3）在下拉列表框中选择"浏览主题"选项，打开"选择主题或主题文档"对话框，如

图 15-27 所示。

图 15-27 "选择主题或主题文档"对话框

（4）在对话框中选择"案例与素材\第 15 章素材"文件夹中的"自定义主题"文件，单击"应用"按钮，应用主题的效果如图 15-28 所示。

图 15-28 应用自定义主题的效果

（5）切换第 2 张幻灯片为当前幻灯片，选中标题占位符中的文本，或将鼠标指针定位在标题占位符中。

（6）在"动画"选项卡中单击"动画"组中的"动画效果"下拉按钮，弹出"动画效果"下拉列表框，在"进入"选项区域选择"飞入"选项。

（7）单击"高级动画"组中的"动画窗格"按钮，打开"动画窗格"任务窗格。在动画效果列表框中选中设置的动画效果，单击效果右端的下拉按钮，在弹出的下拉列表框中选择"效果选项"选项，打开"飞入"对话框。

（8）切换到"效果"选项卡，在"设置"选项区域的"方向"下拉列表框中选择"自右侧"选项，在"增强"选项区域的"动画文本"下拉列表框中选择"按字母"选项，设置"20%"的字母之间延迟百分比，如图 15-29 所示。

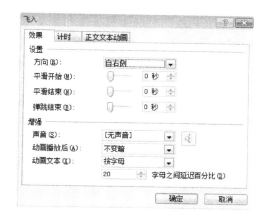

图 15-29 "飞入"对话框

（9）单击"计时"选项卡，在"开始"下拉列表框中选择"上一动画之后"选项，在"延迟"文本框中设置"0.5秒"。

（10）在"高级动画"组中单击"动画刷"按钮，然后在下面的文本上单击，则上面文本的动画效果被复制到下面的文本上。

（11）将鼠标指针定位在正文中，在"动画"选项卡中单击"计时"组中的"开始"下拉按钮，在弹出的下拉列表框中选择"上一动画之后"选项，在"延迟"文本框中选择或输入"00.50"，为第2张幻灯片设置动画效果的最终效果如图15-30所示。

（12）按照相同的方法为第3张和第5张幻灯片设置相同的动画效果。

（13）切换第4张幻灯片为当前幻灯片，在幻灯片中插入4张图片，适当调整图片的大小和位置，效果如图15-31所示。

图15-30　为第2张幻灯片设置的动画效果　　　　　　图15-31　插入图片

（14）切换到第3张幻灯片，将鼠标指针定位在标题文本中；切换到"动画"选项卡，然后在"高级动画"组中单击"动画刷"按钮；切换到第4张幻灯片，在标题文本上单击，将第3张幻灯片标题上的动画复制到第4张幻灯片标题上。

（15）同时选中第1张和第2张图片（即并排排列的下面两张稍大的图片），在"动画"选项卡中单击"动画"组中的"动画效果"下拉按钮，弹出"动画效果"下拉列表框，在"进入"选项区域选择"劈裂"选项。在"计时"组中的"开始"下拉列表框中选择"上一动画之后"选项，在"延迟"文本框中选择或输入"00.50"。

（16）再次同时选中第1张和第2张图片，在"动画"选项卡中单击"动画"组中的"动画效果"下拉按钮，弹出"动画效果"下拉列表框，在"退出"选项区域选择"消失"选项。在"计时"组中的"开始"下拉列表框中选择"上一动画之后"选项，在"延迟"文本框中选择或输入"03.00"。

（17）在"动画效果"列表框中选择"图片2"的消失动画效果，在"计时"组中的"延迟"文本框中选择或输入"00.00"。

（18）同时选中第3张和第4张图片，在"动画"选项卡中单击"动画"组中的"动画效果"下拉按钮，弹出"动画效果"下拉列表框，在"进入"选项区域选择"缩放"选项。在"计时"组中的"开始"下拉列表框中选择"上一动画之后"选项，在"延迟"文本框中选择或输入"00.50"。

（19）单击"播放"按钮，播放当前幻灯片动画效果。在播放的过程中可以发现，首先标题文本以飞入的动画方式进入，然后第1张图片和第2张图片以劈裂的动画效果进入，接着第1张图片和第2张图片以消失的动画效果退出，最后第3张图片和第4张图片以圆形扩展的动画效果进入，效果如图 15-32 所示。

图 15-32　第 4 张幻灯片设置自定义动画效果

（20）将鼠标指针定位在第 5 张幻灯片中，按回车键在演示文稿中插入一张新的幻灯片。选中文本占位符按【Delete】键将其删除。在标题占位符中输入文本"谢谢各位！"。设置字体为"华文行楷"，字号为"60"。利用鼠标拖动标题占位符到合适位置，效果如图 15-33 所示。

（21）在"插入"选项卡的"形状"下拉列表框中选择"矩形"按钮，在幻灯片中拖动绘制一个与幻灯片等大小的矩形框。设置矩形的填充颜色为"黑色"，线条为"无线条颜色"，如图 15-34 所示。

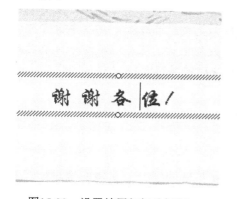

图15-33　设置结尾幻灯片标题

图15-34　绘制矩形并填充颜色

（22）选中标题占位符，如果不好选中可以按【Tab】键来选中标题占位符，在"动画"选项卡中单击"动画"组中的"动画效果"下拉按钮，弹出"动画效果"下拉列表框，选择"更多进入效果"选项，打开"更改进入效果"对话框。在对话框中选择"挥鞭式"选项，单击"确定"按钮。在"计时"组中的"开始"下拉列表框中选择"上一动画之后"选项。

（23）选中插入的矩形，在"动画"选项卡中单击"动画"组中的"动画效果"下拉按钮，弹出"动画效果"下拉列表框，选择"更多进入效果"选项，打开"更改进入效果"对话框。在对话框中选择"锒入"选项，单击"确定"按钮。在"计时"组中的"开始"下拉列表框中选择"上一动画之后"选项。

（24）设置完毕，单击"自定义动画"任务窗格中的"播放"按钮，预览动画效果。首先在幻灯片中显示的是挥鞭式效果。在幻灯片中显示的第二个动画效果是扇形展开的效果，该效果展开后将幻灯片遮挡为黑色，类似电影放映完毕后的黑屏效果，如图 15-35 所示。

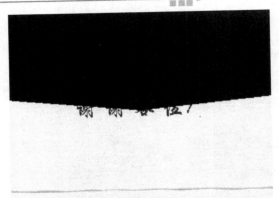

图15-35　矩形的扇形展开效果

技巧：竞聘报告是竞聘者在竞聘会议上向与会者阐述自己的竞聘条件、竞聘优势，以及对竞聘职务的认识、被聘任后的工作设想等的演讲词。竞聘报告要有：竞争性，凸显"人无我有，人有我优，人优我特"的竞争优势；目的性，要明确竞聘的职位；生动性，要吸引人，具有口头宣传的作用；自评性，要全面而公正地评价自己。在应聘报告中要写清楚所要竞聘的职位；写清楚自己的工作业绩，而非工作时间的长短；态度语气要自信委婉。

回头看

　　通过案例"公司简介"及举一反三"职位竞聘演示报告"的制作过程，主要学习了幻灯片的一些设计方法。利用设计模板可以快速统一演示文稿的外观；利用配色方案可以对演示文稿中幻灯片的局部色彩进行更改；可以为幻灯片设置背景；还可以对演示文稿的局部外观进行设置；为幻灯片设置动画效果，使幻灯片在放映时更具有动感，引人入胜。

知识拓展

1．设置动画的顺序

　　在 PowerPoint 2010 中，为幻灯片中的各个元素设置动画时，系统会按照动画设置的前后次序，依次为各动画项编号。用户也可以在"动画窗格"的动画效果列表框中自定义动画的编号。

　　动画效果的编号以设置"单击时开始"动画效果的开始时间为界限，如果在幻灯片中设置了多个"单击时开始"动画效果，则它们会根据用户设置的先后顺序进行编号。如果在某一动画效果后设置"上一动画之后"动画效果，它的编号将和上一编号相同，如果在某一动画效果后设置"与上一动画同时"动画效果，它的编号名称将和上一编号相同。

　　幻灯片中各对象的动画效果会根据编号依次进行展示，如果用户认为动画效果的先后次序不合理，也可以改变动画的顺序。将鼠标指针移动至"自定义动画"任务窗格的"自定义动画"列表框中，当鼠标指针变为 ↕ 形状时，单击选中需要移动顺序的动画项，拖动至需要更改的位置就可以改变动画效果的先后顺序。用户也可以选中动画项后单击上移箭头按钮 |⬆| 或下移箭头按钮 ⬇|来改变动画效果的先后顺序。动画效果的顺序改变后，它的效果标号也跟着改变。

2．修改动画效果

用户可以对设置好的动画效果进行修改，使动画效果更加符合放映的要求。选中要修改动画效果的项目或对象，然后在"动画"选项卡的"动画"组的"动画效果"列表框中重新选择动画效果。

如果要删除某一动画效果，在"动画窗格"的"动画效果"列表框中选中该动画效果，单击该效果右端的下拉按钮，在弹出的下拉列表框中选择"删除"选项即可。

3．相册功能

如果用户希望向演示文稿中添加一大组图片，而且这些图片又不需要自定义，此时可使用 PowerPoint 2010 中的相册功能创建一个相册演示文稿。PowerPoint 2010 可从硬盘、扫描仪、数码相机或 Web 照相机等位置添加多张图片。

创建相册的具体步骤如下。

（1）在"插入"选项卡中单击"图像"组中的"相册"下拉按钮，在弹出的下拉列表框中选择"新建相册"选项，打开"相册"对话框，如图 15-36 所示。

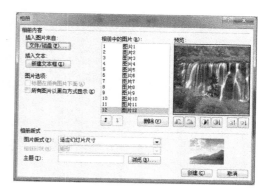

图15-36　"相册"对话框

（2）在"相册"对话框中单击"文件/磁盘"按钮，打开"插入新图片"对话框，在对话框中选中要插入的图片，单击"插入"按钮，返回到"相册"对话框，按此方法可以在相册中插入多个图片。

（3）在"相册版式"选项区域的"图片版式"下拉列表框中可以选择图片的版式，在"相框形状"下拉列表框中则可以应用相框形状，单击"主题"后面的浏览按钮，可以应用设计模板。

（4）单击"创建"按钮，即可创建一个相册演示文稿。

习题15

填空题

1．在"_____"选项卡的"_____"组中的"切换效果"下拉列表框中，用户可以选择合适的切换效果。

2．母版分为 3 种：_____、_____、_____。

3．在"_____"选项卡中单击"_____"组中的"相册"按钮，打开"相册"对话框。

简答题

1．如何为幻灯片中的对象设置动画效果？

2．如何设置幻灯片的切换效果？

3．如何改变自定义动画的顺序？

操作题

利用 PowerPoint 2010 的相册功能创建一个旅游相册演示文稿，设置"图片的版式"为"4 张图片"，"相框形状"为"扇形相角"，主题应用"第 15 章素材"文件夹中的"橘黄色模板"，最终效果如图 15-37

所示。

图 15-37　旅游相册

第16章 幻灯片的放映
——制作产品行业推广方案和营销案例分析

PowerPoint 2010 提供了多种幻灯片的放映方式，在演示幻灯片时用户可以根据不同的需求情况选择合适的演示方式，并对演示进行控制，另外还可以选择使用打印或打包等方式将演示文稿输出。

 知识要点

- 设置幻灯片放映
- 控制演讲者放映

 任务描述

在将某个新产品或者新技术投入到新的行业之前，首先必须要说服该行业的人员，使他们从心理上接受这项产品或者技术。利用 PowerPoint 2010 制作的产品行业推广方案如图 16-1 所示。

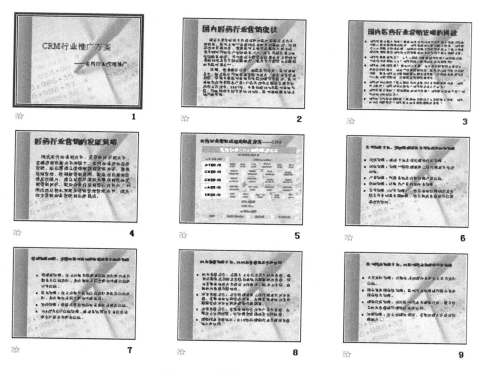

图 16-1 产品行业推广方案

 案例分析

完成产品行业推广方案制作，要用到设置幻灯片的放映方式、设置换片方式、控制演讲者放映等功能。

本章所涉及案例的素材和最终效果文件请登录华信教育资源网下载，相关内容在下载后的"案例与素材\第 16 章素材"和"案例与素材\第 16 章案例效果"文件夹中。

16.1　设置幻灯片放映

制作演示文稿的最终目的是把它展示给观众，用户可以根据不同的需求采用不同的方式放映演示文稿，如果有必要还可以自定义放映。

PowerPoint 2010 提供了 3 种放映幻灯片的方法：演讲者放映、观众自行浏览、在展厅浏览，这 3 种放映方式各有特点，可以满足不同环境、不同观众对象的需要。

16.1.1　设置放映方式

在"幻灯片放映"选项卡中单击"设置"组中的"设置幻灯片放映"按钮，打开"设置放映方式"对话框，如图 16-2 所示。

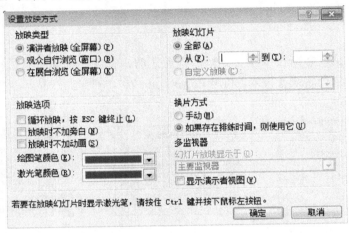

图 16-2　"设置放映方式"对话框

在"放映类型"选项区域，用户可以对放映方式进行如下设置。

（1）演讲者放映方式（全屏幕）：选中该单选按钮，则可以采用全屏显示，通常用于演讲者亲自播放演示文稿。此种方式演讲者可以控制演示节奏，具有放映的完全控制权。

（2）观众自行浏览（窗口）：选中该单选按钮，则可以将演示文稿显示在小型窗口内，并提供相应的操作命令，可以在放映时移动、编辑、复制和打印幻灯片。

（3）在展台浏览（全屏幕）：选中该单选按钮，则可以自动运行演示文稿，可以在展览会场或会议中等需要运行无人管理的幻灯片放映时使用，运行时大多数的菜单和命令都不可用，并且在每次放映完毕后重新开始。在这种放映方式中，鼠标变得几乎毫无用处，无论是单击还是右击，或者两键同时按下。在该放映方式中如果设置的是手动换片方式放映，那么将无法执行换片的操作，如果设置了"排练计时"，它会严格地按照"排练计时"时设置的时间放映。按【Esc】键可退出放映。

16.1.2　自定义放映

在放映演示文稿时，用户可以根据自己的需要创建一个或多个自定义放映方案。可以选择演示文稿中多个单独的幻灯片组成一个自定义放映方案，并且可以设定方案中各幻灯片的放映顺序。放映这个自定义方案时，PowerPoint 2010 将会按事先设置好的幻灯片放映顺序放映自定义方案中的幻灯片。

1．设置自定义放映

例如，在"产品行业推广方案"演示文稿中设置只放映第 5～10 张幻灯片，具体操作步骤如下。

（1）切换到"幻灯片放映"选项卡，在"开始放映幻灯片"组中单击"自定义放映"下拉按钮，在弹出的下拉列表框中选择"自定义放映"选项，打开"自定义放映"对话框。

（2）在对话框中单击"新建"按钮，打开"定义自定义放映"对话框，如图 16-3 所示。

（3）在"幻灯片放映名称"文本框中输入自定义放映的名称"解决方案"。

（4）"在演示文稿中的幻灯片"列表框中按住【Ctrl】键分别单击第 5～10 张幻灯片，单击"添加"按钮，将选择的幻灯片添加到右侧列表框中。

（5）单击"确定"按钮，返回到"自定义放映"对话框，在"自定义放映"列表框中显示了刚才创建的自定义放映名称，如图 16-4 所示。

（6）单击"关闭"按钮，关闭"自定义放映"对话框。

图16-3　设置自定义放映的幻灯片　　　　图16-4　"自定义放映"对话框

提示： 如果在设置自定义放映的幻灯片时弄错了次序，可以在"在自定义放映中的幻灯片"列表框中选择要移动的幻灯片，单击上、下箭头按钮改变它的位置。如果添加了多余的幻灯片，在"在自定义放映中的幻灯片"列表框中选择要删除的幻灯片，然后单击"删除"按钮即可。

2．放映自定义放映

如果在一个演示文稿中设置了多个自定义放映，在放映时用户可以选择自定义放映的名称来放映不同的自定义放映，具体操作步骤如下。

（1）在"幻灯片放映"选项卡中单击"设置"组中的"设置幻灯片放映"按钮，打开"设置放映方式"对话框。

（2）在"放映幻灯片"选项区域选中"自定义放映"单选按钮，然后在下拉列表框中选择自定义放映的名称，如图 16-5 所示。

（3）单击"确定"按钮。

16.1.3　设置换片方式

默认情况下，幻灯片的换片方式是单击鼠标切换到下一张幻灯片。用户可以人工设置幻灯片放映的时间间隔。在"切换"选项卡的"计时"组中的"换片方式"选项区域中可以设置换片方式。

（1）如果选中"单击鼠标时"复选框，这样单击鼠标就可以进入下一张幻灯片。

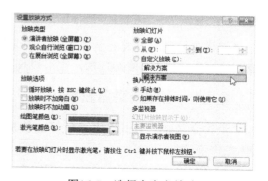

图16-5　选择自定义放映

（2）如果选中了"设置自动换片时间"复选框并设置了间隔时间，而没有选中"单击鼠标时"复选框，系统会在到了设置的间隔时间后自动进入下一张幻灯片，此时单击鼠标不起作用。在设置了播放时间之后，在幻灯片浏览视图中相应的幻灯片下方将显示播放时间。

（3）如果既选中了"单击鼠标时"复选框，也选中了"设置自动换片时间"复选框并设置了间隔时间，单击鼠标或到了设置的间隔时间后都会进入下一张幻灯片。

例如，在"产品行业推广方案"幻灯片中设置幻灯片自动设置动画效果，除第 1 张幻灯片设置间隔时间为 5 秒外，其余都为 20 秒，具体步骤如下。

（1）在"视图"选项卡中单击"演示文稿视图"组中的"幻灯片浏览"按钮，进入幻灯片浏览视图。

（2）选中第 1 张幻灯片，在"切换"选项卡中"计时"组中选中"换片方式"选项区域的"设置自动换片时间"复选框，并利用其后的增减按钮，设置间隔时间为"5 秒"，取消选中"单击鼠标时"复选框。

（2）选中第 2 张幻灯片同时按住【Shift】键，然后单击最后一张幻灯片。

（3）在"切换"选项卡的"计时"组中选中"换片方式"选项区域的"设置自动换片时间"复选框，并利用其后的增减按钮，设置间隔时间为"10 秒"，取消选中"单击鼠标时"复选框。

设置换片方式后的效果如图 16-6 所示。

图 16-6　手工设置放映时间

16.2　控制演讲者放映

"演讲者放映"方式是全屏放映，在该方式下演讲者可以对幻灯片进行自由的控制，如可以在放映幻灯片时定位幻灯片，也可以使用画笔等。

16.2.1　启动演讲者放映

"演讲者放映"方式是系统默认的放映方式，在开始放映前首先应对放映方式进行设置，具体操作步骤如下。

（1）在"幻灯片放映"选项卡中单击"设置"组中的"设置幻灯片放映"按钮，打开"设置放映方式"对话框。

（2）在"放映类型"选项区域选中"演讲者放映"单选按钮；在"绘图笔颜色"下拉列表框中选择一种颜色；在"放映幻灯片"选项区域中设置需要放映的幻灯片，这里选中"全部"单选按钮，在"换片方式"选项区域中选中"手动"单选按钮。

（3）单击"确定"按钮，返回到幻灯片中。

（4）切换到"幻灯片放映"选项卡，在"开始放映幻灯片"组中单击"从头开始"按钮，或者直接按【F5】键，幻灯片从第一张开始放映。

16.2.2　定位幻灯片

使用定位功能可以在放映时快速地切换到想要显示的幻灯片上，还可以显示隐藏的幻灯片。在幻灯片放映时右击，弹出快捷菜单，如果执行"下一张"或"上一张"命令，将会放映下一张幻灯片或上一张幻灯片。

在快捷菜单中执行"定位至幻灯片"命令，弹出一个子菜单，如图 16-7 所示，在子菜单中列出了该演示文稿中所有的幻灯片，选择一个幻灯片，系统将会播放此幻灯片，如果选择的是隐藏的幻灯片也可以被放映。

16.2.3　应用自定义放映

在进行演讲者放映的时候，也可以启用自定义放映。在幻灯片放映时右击，在弹出的快捷菜单中执行"自定义放映"命令，弹出一个子菜单，如图 16-8 所示，在子菜单中列出了该演示文稿中的自定义放映方案，选择一个自定义放映，系统将按自定义放映的设置进行放映。

图16-7　定位幻灯片

图16-8　应用自定义放映

16.2.4　绘图笔的应用

绘图笔的作用类似于板书笔，放映幻灯片时，可以在幻灯片上书写或绘画，常用于强调或添加注释。在 PowerPoint 2010 中，可以改变绘图笔的颜色、擦除绘制的墨迹等，根据需要还可以将墨迹保存。

例如，在放映"产品行业推广方案"演示文稿时，要对第 3 张幻灯片中的某些内容利用绘图笔画线的方法加以强调，具体操作步骤如下。

（1）当放映到第 3 张幻灯片时，在屏幕上右击，在弹出的快捷菜单中执行"指针选项"命令，弹出一个子菜单，如图 16-9 所示。

（2）在子菜单中选择一种绘图笔的形状，如"笔"，此时鼠标指针将变为笔形状，拖动即可对重要内容进行圈点，如图 16-10 所示。

图16-9　选择绘图笔　　　　　　　　　图16-10　应用绘图笔

（3）当幻灯片放映结束时系统自动打开如图 16-11 所示的对话框。

（4）单击"保留"按钮，可以将绘图笔的墨迹保留，若单击"放弃"按钮，将对此不做保留。

在正在放映的幻灯片上右击，在弹出的快捷菜单的子菜单中选择不同的绘图笔，则在屏幕上画出线条的粗细是不同的，并且绘图笔不仅可以画线还可以书写文字或进行简单的绘图。在绘图笔后的子菜单中执行"墨迹颜色"命令，可以弹出颜色列表框，在列表框中可以改变绘图笔的颜色，如图 16-12 所示。在放映演示文稿时，还可以随时将绘图笔的笔迹擦除，在子菜单中执行"橡皮擦"命令，则鼠标指针变为橡皮形状，在笔迹上拖动橡皮状的鼠标指针，则笔迹被擦除，如果在"指针选项"子菜单中执行"擦除幻灯片上的所有墨迹"命令，则幻灯片中的所有墨迹被同时擦除。

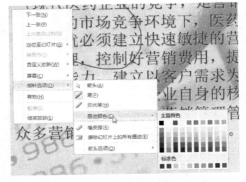

图16-11　是否保留墨迹注释提示对话框　　　　图16-12　更改绘图笔的颜色

16.2.5　屏幕选项

在放映演示文稿时用户还可以对屏幕的各选项进行设置。在放映幻灯片时，在屏幕上右击，在弹出的快捷菜单中执行"屏幕"命令，弹出一个子菜单，如图 16-13 所示。

如果在子菜单中执行"黑屏"或"白屏"命令，则可将屏幕设为"黑屏"或"白屏"方式。例如，当在放映演示文稿的过程中，会有观众与演讲者发生当场交流，进行提问、回答等情况的发生。这时可以将屏幕设置为黑屏或白屏，使听众的注意力集中到演讲者身上。演讲者还可以在此情况下用绘图笔工具在黑屏或白屏上进行简单的画写，如图 16-14 所示。

如果要返回屏幕的正常显示状态，在黑屏或白屏上右击，在弹出的快捷菜单中执行"屏幕"→"取消白屏"（或"屏幕还原"）命令，可返回屏幕的正常显示状态。

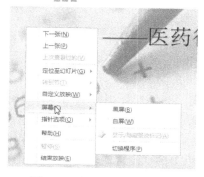

图16-13　"屏幕"子菜单

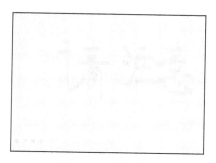

图16-14　白屏效果

举一反三　制作营销案例分析

　　企业为了提高销售人员的工作能力，可能会制作许多营销培训课件，而许多的销售人员为了提高自己，也常常会搜集一些制作好了的营销案例供自己参考。营销案例分析的最终效果如图 16-15 所示。

　　在制作营销案例分析之前，先打开"案例与素材\第 16 章素材"文件夹中的"营销案例分析（初始）"文件。

　　如果用户放映幻灯片时采用的是"在展台浏览"的放映方式，那么手动换片将不可用，只能设置换片的时间。如果用户对自行决定幻灯片放映时间没有把握，可以在排练幻灯片放映的过程中设置放映时间，这样能确保幻灯片的顺利放映。

　　对营销案例分析演示文稿进行幻灯片放映设置的具体操作步骤如下。

　　（1）在"幻灯片放映"选项卡中单击"设置"组中的"排练计时"按钮，系统以全屏幕方式播放，并出现"录制"工具栏，如图 16-16 所示。

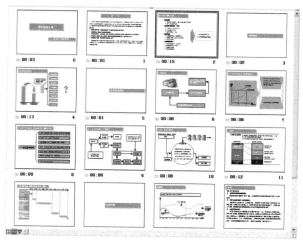

图16-15　营销案例分析效果

图16-16　"录制"工具栏

　　（2）在"录制"工具栏中，"幻灯片放映时间"　0:00:03　文本框中显示当前幻灯片的放映时间，在"总放映时间"文本框　0:00:27　中显示当前整个演示文稿的放映时间。

　　（3）如果对当前幻灯片的播放时间不满意，可以单击"重复"按钮　🔄　，重新计时。

　　（4）如果要播放下一张幻灯片，单击"录制"工具栏中的"下一项"按钮　➡️　。如果进入到下一张幻灯片，则在"幻灯片放映时间"文本框中重新计时。

（5）如果要暂停计时，单击"录制"工具栏中的"暂停"按钮 ⏸。

（6）放映到最后一张幻灯片时，系统会显示放映的总时间，并询问是否要使用新定义的排练时间，如图 16-17 所示。

（7）单击"是"按钮，接受该新定义的排练时间，在幻灯片浏览视图中每张幻灯片的下方自动显示放映该幻灯片所需要的时间。

图16-17　是否使用新定义的排练时间提示对话框

（8）在"幻灯片放映"选项卡中单击"设置"组中的"设置放映方式"按钮，打开"设置放映方式"对话框。在"放映类型"选项区域选中"在展台浏览（全屏幕）"单选按钮，在"放映幻灯片"选项区域中选中"全部"单选按钮，在"换片方式"选项区域中选择"如果存在排练时间则使用他"中选按钮。

（9）单击"确定"按钮，返回到幻灯片中。切换到"幻灯片放映"选项卡，在"开始放映幻灯片"组中单击"从头开始"按钮，幻灯片从第一张开始放映。

（10）放映结束，按【Esc】键可退出放映。

📹 回头看

通过案例"产品行业推广方案"及举一反三"营销案例分析"的制作过程，主要学习了幻灯片的放映方式的设置，以及演讲者放映的控制方法，这其中的关键在于不同的演示文稿可以采用不同的放映方式，并且演讲者放映的控制方法也不是一成不变的，应根据演示文稿的需要来进行控制。

知识拓展

1．演示文稿的页面设置

用户可以将演示文稿打印在胶片上，然后在投影仪上放映；也可以将演示文档的大纲和备注页打印出来供演讲者使用。

在打印幻灯片文件前，首先要对幻灯片文件的页面进行设置。其中包括纸张大小、幻灯片方向和起始序号（幻灯片打印并不一定必须从第一张开始）等。

设置演示文稿页面的具体操作步骤如下。

（1）切换到"设计"选项卡，在"页面设置"组中单击"页面设置"按钮，打开"页面设置"对话框，如图 16-18 所示。

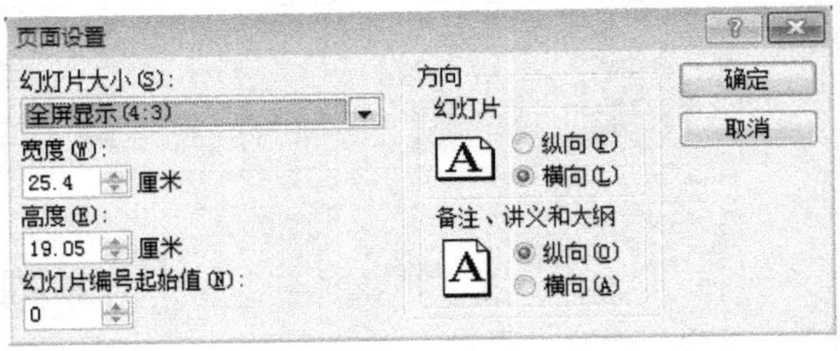

（2）在"幻灯片大小"下拉列表中选择一种纸型，每一个纸张类型都有固定的高度和宽度，如果选择"自定义"选项，可以在"宽度"和"高度"文本框中输入具体的数值。

图16-18　"页面设置"对话框

（3）在"幻灯片编号起始值"文本框中，用户可以输入或选择从第几页开始打印幻灯片文件。

（4）在"方向"选项区域设置"幻灯片"和"备注、讲义和大纲"的打印方向。

（5）设置完毕，单击"确定"按钮。

2．设置页眉和页脚

用户还可以为要打印的幻灯片设置页眉和页脚，具体操作步骤如下。

（1）切换到"插入"选项卡，在"文本"组中单击"页眉和页脚"按钮，打开"页眉和页角"对话框，如图 16-19 所示。

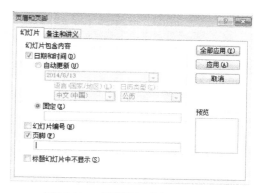

（2）在对话框中如果选中"日期和时间"复选框，可以对要显示的日期和时间进行两种设置。选中"自动更新"单选按钮，可以利用系统时间作为当前时间，时间和日期区域的时间随着系统时间的更新而自动更新。选中"固定"单选按钮，可以在文本框中输入要在幻灯片中出现指定的日期和时间。

图16-19　"页眉和页脚"对话框

（3）选中"幻灯片编号"复选框，则系统会按幻灯片顺序对幻灯片进行编号。

（4）选中"页脚"复选框，在文本框中输入要在页脚中显示的内容。

（5）选中"标题幻灯片不显示"复选框，则以上设置对标题幻灯片无效。

（6）单击"应用"按钮，则将该设置应用到当前幻灯片中；单击"全部应用"按钮，则将该设置应用到所有的幻灯片中。

3．切换彩色视图与黑白视图

如果在打印时需要单色打印，用户可以利用 PowerPoint 2010 提供的切换彩色视图与黑白视图的功能来预览幻灯片的黑白效果。

切换到"视图"选项卡，在"颜色/灰度"组中单击"黑白模式"按钮，所有的幻灯片都变成黑白颜色；如果单击"灰度"按钮，则幻灯片变为灰度；如果单击"颜色"按钮，则幻灯片又将回到彩色模式。

用户还可以为幻灯片中的各对象设置黑白选项，首先选中要修改黑白选项的对象，右击，在弹出的快捷菜单中执行"黑白设置"命令，弹出一个子菜单，在子菜单中可以根据需要选择黑白设置，如图 16-20 所示。

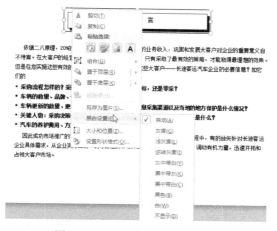

图 16-20　"黑白设置"子菜单

习题16

填空题

1. 演示文稿有_____、_____及_____3 种放映方式。

2. 在进行演讲者放映时，使用绘图笔不仅可以画线，还可以_____或_____。

问答题

1. 如何创建自定义放映？

2. 幻灯片的换片方式有几种？

3. 如何设置幻灯片的放映方式？

4. 如何设置幻灯片的页脚？

5. 在放映幻灯片时如何使用画笔？

6. 在放映幻灯片时如何应用自定义放映？